"十二五"普通高等教育规划教材

机械精度设计与检测

（第三版）

陈晓华　主编

刘　品　主审

中国质检出版社
中国标准出版社
北京

图书在版编目(CIP)数据

机械精度设计与检测/陈晓华主编. —3 版. —北京:中国质检出版社,2015.2(2020.9 重印)
ISBN 978 - 7 - 5026 - 4106 - 1

Ⅰ.①机…　Ⅱ.①陈…　Ⅲ.①机械—精度—设计 ②机械元件—检测　Ⅳ.①TH122 ②TG801

中国版本图书馆 CIP 数据核字(2015)第 018639 号

内 容 提 要

《机械精度设计与检测》课程即《互换性与测量技术》课程。

本书按当前教学改革的需要,以培养学生的综合设计能力为主线,加强应用性内容。本次修订是针对标准的更新,修订了尺寸精度、形状和位置精度、表面微观轮廓精度和圆柱齿轮精度等章节。并根据目前汽车行业的生产需求,增加了 RPS 定位点系统介绍;圆柱齿轮精度检测增加了测量柱跨棒距检测的计算;尺寸链计算增加了零件尺寸链计算部分。书中全部内容采用我国最新公差标准,力求按教学规律全面阐述本课程的基本知识。

本书包括绪论,尺寸精度,几何精度,表面微观轮廓精度,滚动轴承及其相配件精度,螺纹结合精度,圆柱齿轮精度,键和花键联结的精度,圆锥要素的精度,尺寸链原理在机械精度设计中的应用以及机械零件精度设计共 11 章。

本书每章配有精度设计应用示例,便于自学与实际应用时参考设计。各章均酌量配置了机械精度设计常用的国家标准公差表格,以配合教学的需要,也可以在后继课程中参考使用。

本书可作为高等院校机械类各专业教材,也可作为机械工程技术人员的参考书。

中国质检出版社
中国标准出版社　出版发行

北京市朝阳区和平里西街甲 2 号(100029)

北京市西城区三里河北街 16 号(100045)

网址:www. spc. net. cn

总编室:(010)68533533　发行中心:(010)51780238

读者服务部:(010)68523946

中国标准出版社秦皇岛印刷厂印刷

各地新华书店经销

*

开本 787×1092　1/16　印张 17.5　字数 427 千字

2015 年 2 月第三版　2020 年 9 月第十一次印刷

印数:25501~27000

*

定价:30.00 元

编 委 会

主　　编　陈晓华

副主编　侯　磊　　闫振华　　田　明

编　委　罗彦茹　　寇尊权　　张起勋

　　　　　　张英芝　　陈炳锟

主　审　刘　品

第三版前言

　　《机械精度设计与检测》课程即《互换性与测量技术》课程,是高等学校机械类各专业的一门重要技术基础课,是吉林大学"国家机械基础课程教学基地"的建设课程之一,2013年评为吉林省级精品课程。本教材第三版为吉林大学"十二五规划教材"立项项目,得到学校的资助。

　　本次修订着重体现教材不仅作为学生的授课课本,还可作为学生后期学习与工作的辅助资料。由于各校或各专业讲课学时与授课学生的特点与专业不同,可根据需要选择讲课章节与内容。本教材需要向学生介绍学习本门课需要哪些前期知识? 研究什么内容? 讲述的这些知识有什么用? 本领域的最新研究动态,以及学科的发展动向。为此,我们在绪论中增加一节"新一代GPS标准理论介绍";设计方面增加了参考举例,第三章增加最小实体要求及应用,第九章增加棱体斜度的公差标准内容;检测方面增加了误差理论的介绍(第一章),几何误差的检测原则和测量基准的选择等(第三章);按照GB/T 14791—2013《螺纹 术语》修改了第六章内容;各章课后习题进行了修改或增加。针对整书的文字阐述进行了认真推敲,修改个别笔误以及与新标准不一致的内容。

　　本书具有如下特色。

　　1. 紧跟国家颁布的标准,全部采用我国最新的公差标准。

　　2. 突出以培养学生的综合设计能力为主线,加强适用性,力求解决学了公差不会用这一历史问题。为了学以致用,每章内容都配有应用示例,旨在帮助学生掌握精度设计的具体方法。

　　3. 本书重点讲解各章内容中国家标准规定的要求,淡化理论推导。

　　4. 本书附有在进行通用机械精度设计时常用到的公差表格,可作为设计参考。

本书共分绪论,尺寸精度,几何精度,表面微观轮廓精度,滚动轴承及其相配件精度,螺纹结合精度,圆柱齿轮精度,键和花键联结的精度,圆锥要素精度,尺寸链原理在机械精度设计中的应用,机械零件精度设计等 11 章内容;各章均酌量配置了习题和示例。

本书由吉林大学陈晓华教授任主编,侯磊、闫振华、田明任副主编。参加本书修编工作的有:吉林大学陈晓华(第一、二章、七章部分),闫振华(第三章),侯磊(第四章),陈炳焜(第五、六章),张英芝(第七章部分),张起勋(第八章),罗彦茹(第九章);长春理工大学田明(第十章),寇尊权(第十一章)。

哈尔滨工业大学刘品教授进行了精心审阅,提出很多宝贵意见,在此表示衷心感谢。

本教材高度融汇了各位教师多年的教学经验和教学改革的内容。本书可作为机械类、近机类本科与专科学生的教材,也可作为工程设计人员的参考用书。

由于编者水平有限,疏漏、错误在所难免,敬请广大读者批评指正。

编　者
2015 年 1 月

第二版前言

《机械精度设计与检测》课程即《互换性与测量技术》课程，是高等学校机械类各专业的一门重要技术基础课，是吉林大学"国家机械基础课程教学基地"的一项重要建设内容。根据本科教育要面向 21 世纪科技发展的需要，以及全国"互换性与测量技术"课程教学大纲要求，考虑到教材的通用性，我们邀请了多所院校的本课程教师一起编写本教材。

本次修订是针对标准的更新，修订了尺寸精度、形状和位置精度、表面微观轮廓精度和圆柱齿轮精度等章节。并根据目前汽车行业的生产需求，增加了 RPS 定位点系统介绍；圆柱齿轮精度检测增加了测量齿轮跨棒距检测的计算；尺寸链计算增加了零件尺寸链计算部分。

本书具有如下特色。

1. 紧跟国家颁布的标准，全部采用我国最新的公差标准。

2. 突出以培养学生的综合设计能力为主线，加强适用性，力求解决学了公差不会用这一历史问题。为了学以致用，每章内容都配有应用示例，旨在帮助学生掌握精度设计的具体方法。

3. 本书重点讲解各章内容中国家标准规定的要求，淡化理论推导。

4. 本书附有在进行通用机械精度设计时常用到的公差表格，可作为设计参考。

本书共分绪论，尺寸精度，几何精度，表面微观轮廓精度，滚动轴承及其相配件精度，螺纹结合精度，圆柱齿轮精度，键和花键联结的精度，圆锥要素精度，尺寸链原理在机械精度设计中的应用，机械零件精度设计等 11 章内容；各章均酌量配置了习题和示例。

本书由吉林大学陈晓华教授主编，侯磊、包耳、于相慧副主编，哈尔滨工业大学刘品教授主审。各章作者如下：装甲兵技术学院韩文君第一章;吉林大学陈晓华第二章部分、第三章,闫振华第二章部分,侯磊第四章,寇尊权第六、十一章;吉林农业大学吴巍第五章;吉林大学张英芝第七章;长春大学于相慧第八章;大连民族学院包耳第九章;长春理工大学田明第十章。

本教材高度融汇了各位教师多年的教学经验和教学改革的内容。本书可作为机械类、近机类本科与专科学生的教材,也可作为工程设计人员的参考用书。

由于我们的水平所限,书中难免存在缺点和错误,欢迎广大读者批评指正。

编　者
2010 年 6 月

目　　录

第一章

绪　论

第一节　机械精度设计的研究对象

机械设计通常可分为三部分：机械的运动设计、机械的结构设计和机械的精度设计。

机械的运动设计是根据机械的工作要求，适当地选择执行机构，通过一系列的传动系统组成机器。这个过程主要是以实现机械运动要求为目的的运动方案的设计，机器的运动方案用机构运动简图表示。在机构运动简图中，不考虑构件的截面尺寸和形状。这一设计能力的培养，主要由机械原理课程进行。

机械的结构设计是根据机械零件应具有良好的结构工艺性、便于装配与维修、强度高和寿命长等要求所进行的结构设计。机械的结构设计用机械的零件图、装配图表示。这一设计能力的培养，主要由机械设计课程进行。

机械的精度设计是根据机械的功能要求，正确地选择机械零件的尺寸精度、形状和位置精度以及表面轮廓精度要求而进行的设计。机械的精度设计要求标注在机械的零件图、装配图上。若机械零部件的设计中没有精度要求，所设计的产品则没有质量检验标准。这一设计能力的培养，就是本课程的教学目的。

《机械精度设计与检测》课程是培养学生如何进行机械精度设计的一门技术基础课。本课程的内容是机械类和仪器、仪表及近机类专业的学生，进行生产实践所必然用到的技术基础知识。本课程的主要研究对象是机械零件的互换性、公差及检测。相关词汇的定义应用GB/T 20000.1—2002《标准化工作指南　第1部分：标准化和相关活动的通用词汇》。

一、互换性

互换性的概念在日常生活中到处都能用到。例如，电器开关或照明灯坏了；自行车、计算机、钟表的某个零部件坏了，换上一个相同规格的新的零部件，即可正常使用。之所以这样方便，是因为这些合格的零部件具有在尺寸、功能上能够彼此互相替换的性能。

什么叫机械产品零部件的互换性呢？参见图1—1所示的圆柱齿轮减速器，它由箱体、轴承端盖、滚动轴承、主动轴、输出轴、平键、齿轮、轴套和螺钉、垫片等许多零部件组成。对于系列化大批量生产来说，这些零部件是由不同的工厂和车间制成的。装配时，在制成的一批同一规格零部件中任取一件，便能与其他零部件安装在一起，构成一台减速器，并且能够达到规定的功能要求，说明这些零部件具有互换性。

广义地说，互换性是指一种产品、过程或服务代替另一种产品、过程或服务，能满足同样要求的能力。对于机械行业，通常指同一规格的一批零部件，按规定的技术要求制造或装配，彼此能够相互替代使用，而且效果相同的性能。

互换性的作用为：①在制造方面，有利于专业化生产，有利于采用先进工艺和高效率的专用设备，提高产品质量，降低生产成本。②在设计方面，可最大限度地采用标准件（如平键、三角带）、通用件（如螺钉、螺母、垫片）、标准部件（如滚动轴承），可大大简化绘图和计算工作，缩短设计周期，有利于计算机辅助设计（CAD）和产品品种多样化。③在使用和维修方面，零部件具有互换性，能及时更换磨损或损坏了的零部件（如减速器中的滚动轴承），因此，可以减少机器的维修时间和费用，保证机器能正常运转，提高机器的使用价值。

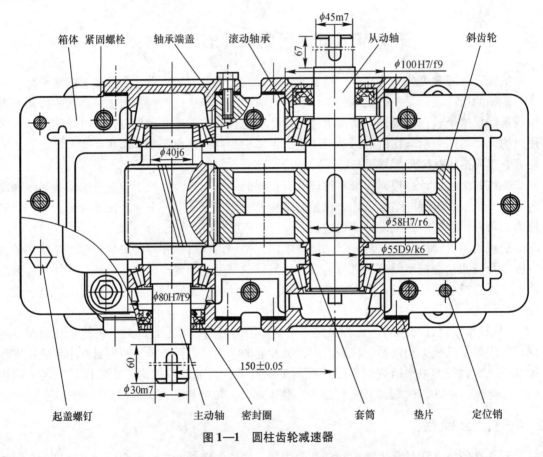

图1—1 圆柱齿轮减速器

总之，互换性在提高产品质量及可靠性、经济性等方面都具有重大的意义。互换性原则已成为现代机械制造业中一个普遍遵守的原则。互换性生产对促进我国的现代化工业生产起着积极的作用。但是，应当指出，互换性原则不是在任何情况下都适用。在小批量生产或单件生产中，有时需采用单个配制更符合经济原则。这时，零件虽不能互换，但也有精度设计与检测的要求。

在不同的场合，零部件互换的形式和程度有所不同。因此，互换性分为完全互换（绝对互换）和不完全互换（有限互换）。

完全互换是指零部件装配或更换时不需要挑选或修配，装上即能满足性能要求。例如，对于一批孔和轴装配后的间隙，要求控制在某一范围内，据此规定了孔和轴的尺寸允许变动范围。孔和轴加工后只要符合设计的规定，则它们就具有完全互换性。

不完全互换是指在零部件装配前附加挑选或调整的要求，可以用分组装配法、调整装配法或其他方法来实现。

分组装配法是这样一种措施：当机器上某些部位的装配精度要求很高时，例如孔与轴之间的间隙装配精度要求很高，即间隙变动量要求很小时，则孔和轴的尺寸变化范围就要求很小，这就导致加工困难，增加制造成本。为此，可以把孔和轴的尺寸变化范围适当放大，以便于加工。将制成的孔和轴按实际尺寸的大小分成若干组，使每组内的零件（孔、轴）的尺寸差别比较小。然后，把对应组的孔和轴进行装配，即大尺寸组的孔与大尺寸组的轴装配，小尺寸组的孔与小尺寸组的轴装配，从而达到装配精度要求。采用分组装配时，对应组内的零件可以互换，而非对应组之间则不可以互换。因此，零件的互换范围是有限的。

调整装配法也是一种保证装配精度的措施。调整装配法的特点是在机器装配过程中，对某一特定零件按所需要的尺寸进行调整，以达到装配精度要求。例如，图1—1所示减速器中轴承端盖与箱体间的调整垫片，用来调整滚动轴承的间隙，装配后用以补偿温度变形与制造误差以及运动副间隙。

修配法是对运动精度有较高要求时采用的一种措施。例如：汽车驱动桥中，第一对曲齿圆锥齿轮副，对于齿面接触斑痕的要求，采用配对机将一对相互啮合的齿轮运动起来，观察啮合斑痕。若不满足要求，用手持砂轮进行打磨修正，直到满足要求。采用修配法装配时，要求必须成对安装。

一般说来，对于厂际协作，应采用完全互换性；对于厂内生产的零部件的装配，可以采用不完全互换。

二、公差

几何量允许的变动量叫做公差。在加工零件的过程中，由于种种因素的影响，零件各部分的尺寸、形状、方向和位置以及表面粗糙程度等几何量难以达到理想状态，总是有或大或小的误差。而从零件的功能看，不必要求零件几何量制造得绝对准确，只要求零件的几何量在某一规定范围内变动，保证同一规格零件彼此充分近似。

机械产品的公差主要是指机械零件的尺寸公差、几何公差以及表面粗糙度。

公差是设计者所提出的要求，是机械精度设计的具体数值体现。公差标注在图样上。公差是互换性生产的保证。在满足功能要求的前提下，公差应尽量规定得大些，以获得最佳的技术经济效益。

三、检测

检测是检验与测量的总称。要实现互换性，除了合理地规定公差之外，还必须对加工后的零件的几何量加以检验或测量，以判断它们是否符合设计要求。检测是实现互换性生产的过程，是手段和措施。检验的特点是：检验的结果只能确定被测几何量是否在规定的极限范围之内（即是否合格），而不能获得被测几何量的具体数值。例如，用光滑极限量规检验孔、轴。测量的特点是：测量的结果能获得被测几何量的具体数值。例如，用千分尺测量轴的直径。

第二节　标准化与优先数系

在现代工业社会化的生产中，要实现互换性生产，必须制定各种标准，以利于各部门的协调和各生产环节的衔接。

一、标准化与标准

标准化是指"为了在一定范围内获得最佳秩序，对现实问题或潜在问题制定共同使用和重复使用的条款的活动。"也就是制定标准和贯彻标准的全过程，包括标准制定、颁布、宣传贯彻、检验监测、认证、监督检查标准等活动。标准的制定离不开环境的限定，通过一段时间的执行，要根据实际使用情况，对现行标准加以修订或更新。所以，我们在执行各项标准时，应以最新颁布的标准为准则。

标准是在一定范围内使用的统一规定，是指"为了在一定范围内获得最佳秩序，经协商一致制定，并由公认机构批准，共同使用和重复使用的一种规范性文件。"标准是互换性生产的基础，是人们活动的依据。

机械行业主要采用的标准有国际标准、国家标准、地方标准、行业标准和企业标准等。国际标准用符号 ISO 表示，ISO 是国际标准化组织的英文缩写。国家标准用符号 GB 表示，GB 是国家标准的汉语拼音字头。国家标准分为两类，强制执行的标准（记为 GB）和推荐执行的标准（记为 GB/T）。标准的级别以及适用范围的先后顺序为：国际标准（ISO），区域标准（例如欧洲标准），国家标准（GB），行业标准（例如汽车标准 QC），地方标准，企业标准。

二、优先数系及优先数

在设计机械产品和制定标准时，常常要和数值打交道。机械设计中常需要选定一个数值作为某种产品的参数指标。这个数值会按照一定的规律影响并限定有关的产品尺寸，这就是所谓的数值传播规律。例如，图 1—1 所示减速器箱体的紧固螺钉，按受力载荷算出所需的公称直径之后，即螺纹大径为一个确定的标准值，则被连接件箱体的螺纹孔直径随之而定，与之相配套的垫片尺寸，加工用的钻头、铰刀、丝锥与摆牙的尺寸、检测用的量规等也随之而定。

由于数值如此不断关联、不断传播，涉及许多部门和领域。因此，技术参数的数值不能随意选择，而应在一个理想的、统一的数系中选择，用统一的数系来协调各部门的生产。机械行业所用的统一数系就是优先数系。

1. 优先数系

国标 GB/T 321—2005《优先数和优先数系》采用十进制等比数列作为优先系列。优先数系的公比为 $q_r = \sqrt[r]{10}$。并规定了 5 个系列（r = 5，10，20，40，80），分别用系列符号 R5，R10，R20，R40，R80 表示，称为 Rr 系列。其中，R5，R10，R20，R40 称为基本系列，R80 称为补充系列。表 1—1 给出了基本系列的数值。

表 1—1　优先数系的基本系列（摘自 GB/T 321—2005）

R5	1.00		1.60		2.50		4.00		6.30		10.00
R10	1.00	1.25	1.60	2.00	2.50	3.15	4.00	5.00	6.30	8.00	10.00
R20	1.00	1.12	1.25	1.40	1.60	1.80	2.00	2.24	2.50	2.80	3.15
	3.55	4.00	4.50	5.00	5.60	6.30	7.10	8.00	9.00	10.00	
R40	1.00	1.06	1.12	1.18	1.25	1.32	1.40	1.50	1.60	1.70	1.80
	1.90	2.00	2.12	2.24	2.36	2.50	2.65	2.80	3.00	3.15	3.35
	3.55	3.75	4.00	4.25	4.50	4.75	5.00	5.30	5.60	6.00	6.30
	6.70	7.10	7.50	8.00	8.50	9.00	9.50	10.00			

基本系列和补充系列具有如下规律。

①延伸性

移动小数点位置，可将数列向两侧无限延伸，即数列中的优先数值每隔 r 项增加 10 倍或减小到 1/10 倍。

②包容性与插入性

包容性是指 R5，R10，R20，R40 数列分别包容在 R10，R20，R40，R80 数列中。插入性是指 R10，R20，R40，R80 数列分别由 R5，R10，R20，R40 数列中相邻两项之间插入一项形成的。

③相对差比值不变性

相对差比值不变性是指同一优先数列中，相邻两项的后项减前项与前项的比值不变。这样有利于产品的分级、分档。

为了使优先数系有更大的适应性，可以从 Rr 数列中，每逢 p 项取一个优先数组成新的数列，称之为派生数列，记为 Rr/p。派生数列首项取值不同，所得的派生数列也不同。例如，R10/3 是在 R10 系列中，每逢 3 项取一个优先数而形成，例如：

$$1.00，2.00，4.00，8.00$$
$$1.25，2.50，5.00，10.00$$
$$1.60，3.15，6.30，12.5$$

选用基本系列时，应遵循先疏后密的原则，即应按照 R5，R10，R20，R40 的顺序选取，以免规格过多。当基本系列不能满足分级要求时，可选用补充系列或派生系列。

2. 优先数

优先数系中每个数值称为优先数。由于优先数系的等比系数为无理数，所以优先数一般为无理数。在使用时要经过化整取近似值。根据精度要求，优先数值有 3 种取法。

①计算值：取 5 位有效数值，常用于精确计算；

②常用值：取 3 位有效数值，为通常所用值，例如表 1—1 中数值为常用值；

③化整值：取 2 位有效数值。

化整值不可随便化整，应遵循 GB/T 19764—2005《优先数和优先数化整值系列的选用指南》的规定。

第三节　几何量测量的基本知识

几何量的测量是指为了确定被测几何量的量值而进行的实验过程。

一、测量值

任何几何量的测量值 x，都可由表征几何量的数值 q 和该几何量的计量单位 E 的乘积来表示，即

$$x = qE \tag{1—1}$$

例如，用卡尺测得某轴直径为 40.3 mm，这里 mm 为计量单位，数字 40.3 是以 mm 为计量单位时，该几何量值的数值。

一个完整的几何量测量过程应包括 4 个要素：被测对象、计量单位、测量方法、测量精度。

（1）被测对象——包括长度（线性尺寸）、角度、形状、相对位置和表面粗糙度以及螺纹、齿轮的几何参数等。就被测零件来说，应考虑到它的大小、重量、批量、精度要求、形状复杂程度和材料等因素对测量的影响。

（2）计量单位——为定量表示同种量的大小而约定地定义和采用的特定量。我国颁布的法定计量单位中，对几何量来说，长度的基本单位为米（m），平面角的角度单位为弧度（rad）以及度（°）、分（′）、秒（″）。

在机械制造中，常用的长度计量单位是毫米（mm）；在精密测量中，采用的长度计量单位是微米（μm），$1\ m = 10^3\ mm = 10^6\ \mu m$；在超精密测量中，采用的长度计量单位是纳米（nm），$1\ nm = 10^{-3}\ \mu m$。

机械制造中，常用的角度计量单位是弧度（rad）、微弧度（μrad）和度、分、秒。$1\ \mu rad = 10^{-6}\ rad$，$1° = 0.017\ 453\ 3\ rad$。

（3）测量方法——是根据给定的测量原理，在实施测量中运用该测量原理和实际操作，以获得测量数据和测量结果。

（4）测量精度——是指被测几何量的测量结果与其真值相一致的程度。测量结果与被测量的真值之间的差值叫做测量误差。在测量过程中，由于各种因素的影响，不可避免地会产生测量误差。在实际测量时，我们应当选择适当的检测仪器，采用正确的测量方法，尽量减小测量误差，以使测量值趋近于真值。

二、长度量值的传递及量块

按照 1983 年第十七届国际计量大会通过的决议，米的定义为：米是光在真空中于 1/299 792 458 s 的时间间隔内所传播的距离。用光波的波长作为长度基准，不便于在生产中直接应用。为了保证量值的准确和统一，必须把长度基准的量值准确地传递到生产中所应用的计量器具和工件上。

长度量值由国家基准波长开始，可以通过两个平行系统（线纹量具、端面量具）平行向下传递。

线纹量具是指具有刻度线的量具。线纹量具的特点是可知被测量的具体数值。线纹量具的精度分为 1，2，3 三等。1 等精度高，3 等精度低。

端面量具常用的有量块和量规。量块常用于作为核对尺寸的基准，量块是用耐磨材料制造，横截面为矩形，并且有一对相互平行测量面的实物量具。量块的测量面可以和另一量块的测量面相研合而组合使用，也可以和具有类似表面质量的辅助体表面相研合而用于量块长度的测量。量规常用于对大批量生产孔、轴尺寸的检测，测量孔径用塞规，测量轴径用长规或环规。量规检测的特点是只知被测件是否合格，不知具体数值。

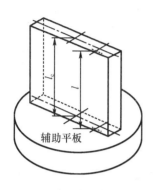

图 1—2　量块长度

参见图 1—2，量块长度 l 为量块一个测量面上的任意点到与其相对的另一测量面的辅助体表面之间的垂直距离。辅助体的材料和表面质量应与量块相同。量块任意点不包括距离测量面边缘为 0.8mm 区域内的点。图 1—2 中 l_c 为量块中心长度，对应于量块未研合测量面中心点的量块长度。l_n 为量块标称长度，标记在量块上，用以表明其与主单位（m）之间关系的量值，也称为量块长度的示值。

为了满足不同应用场合的需要，JJG 146—2011《量块》对量块有如下规定。

（1）量块的分级

量块按制造精度分为 5 级：K，0，1，2，3 级。其中，K 为校准级，0 级精度最高，精度依次降低，3 级的精度最低。量块分"级"的主要依据是量块长度的极限偏差（用 t_e 表示）和量块长度变动量允许值，用 t_V 表示（见附表 1—1）。量块长度偏差是指任一点的量块长度 l 与标称长度的代数差，记为"e"，即 $e = l - l_n$，其极限偏差记为"t_e"。量块长度变动量是指量块测量面上任意点中的最大长度与最小长度之差，且长度变动量的最大允许值用"t_v"表示。

（2）量块的分等

量块按测量精度分为 5 等：1，2，3，4，5 等。其中，1 等精度最高，依次降低，5 等精度最低。量块分"等"的主要依据是量块测量的不确定度和量块长度变动量的允许值（见附表 1—2）。测量的不确定度是指在规定的条件下测量时，由于测量误差的存在，对测量值不能肯定的程度。

量块按"级"使用时，应以量块的标称长度作为工作尺寸，该尺寸包含了量块的制造误差。量块按"等"使用，应以经检定后所给出的量块中心长度（即量块的一个测量面的中点至另一个测量面相研合的辅助面的垂直距离 l，见图 1—2）的实际尺寸作为工作尺寸，该尺寸排除了量块制造误差的影响，仅包含检定时较小的测量误差。因此，量块按"等"使用的测量精度比按"级"使用的高。

国产成套量块的规格有 17 种，常用的有 91 块、83 块、46 块、38 块等几种规格（见附表 1—3）。利用量块的研合性，可以在一定的尺寸范围内，将不同的量块进行组合而形成所需的工作尺寸。在组成某一确定尺寸时，为了减少量块组合的误差，一组量块的总数一般不应超过 4 块。选取量块时，应从具有最小位数的量块开始，逐一相减选取量块长度。例如，组成 36.375 mm 的尺寸，若采用 83 块一套的量块（见附表 1—3），可选取 1.005，1.37，4 mm 和 30 mm 4 个量块。

三、计量器具的技术性能指标

计量器具的技术性能指标是选择和使用计量器具的依据。其主要指标如下。

（1）刻度间距

刻度间距是指计量器具的标尺或刻度盘上的相邻两刻度线间的距离。为适于人眼观察，刻度间距一般为 1~2.5 mm，由仪器生产厂家确定。

（2）分度值

分度值又称刻度值，是指计量器具的标尺或刻度盘上每个刻度间距所代表的最小量值。分度值越小，表示计量器具的测量精度越高。例如，游标卡尺的分度值是由游标尺的刻度间距表示，1 个间距代表的有 0.1，0.05，0.02 mm 几种。

（3）示值范围

示值范围是指计量器具本身所能显示的最小到最大的数值范围。

（4）计量器具测量范围和量程

计量器具测量范围是指计量器具所能测量的被测几何量值的下限值到上限值的范围。测量范围的上限值与下限值之差称为量程。

测量的不确定度是指在规定的条件下测量时，由于测量误差的存在，对测量值不能肯定的程度。

如图 1—3 所示，机械式比较仪的标尺分度值为 0.002 mm，标尺示值范围为 –60~+60 μm，测量范围 L 为 0~180 mm，量程为 180 mm。

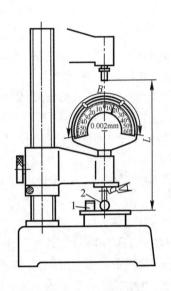

图 1—3 机械式比较仪

1—量块；2—被测工件；L—量程

四、测量方法

测量方法可以从不同角度进行分类。

1. 按所测的几何量是否为被测几何量分类

（1）直接测量法——所测得的几何量值就是被测量的几何量值。例如，用游标卡尺、千分尺测量轴径或孔径的大小。

（2）间接测量法——被测几何量的量值，由所测得的几何量值按一定的函数关系式运算后获得。如图 1—4 所示，孔心距 a，通过测量孔边距 l_1 和 l_2，运用公式 $a = (l_1 + l_2)/2$ 计算求得。间接测量的精度通常比直接测量的精度低。

2. 按测量值是否为被测几何量的整体量值分类

（1）绝对测量法——计量器具显示的示值就是被测几何量的整个量值。例如，用游标卡尺、千分尺测量轴径或孔径的大小。

（2）相对测量法（又称比较测量法）——计量器具显示的量值为被测几何量与标准量的差值，即为被测几何量的实际偏差。相对测量法的测量精度比绝对测量法的测量精度高。

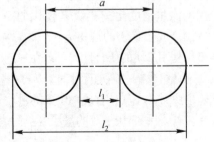

图 1—4 间接测量法测量孔心距

3. 按被测表面是否与测量头接触分类

（1）接触测量法——测量时计量器具的测头与被测表面接触，并伴有机械作用的测量力。

（2）非接触测量法——测量时计量器具的测头不与被测表面接触。例如，用光切显微镜测量零件的表面粗糙度；用投影仪测量样板的轮廓形状；用投影方法测量工件的尺寸。

接触测量时，被测表面与计量器具接触，会产生弹性变形，因而会影响测量的精度。但这种方法使用稳定、可靠。非接触测量虽然无接触变形，但对介质的变化反映较为敏感。

4. 按同时被测几何量的多少分类

（1）单项测量——对工件上的某些几何量分别进行测量。例如，用不同的专用仪器分别测量齿轮的齿形误差和齿距偏差。

（2）综合测量——同时测量工件上几个有关几何量的综合结果。例如，用齿轮综合检测仪测量齿形误差和齿距偏差的综合结果。

就零件整体来说，单项测量的效率比综合测量的效率低，但它便于进行工艺分析。综合测量的结果比较符合工件的实际情况。

5. 主动测量和动态测量

主动测量和动态测量是现代化工业生产中，检测技术的发展方向。

（1）主动测量（又称在线测量）——是在工件加工的同时对被测几何量进行测量。它主要应用在自动化生产线上，其测量结果可直接控制加工过程，防止产生废品。

（2）动态测量——是指在被测表面与量仪测头做相对运动时，对被测几何量进行测量。例如，用电动轮廓测量仪测量表面粗糙度。

在长度测量中，测量过程就是将被测零部件的尺寸与标准长度量值的比对过程。由于测量装置的移动是由导轨保证的，而导轨的制造和安装误差将使移动中产生方向偏差。所以，在进行长度测量时，应遵循"阿贝测长原则"，以减少测量方向的偏差对测量结果的影响。"阿贝测长原则"是1890年德国人艾恩斯特·阿贝（Ernst Abbe）提出"将被测物与标准尺沿测量轴线成直线排列"。

五、测量误差与数据处理

1. 测量误差的产生原因

测量误差等于测得值减去被测量的真值。测量误差永远存在，其值越小，测量值越趋近于真值。测量误差的产生原因很多，主要有：

（1）测量方法引起的误差

不同的测量方法得到的数据不同，方法不适当，会造成更大误差。例如采用间接测量方法进行测量时，测量的方法不同，得到的数值不同，有时会造成很大的误差。

（2）测量仪器引起的误差

任何测量仪器都有其检测精度，是其本身固有的误差，是由仪器的制作精度和测量力的大小等引起的误差。

（3）测量环境引起的误差

例如：测量环境的温度和湿度，测量头的位置度，仪器是否有振动，被测件表面的清洁度及其安放位置等都会影响检测结果。

（4）测量操作者主观因素引起的误差

例如：观察有刻度的量仪，观察角度不同，则会产生斜视误差；每个人肉眼的分辨力也是不同的，会产生瞄准误差；再有需要用目测来估读指针位于两条刻度线中间的数值时，不同的人会有不同的结果。

2. 测量误差分类

在进行测量数据处理时，可将其测量误差分成 3 类：

（1）随机误差

随机误差是指在相同的条件下，多次重复测量同一量值时，误差值不确定。根据大量的实践检验，对于大批量生产，多次测量同一量值时，其测量误差呈现为正态分布如图 1—5 所示。

通常正态分布具有以下特征：

① 随机误差的绝对值越小，出现的概率越大；随机误差的绝对值越大，出现的概率越小。说明误差具有稳定性或单峰性。

② 绝对值相等的正、负随机误差的概率相等，即误差具有对称性或相消性。

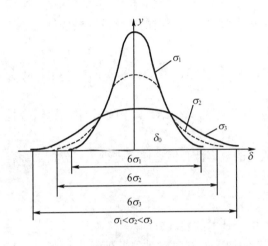

图 1—5　正态分布图

③ 在一定的测量条件下，随机误差的实际分布范围是有限的。

由统计学原理可知，正态分布的概率之和等于 1，且理论方程为：

$$y = \frac{1}{\sigma \sqrt{2\pi}} e^{-\delta^2/(2\sigma^2)}$$

式中：y ——概率密度；

σ ——标准方差，也称为均方差，对于一定的测量方法，其值为定值，即

$$\sigma = \sqrt{\frac{1}{n} \sum_{i=1}^{n} (x_i - x_0)^2} \ ;$$

e ——自然对数的底；

δ ——随机误差，且 $\delta = x_i - x_0$，x_i 为随机变量，x_0 为均值，即 $x_0 = \frac{1}{n} \sum_{i=1}^{n} x_i$。

测量误差按正态分布时，测量点在 6σ（$\pm 3\sigma$）范围内，其合格概率为 99.73%。

例如：在汽车行业评价车身制造精度，分等时：

$| x - x_0 | \leqslant \sigma/3$，约占 68.3%，为 A 级精度，品质为优秀；

$\sigma/3 < | x - x_0 | \leqslant 2\sigma/3$，约占 27.2%，为 B 级精度，品质为良；

$2\sigma/3 < | x - x_0 | \leqslant \sigma$，约占 4.2%，为 C 级精度，品质为合格；

$\sigma < | x - x_0 |$，约占 0.3%，为 D 级精度，品质为不合格。

图 1—5 所示 6σ 越小，品质占优的越多。所以，σ_1 的曲线精度高于 σ_2 的曲线，σ_2 的曲线精度高于 σ_3 的曲线。

（2）系统误差

系统误差是指在相同的条件下，多次测量同一量值时，误差的绝对值与符号不变；或在条件改变时，误差按一定的规律变化。理论上有的系统误差是可以消除的，实际上有的系统误差是不能够完全消除的，只要处理后的测量误差在允许的精度范围内即可。

（3）粗大误差

粗大误差是指超出在规定条件下预计的误差。这种误差是由测量者主观上的失误或者客观条件的巨变等原因造成的，使测量值发生突然显著的变化。在数据处理时，应剔除粗大误差。

通常，用精密度形容随机误差的影响，用正确度形容系统误差的影响，用准确度形容系统误差和随机误差的综合影响。

第四节 新一代 GPS 标准理论介绍

我国颁布的最新尺寸公差标准、几何公差标准和表面粗糙度标准，其标准的名头都有"产品几何技术规范（GPS）"的字样。GPS 是英文"geometrical product specifications and verification"的简称，即产品几何技术规范与认证。

机械制造业是我国经济基础的重要支柱，而制造业技术标准是组织现代化生产的重要技术基础。以几何学为基础的几何产品技术规范标准，包括老的尺寸公差标准、形状与位置公差标准和表面粗糙度标准称为第一代 GPS。老的公差标准特点是概念明确，简单易懂，但不能适应现代的信息化生产，例如 CAD（计算机辅助设计）、CAM（计算机辅助制造）、CAT（计算机辅助公差设计）和 CAE（计算机辅助工程实验）等。

1993 年丹麦 P. Bennich 博士提出只有将产品的几何技术规范与检验认证才能解决两者之间的根本矛盾。在他的建议下，国际标准化组织（ISO）成立联合调查组，将尺寸和几何特征领域内的标准化工作进行协调与调整，于 1996 年撤销了 ISO/TC3、ISO/TC10 和 ISO/TC57，将这三个委员会合并，成立新的技术委员会 ISO/TC 213，构建了一个新的、完整的产品几何技术规范（GPS）国际标准体系，即新一代 GPS 标准体系。

新一代 GPS 标准体系是以计量数学为基础，将几何产品的设计规范、生产制造和检验认证以及不确定度的评定贯穿于整个生产过程。它与第一代 GPS 的关系是继承、发展和创新，而在理论基础与结构体系上将发生根本性的变革。

新一代 GPS 把规范过程（意指设计）与认证过程（意指计量）联系起来，并通过"不确定度"的传递关系将产品的功能、规范、制造、测量认证等集为一体，避免因对几何误差理解的不同，以及测量方法的不统一而导致测量评估失控引起纠纷等问题。新一代 GPS 体系整个过程都要利用数学方法进行描述、定义、建模和信息传递。新一代 GPS 提出了操作和操作算子的数学方法，要素操作包括分离、提取、滤波、拟合、集成、构造等，这些都是以几何学为基础的标准中所没有的。

1. 新一代 GPS 国际标准体系的构成

新一代 GPS 国际标准体系的基础标准是建立在 ISO 14659《GPS 基本原则》下制定的标准规划，由 ISO/DTR 14638《GPS 总体规划》建立了体系框架中各自标准的位置。

（1）通用 GPS 标准

GPS 的通用标准是其主体标准，用来确定零件的不同几何要素在图样上的表示规则、定义和检验原则等标准，其结构矩阵如图1—6所示。

```
┌─────────────────────────────────────────┐
│          综合 GPS 标准                    │
│   影响一些或全部的通用 GPS 标准链的GPS     │
│           标准或相关标准                   │
├─────────────────────────────────────────┤
│          通用 GPS 矩阵                     │
│  通用 GPS 标准链                          │
│  1. 尺寸的标准链环                        │
│  2. 距离的标准链环                        │
│  3. 半径的标准链环                        │
│  4. 角度的标准链环                        │
│  5. 与基准无关的线的形状的标准链环        │
│  6. 与基准有关的线的形状的标准链环        │
│  7. 与基准无关的面的形状的标准链环        │
│  8. 与基准有关的面的形状的标准链环        │
│  9. 方向的标准链环                        │
│  10. 位置的标准链环                       │
│  11. 圆跳动的标准链环                     │
│  12. 全跳动的标准链环                     │
│  13. 基准的标准链环                       │
│  14. 轮廓粗糙度的标准链环                 │
│  15. 轮廓波纹度的标准链环                 │
│  16. 综合轮廓的标准链环                   │
│  17. 表面缺陷的标准链环                   │
│  18. 棱边的标准链环                       │
├─────────────────────────────────────────┤
│          补充 GPS 矩阵                     │
│  补充 GPS 标准链                          │
│  A. 特定工艺的公差标准                    │
│  A1. 机加工标准链环                       │
│  A2. 铸造标准链环                         │
│  A3. 焊接标准链环                         │
│  A4. 热切削标准链环                       │
│  A5. 塑料浇注标准链环                     │
│  A6. 金属和无机镀层标准链环              │
│  A7. 油漆涂层标准链环                     │
│  B. 机械零件几何标准                      │
│  B1. 螺纹标准链环                         │
│  B2. 齿轮标准链环                         │
│  B3. 花键标准链环                         │
└─────────────────────────────────────────┘
基础 GPS 标准
```

图1—6　新一代 GPS 标准体系结构矩阵模型

通用 GPS 标准采用矩阵的形式（如表 1—2 所示），将影响产品同一大类几何要素的所有标准有序地排列组合，清晰明了地说明各标准不同的作用和相互关系。

表 1—2 通用 GPS 标准矩阵

标准链 / 几何要素特征	通知 GPS 标准链						
	1	2	3	4	5	6	7
	产品图样表达	公差定义	实际要素特征定义	工件误差评判	实际要素特征检验	计量设备要求	计量设备标定
1 尺寸							
2 距离							
3 半径							
4 角度							
5 与基准无关的线的形状							
6 与基准有关的线的形状							
7 与基准无关的面的形状							
8 与基准有关的面的形状							
9 方向							
10 位置							
11 圆跳动							
12 全跳动							
13 基准							
14 轮廓粗糙度							
15 轮廓波纹度							
16 综合轮廓							
17 表面缺陷							
18 棱边							

通用 GPS 标准矩阵的"行"是组成零件几何要素的 18 个特征分量；"列"是几何要素特征在图样上表示的规则、定义和检验原则等标准。

在通用 GPS 标准矩阵"列"中，标准链的各环对应的内容为：

环 1：产品图样表达——表示产品加工的法规。表达采用标准规定的几何特征或几何要素图样标注或符号。

环 2：公差定义——表示产品几何要素特征的公差值，要用标准规定的相关符号和公差数值。这部分要求按标准对符号的规定，转化为人们能够理解的语言和计算机能够运行的数学表达式。

环 3：实际要素特征定义——表示实际要素的特征值、参数及其定义。该环基于几何要素的功能要求，对实际要素及其特性进行定义，确定与图样中公差标注相对应的非理想几何体（即实际要素特征），所定义的实际要素为无限数据的点集，且点集符合并有助人们对公差定义的理解，而且有利于计算机计算，可用语言描述和数学表达式的方式。

环4：工件误差评判——表达零部件的误差（或偏差）的认证比对标准。这些标准在兼顾环2和环3定义的同时，定义了零部件误差评判的详细要求，将测量或检验过程的不确定度考虑在内，验证实际要素是否符合规范的几何特征和相关公差。

环5：实际要素特征检验——表达实际零部件的检验过程和检测方法的标准，描述提取要素的测量方法和数学处理方法。该部分标准与环3构成对偶关系，即环3所定义特征要素要求，由环5作为手段和措施加以实施。

环6：计量设备要求——表达测量仪器的要求，用以描述特定测量仪器的标准。这部分标准定义了测量仪器的特性，这些特性将影响测量过程及量仪本身具有的不确定度。

环7：计量设备标定——表达测量器具计量特征的标定和校准。环7是对环6描述的测量器具进行标定、校准、指定使用流程，即对环6中的特定测量器具指出检验要求。

环1~环3是规范的过程，环4确定出不确定度，环5~环7是认证过程。环1~环4要在合同中明确规定，而环5~环7对检验过程做出明确规定。

（2）补充GPS标准

补充GPS标准是对通用GPS标准的补充规定，是基于制造工艺和要素本身的特性提出的。例如与加工有关的诸如切削加工、铸造、焊接或铆接等特定的加工标准；与几何特征有关的标准如螺纹、键、齿轮、轴承等标准。补充GPS标准大部分由各自的ISO技术专业委员会制定，只有极少数部分由ISO/TC 213准备。

（3）综合GPS标准

综合技术标准主要包括通用原则和定义标准。它涉及和影响几个或全部通用GPS标准或补充GPS标准。

2. 不确定度

新一代GPS使用不确定度作为经济杠杆，以控制不同层次和不同精度功能要求的产品规范，使产品制造和检验的资源能合理高效地分配。不确定度分为：相关不确定度、规范不确定度、测量不确定度、方法不确定度、执行不确定度、依从不确定度和总体不确定度。不确定度之间的关系如图1—7所示。

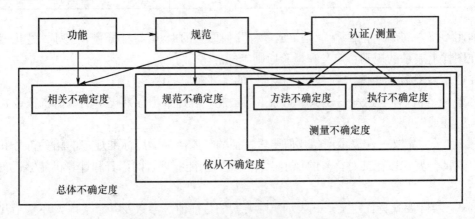

图1—7　新一代GPS不确定度之间关系

（1）相关不确定度

相关不确定度是指来源于实际规范操作算子和功能操作算子之间差值的不确定度。相关不确定度定性地反映功能要求和规范表达之间的相关性，反映规范是否很好地表达产品的功能要求。例如，某轴的功能操作算子尺寸为 $\phi50f7$，表面粗糙度为 $Ra1.6$，要求在密封条件下连续运转 2000 h 而不发生泄露。这一运转要求就是轴的相关不确定度。

（2）规范不确定度

规范不确定度是指应用于一个实际工件或要素的实际规范操作算子内在的不确定度。它量化了规范操作算子中的不确定度因素，反映规范本身存在的不确定性。例如，在实际工作中，对实际零件只提出尺寸公差要求，没给具体检测要求，需对拟合规则、滤波器类型的规范提出的要求，即存在规范不确定度。当所有必要的规范操作都存在，且已知时，不存在规范不确定度。

（3）测量不确定度

测量不确定度是说明测量结果的一个参数，用来表征被测量值的分散性。严格来讲，一个测量结果的表达，只有附加上测量不确定度指标，才被认为是完整的。

（4）方法不确定度

方法不确定度是指理想认证操作算子和被选出的实际认证操作算子之间的差异，不包括实际认证操作算子的计量特性偏差，且测量不确定度数值一定小于方法不确定度。例如：确定采用理想的千分尺测一个轴的上极限尺寸，方法不确定度则为千分尺测得的最大尺寸与利用高精度理想仪器测得的最小外接圆直径的差值。

（5）执行不确定度

执行不确定度是指实际认证操作算子的计量特性与理想认证操作算子定义的理想计量特征之间差异引起的不确定度。例如：轴颈的尺寸公差的检验仪器采用千分尺，那么执行不确定度来源于非理想测量中的轴线偏差和两砧台测量面的不平度、不平行度的误差等因素。

（6）依从不确定度

依从不确定度是测量不确定度和规范不确定度之和。而测量不确定度等于方法不确定度与执行不确定度之和。所以，依从不确定度为方法不确定度、执行不确定度和规范不确定度之和。规范不确定度可以量化零件与规范可能的解释之间的符合程度。

（7）总体不确定度

总体不确定度是相关不确定度、规范不确定度和测量不确定度之和。它的大小表明实际认证操作算子和功能操作算子之间的差异程度。

新一代 GPS 中，相关不确定度、规范不确定度和测量不确定度可以直接对比。设计工程师负责相关不确定度和规范不确定度，计量工程师负责测量不确定度。一个产品在设计、制造和计量阶段，如何优化资源配置，取决于对各类不确定度的合理认识与分配。

新一代 GPS 标准应用于我国对应的标准，以及具体应用的过程，还需要有志之士进行研究与开发，还有大量的工作要做。

习题一

1—1　机械零件或部件具有什么性能才能具有互换性？互换性分为几类？它们都用于何种场合？

1—2　举例说明互换性在你的日常生活中有哪些应用？（试举 3 例）

1—3　互换性与标准、公差和检测之间有何关系？

1—4　为什么要制定《优先数和优先数系》国家标准？优先数系是一种什么数列？国家标准中，优先数系有几种系列？

1—5　螺纹公差自 3 级开始其等级系数为：0.50，0.63，0.80，1.00，1.25，1.60，2.00。试判断它们为何种数列。

1—6　测量的实质是什么？一个测量过程包括哪些要素？

1—7　测量值是否就是真值，两者有何差异？

1—8　量块分哪几级、哪几等？它们是根据什么进行分等、分级的？

1—9　某千分尺，副尺（微分筒上的圆周标尺）的每个间距代表 0.01 mm，主尺（固定套筒上的纵向标尺）的每个间距代表 0.5 mm，主尺能够显示的范围为 25 ~50 mm。试问该千分尺的标尺分度值、示值范围、测量范围和量程各为多少？

1—10　投影仪的检测方法是什么？

1—11　内径指示表的检测方法是什么？

1—12　R5 数列 6.30，10.00 的后面第 1 个数值为多少？

1—13　一公称尺寸为 25.625 mm，试用 83 块的量块进行组成该尺寸，应如何选取量块？

1—14　"阿贝测长原则"指的是什么？

1—15　测量误差分为几类？分别叫做什么？误差的来源是什么？

1—16　新一代 GPS 标准理论是以什么为基础的？它的表达形式是什么？

第二章

尺寸精度与检测

机械零件的几何量精度包含该零件的尺寸精度、形状和位置精度以及表面轮廓精度等。它们是根据零件在机器中的使用要求确定的。尺寸精度主要研究线性尺寸的公差、极限与配合。尺寸精度设计是机械零件设计中必不可少的重要内容。

为了满足使用要求，保证零件的互换性，我国发布了一系列有关尺寸精度的国家标准：GB/T 1800.1—2009《产品几何技术规范（GPS） 极限与配合 第 1 部分：公差、偏差和配合的基础》，GB/T 1800.2—2009《产品几何技术规范（GPS） 极限与配合 第 2 部分：标准公差等级和孔、轴的极限偏差表》，GB/T 1801—2009《产品几何技术规范（GPS）极限与配合 公差带和配合的选择》，GB/T 1803—2003《极限与配合 尺寸至 18 mm 孔、轴公差带》，GB/T 1804—2000《一般公差 未注公差的线性和角度尺寸的公差》。这些标准的制定与实施，可以满足我国机电产品的设计和适应国际贸易的需要。

下面就上述尺寸公差标准的基本概念和应用以及尺寸精度的设计进行阐述。

第一节　基本术语及其定义

尺寸精度设计主要是指对有配合要求的孔、轴（此配合主要是指一个零件的内表面和另一个零件的外表面在径向或宽度方向的配合松紧程度），确定它们的尺寸公差和配合种类，也包括确定零件上非配合表面的尺寸公差。为此，首先阐述与尺寸精度有关的术语及其定义。

一、孔和轴的定义

尺寸要素是由一定大小的线性尺寸或角度尺寸确定的几何形状。

当两个机械零件在直径或宽度方向相互配合时，孔通常是指工件的圆柱形内尺寸要素，也包括非圆柱形内尺寸要素（由二平行平面或切面形成的包容面）。例如，键槽的宽度表面。

轴通常是指工件的圆柱形外尺寸要素，也包括非圆柱形外尺寸要素（由二平行平面或切面形成的包容面）。例如，平键的宽度表面。

二、有关尺寸的术语及定义

1. 线性尺寸

尺寸分为两类：线性尺寸和角度尺寸。线性尺寸简称尺寸，是指两点之间的距离，如直径、宽度、高度、深度、厚度及中心距离等。

2. 公称尺寸

公称尺寸是由图样规范确定的理想形状要素的尺寸，是设计确定的尺寸（见图 2—1）。它是根据零件的强度、刚度等的计算和结构的设计确定的，并应化整为优先数，采用标准尺寸，即执行 GB/T 2822—2005《标准尺寸》的规定（见附表 2—1），以利于加工和测量。

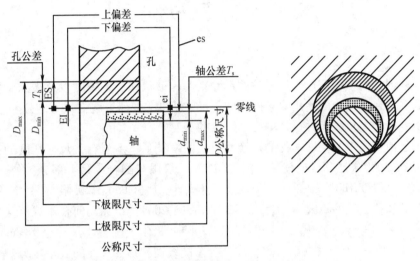

图 2—1　公称尺寸和极限尺寸

3. 极限尺寸

极限尺寸是指孔或轴允许的尺寸的两个极端尺寸（见图 2—1）。其中，一个极端尺寸为上极限尺寸，它是孔或轴允许的最大尺寸，孔和轴的上极限尺寸分别用符号 D_{max} 和 d_{max} 表示。另一个极端尺寸为下极限尺寸，它是孔或轴允许的最小尺寸，孔和轴的下极限尺寸分别用符号 D_{min} 和 d_{min} 表示。

4. 实际尺寸

实际尺寸是指零件加工后通过测量获得的某一孔、轴的尺寸。孔和轴的实际尺寸分别用符号 D_a 和 d_a 表示。由于存在测量误差，测量获得的实际尺寸并非真实尺寸，而是一个近似于真实尺寸的尺寸。

公称尺寸和极限尺寸是设计时给定的，实际尺寸应限制在极限尺寸范围内，也可达到极限尺寸。孔和轴实际尺寸的合格条件分别为：$D_{min} \leqslant D_a \leqslant D_{max}$；$d_{min} \leqslant d_a \leqslant d_{max}$。

5. 提取组成要素的局部尺寸

一切提取组成要素上两对应点之间的距离统称为提取组成要素的局部尺寸，分为：提取圆柱面局部尺寸和两平行提取表面的局部尺寸。

三、有关偏差和公差的术语及定义

1. 尺寸偏差

尺寸偏差简称偏差，是指某一尺寸（如极限尺寸、实际尺寸等）减去公称尺寸所得的代数差。该代数差可能是正值（称为正偏差）、负值（称为负偏差）或零（称为零偏差）。尺寸偏差值除零外，前面必须冠以正、负号。尺寸偏差分为极限偏差和实际偏差。

（1）极限偏差

极限偏差是指极限尺寸减去公称尺寸所得的代数差。极限偏差分为上极限偏差和下极限偏差。上极限偏差是指上极限尺寸与公称尺寸所得的代数差（简称上偏差）。孔和轴的上极限偏差分别用符号 ES 和 es 表示。下极限偏差是指下极限尺寸与公称尺寸所得的代数差（简称下偏差）。孔和轴的下极限偏差分别用符号 EI 和 ei 表示。极限偏差可分别用下列公式表示：

$$\mathrm{ES} = D_{max} - D;\ \mathrm{EI} = D_{min} - D$$
$$\mathrm{es} = d_{max} - D;\ \mathrm{ei} = d_{min} - D \tag{2—1}$$

（2）实际偏差

实际偏差是指实际尺寸与公称尺寸所得的代数差，它应限制在极限偏差范围内，也可达到极限偏差。孔或轴实际偏差的合格条件为：下极限偏差≤实际偏差≤上极限偏差。

2. 尺寸公差

尺寸公差简称公差，是指上极限尺寸减去下极限尺寸所得的差值，或上极限偏差减去下极限偏差所得的差值。它是允许尺寸的变动量。孔和轴的尺寸公差分别用符号 T_h 和 T_s 表示。公差与极限尺寸、极限偏差的关系如下：

$$T_h = D_{max} - D_{min} = \mathrm{ES} - \mathrm{EI}$$
$$T_s = d_{max} - d_{min} = \mathrm{es} - \mathrm{ei} \tag{2—2}$$

鉴于上极限尺寸总是大于下极限尺寸，上极限偏差总是大于下极限偏差，所以公差是一个没有符号的绝对值，公差不可能为负值或零。

3. 尺寸公差带

在分析孔或轴尺寸的偏差、极限尺寸以及相互结合的配合种类与公差的关系时，可以采用公差带图表示。参见图2—2，公差带图解中有一条表示公称尺寸的零线和相应的公差带。零线以上为正偏差，零线以下为负偏差。尺寸公差带是指在公差带图解中，由代表上极限偏差和下极限偏差或者上极限尺寸和下极限尺寸的两条直线之间所限定的区域。公差带在零线的垂直方向上的宽度代表公差值，沿零线方向的长度可适当选取。在公差带图解中，公称尺寸用 mm 表示；极限偏差和公差可用 μm 表示，也可用 mm 表示，通常用 μm 表示。

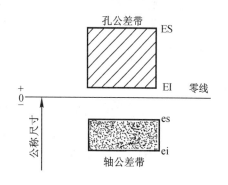

图 2—2　公差带图解

公差带由"公差带大小"与"公差带位置"两个参数组成。GB/T 1800.1—2009 规定公差带的大小由标准公差确定，公差带相对于零线的位置由基本偏差确定。为了使公差带标准化，将公差和基本偏差数值都进行标准化，分别规定了相应的标准公差和基本偏差。经标准化的公差与偏差制度称为极限制。

4. 标准公差

标准公差是指国家标准所规定的极限与配合制中的任一公差值。

5. 基本偏差

基本偏差是指极限与配合制中，确定公差带相对零线位置的那个极限偏差。它可以是上偏差或下偏差，一般为靠近零线或位于零线的那个极限偏差。

四、有关配合的术语及定义

1. 配合

配合是指公称尺寸相同的、相互结合的孔和轴公差带之间的关系。组成配合的孔与轴的公差带位置的不同，便形成不同的配合性质。

2. 间隙或过盈

间隙或过盈是指孔的尺寸减去相配合的轴的尺寸所得的代数差。该代数差为正值时，叫做间隙，用符号 X 表示；该代数差为负值时，叫做过盈，用符号 Y 表示。

3. 配合的分类

（1）间隙配合

间隙配合是指具有间隙（包括最小间隙等于零）的配合。此时，孔的公差带在轴的公差带上方，见图 2—3。

间隙配合中，孔的上极限尺寸减去轴的下极限尺寸，或者孔的上极限偏差减去轴的下极限偏差，所得的代数差称为最大间隙，用符号 X_{max} 表示，即

$$X_{max} = D_{max} - d_{min} = ES - ei \quad (2—3)$$

孔的下极限尺寸减去轴的上极限尺寸，或者孔的下极限偏差减去轴的上极限偏差，所得的代数差称为最小间隙，用符号 X_{min} 表示，即

$$X_{min} = D_{min} - d_{max} = EI - es \quad (2—4)$$

当孔的下极限尺寸与轴的上极限尺寸相等时，最小间隙为零。

在实际设计中，有时用到平均间隙，平均间隙用符号 X_{av} 表示，即

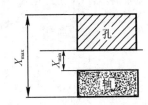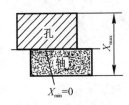

图 2—3　间隙配合

$$X_{av} = (X_{max} + X_{min})/2 \quad (2-5)$$

间隙值的前面必须冠以正号。

（2）过盈配合

过盈配合是指具有过盈（包括最小过盈等于零）的配合。此时，孔的公差带在轴的公差带下方，见图 2—4。

过盈配合中，孔的上极限尺寸减去轴的下极限尺寸，或者孔的上极限偏差减去轴的下极限偏差，所得的代数差称为最小过盈，用符号 Y_{min} 表示，即

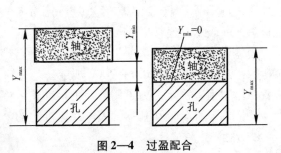

图 2—4　过盈配合

$$Y_{\min} = D_{\max} - d_{\min} = \text{ES} - \text{ei} \tag{2—6}$$

孔的下极限尺寸减去轴的上极限尺寸，或者孔的下极限偏差减去轴的上极限偏差，所得的代数差称为最大过盈，用符号 $Y_{\max}$ 表示，即

$$Y_{\max} = D_{\min} - d_{\max} = \text{EI} - \text{es} \tag{2—7}$$

当孔的上极限尺寸与轴的下极限尺寸相等时，最小过盈为零。

在实际设计中，有时用到平均过盈，平均过盈用符号 Y_{av} 表示，即

$$Y_{av} = (Y_{\min} + Y_{\max})/2 \tag{2—8}$$

过盈值的前面必须冠以负号。

（3）过渡配合

过渡配合是指可能具有间隙或过盈的配合。此时，孔公差带与轴公差带相互交叠，见图 2—5。

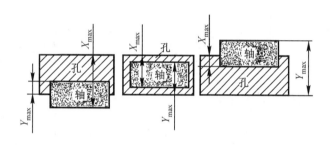

图 2—5 过渡配合

在过渡配合中，孔的上极限尺寸减去轴的下极限尺寸所得的代数差，称为最大间隙。计算公式与式（2—3）相同。孔的下极限尺寸减去轴的上极限尺寸所得的代数差，称为最大过盈，计算公式与式（2—7）相同。

过渡配合中的平均间隙或平均过盈为

$$X_{av}(\text{或} Y_{av}) = (X_{\max} + Y_{\max})/2 \tag{2—9}$$

4. 配合公差

对孔、轴配合的使用要求为间隙（或过盈）的大小，应控制在允许的最小间隙（或最大过盈）与最大间隙（或最小过盈）范围内。后者减去前者所得的差值为该配合中孔与轴公差之和，称为配合公差。它是配合间隙或过盈所允许的变动量，用符号 T_f 表示，即

间隙配合中

$$T_f = X_{\max} - X_{\min} = T_h + T_s \tag{2—10}$$

过盈配合中

$$T_f = Y_{\min} - Y_{\max} = T_h + T_s \tag{2—11}$$

过渡配合中

$$T_f = X_{\max} - Y_{\max} = T_h + T_s \tag{2—12}$$

式（2—10），式（2—11），式（2—12）反映使用要求与加工要求的关系。设计时，可根据配合中允许的间隙或过盈变动范围，来确定孔和轴的公差。鉴于最大间隙总是大于最小间隙，最小过盈总是大于最大过盈（它们都带负号），所以配合公差是一个没有符号的绝对值。

例2—1　组成配合的孔和轴在零件图上标注的公称尺寸和极限偏差分别为孔 $\phi 50 \,^{+0.025}_{0}$ mm 和轴 $\phi 50 \,^{-0.009}_{-0.025}$ mm，试计算该配合的最大间隙、最小间隙、平均间隙和配合公差，并画出孔、轴尺寸公差带示意图。

解：由式（2—3）计算最大间隙

$$X_{max} = ES - ei = +0.025 - (-0.025) = +0.050 \text{ mm}$$

由式（2—4）计算最小间隙

$$X_{min} = EI - es = 0 - (-0.009) = +0.009 \text{ mm}$$

由式（2—5）计算平均间隙

$$X_{av} = (X_{max} + X_{min})/2 = [(+0.050) + (+0.009)] \div 2 = +0.0295 \text{ mm}$$

由式（2—10）计算配合公差

$$T_f = X_{max} - X_{min} = +0.050 - (+0.009) = 0.041 \text{ mm}$$

孔、轴公差带图如图2—6所示。

五、配合制

在机械产品中，有各种不同的配合要求，这就需要由各种不同的孔、轴公差带组成的配合来实现。为了设计和制造上的经济性，把其中孔公差带（或轴公差带）的位置固定，而改变轴公差带（或孔公差带）的位置，来实现所需要的各种配合，这种制度称为基准制。

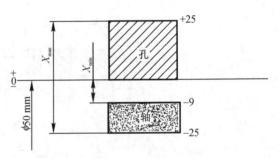

图2—6　间隙配合的孔、轴公差带示意图

用标准化的孔、轴公差带（即同一极限制的孔和轴）组成各种配合的制度，称为配合制。GB/T 1800.1—2009规定了两种基准制（基孔制和基轴制）来获得各种配合。

1. 基孔制

基孔制是指基本偏差为一定的孔的公差带，与不同基本偏差的轴的公差带形成各种配合的一种制度（见图2—7）。基孔制的孔为基准孔，它的基本偏差（下偏差）为零。基孔制的轴为非基准轴。

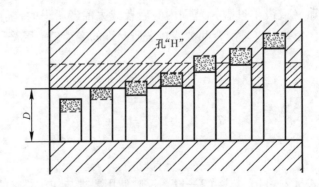

图2—7　基孔制配合

2. 基轴制

基轴制是指基本偏差为一定的轴的公差带与不同基本偏差的孔的公差带形成各种配合的一种制度（见图2—8）。基轴制的轴为基准轴，它的基本偏差（上偏差）为零。基轴制的孔为非基准孔。

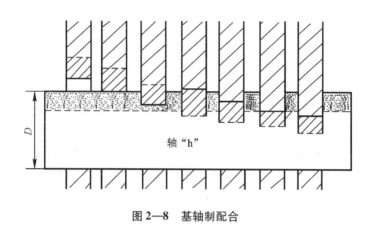

图2—8 基轴制配合

第二节 极限与配合国家标准的构成

《极限与配合》国家标准是用于机械零件尺寸精度设计的基础标准。由前一节的叙述可知，各种配合是由孔与轴的公差带之间的关系决定的，而公差带的大小和位置则分别由标准公差和基本偏差决定。GB/T 1800.1—2009 规定了标准公差系列和基本偏差系列。这两个系列中的数值都是标准化的数值。GB/T 1800.2—2009 所给出的数值，是在国标规定的标准温度为 20℃ 的条件下的数值。

一、标准公差系列

为了统一公差数值，GB/T 1800.1—2009 规定了一系列标准化的公差数值。标准公差为国家标准《极限与配合》中所规定的任一公差。标准公差的数值主要由标准公差等级系数和标准公差因子确定。

1. 标准公差等级及其代号

GB/T 1800.1—2009 将标准公差分为 20 个等级。它们用符号 IT 和阿拉伯数字组成的代号表示，分别用 IT 01，IT 0，IT 1，IT 2，…IT 18 表示。其中，IT 01 最高，等级依次降低，IT 18 最低。

2. 标准公差因子

标准公差因子是极限与配合制中，用以确定标准公差值的基本单位，也是制定标准公差数值系列的基础。标准公差的数值不仅与公差等级的高低有关，而且与公称尺寸的大小有关。

机械产品中，公称尺寸≤500 mm 的尺寸段在生产中应用最广。当公称尺寸≤500 mm

时，IT 5 至 IT 18 的标准公差因子 i 用下式计算。

$$i = 0.45 \sqrt[3]{D} + 0.001\ D \qquad (2—13)$$

式中　D——公称尺寸（mm）。

式（2—13）中第一项，表示加工误差的影响，其与公称尺寸的大小呈立方抛物线关系；第二项，表示测量误差（主要是测量时温度的变化产生的测量误差），其与公称尺寸的大小呈线性关系。

当孔、轴尺寸超过 500 mm 时，测量误差的影响显著增加。所以，对于公称尺寸 > 500 ~ 3150 mm 范围时，GB/T 1800.3—1998 规定标准公差因子 I 按下式计算。

$$I = 0.004\ D + 2.1 \qquad (2—14)$$

3. 标准公差数值的计算

GB/T 1800.1—2009 中规定，尺寸在小于 500 mm 范围内的各个公差等级的标准公差数值计算公式见表 2—1。

对于 IT 5 ~ IT 18 的标准公差等级，标准公差数值用下式表示。

$$IT = ai \qquad (2—15)$$

式中，a 为标准公差等级系数。从 IT 6 级开始，a 采用 R5 系列中的化简优先数，每隔 5 个等级，a 增大 10 倍。标准公差等级越高，则 a 值越小；反之，标准公差等级越低，则 a 值越大。

表 2—1　基本尺寸小于 500 mm 的标准公差数值的计算公式（摘自 GB/T 1800.1—2009）

公差等级	公式	公差等级	公式	公差等级	公式
IT 01	$0.3 + 0.008D$	IT 6	$10i$	IT 13	$250i$
IT 0	$0.5 + 0.012D$	IT 7	$16i$	IT 14	$400i$
IT 1	$0.8 + 0.020D$	IT 8	$25i$	IT 15	$640i$
IT 2	$(IT\ 1)(IT\ 5/IT\ 1)^{1/4}$	IT 9	$40i$	IT 16	$1000i$
IT 3	$(IT\ 1)(IT\ 5/IT\ 1)^{2/4}$	IT 10	$64i$	IT 17	$1600i$
IT 4	$(IT\ 1)(IT\ 5/IT\ 1)^{3/4}$	IT 11	$100i$	IT 18	$2500i$
IT 5	$7i$	IT 12	$160i$		

对于 IT 01，IT 0，IT 1 这 3 个标准公差等级，主要考虑测量误差的影响。因此，它们的标准公差数值与公称尺寸的关系为线性关系，并且这 3 个标准公差等级之间的常数和系数均采用优先数系的派生系列 R10/2 中的优先数。

对于 IT 2，IT 3，IT 4 这 3 个标准公差等级，它们的标准公差数值在 IT 1 与 IT 5 间呈等比数列，该等比数列的公比 $q =$（IT 5/IT 1）$^{1/4}$。

标准公差等级系数的划分符合优先数系规律，则该数系具有延伸性和插入性。利用优先数系的延伸性，按 R5 系列可确定 IT 19 = $4000i$ 和其他的标准公差数值。利用优先数系的插入性，按 R10 系列可确定 IT 6.5 = $12.5i$ 和其他的标准公差数值。

尺寸在 500 ~ 3150 mm 范围内的各个公差等级的标准公差数值计算公式见表 2—2。

表 2—2　基本尺寸在 500～3150 mm 的标准公差数值的计算公式（摘自 GB/T 1800.1—2009）

标准公差等级	IT 1	IT 2	IT 3	IT 4	IT 5	IT 6	IT 7	IT 8	IT 9
公式	2I	2.7I	3.7I	5I	7I	10I	16I	25I	40I
标准公差等级	IT 10	IT 11	IT 12	IT 13	IT 14	IT 15	IT 16	IT 17	IT 18
公式	64I	100I	160I	250I	400I	640I	1000I	1600I	2500I

4. 尺寸分段

由于标准公差因子 i 是公称尺寸 D 的函数，如果按表 2—1 所列的公式计算标准公差数值，那么，对于每一个公差等级，给一个公称尺寸就可以计算对应的公差值，这样编制的公差表格就非常庞大。为了把标准公差数值的数目减少到最低限度，统一公差值，简化公差表格，GB/T 1800.1—2009 将公称尺寸分成若干段，见附表 2—2。

对于每一个标准公差等级，同一尺寸分段内的各个尺寸的标准公差数值取成相同。标准公差数值的计算，采用将该尺寸分段首末 2 个尺寸的几何平均值 D_j（$D_j = \sqrt{D_首 \cdot D_末}$）代入式（2—13）计算。这样就使得同一标准公差等级、同一尺寸分段内所有尺寸的标准公差数值相同。附表 2—2 和附表 2—3 就是这样编制的。

在实际工作中，附表 2—1 和附表 2—2 除了直接用来查取某一公称尺寸与标准公差等级的标准公差数值以外，还可以根据已知公称尺寸和公差值，确定它们对应的标准公差等级。

二、基本偏差系列

为了统一基本偏差数值，GB/T 1800.1 规定了一系列的基本偏差数值。基本偏差是指确定公差带相对零线位置的上极限偏差或下极限偏差，一般为靠近零线或位于零线的那个极限偏差。当孔或轴的标准公差和基本偏差（上极限偏差或下极限偏差）确定后，就可以利用式（2—2）计算另一极限偏差（下极限偏差或上极限偏差）。

1. 基本偏差代号

GB/T 1800.1—2009 对孔和轴分别规定了 28 种基本偏差，每种基本偏差代号用 1 个或 2 个拉丁字母表示。孔用大写字母表示，轴用小写字母表示。

孔、轴基本偏差代号各有 28 个。在 26 个字母中，去掉 5 个容易与其他符号含义混淆的字母（孔去掉 I，L，O，Q，W，轴去掉 i，l，o，q，w），剩下 21 个字母，加上由两个字母组成的 7 组字母（孔为 CD，EF，FG，JS，ZA，ZB，ZC，轴为 cd，ef，fg，js，za，zb，zc）。

2. 轴的基本偏差系列

轴的基本偏差系列见图 2—9。代号为 a～g 的基本偏差皆为上偏差 es＜0 为负值。代号为 h 的基本偏差为上偏差 es＝0，它是基轴制中基准轴的基本偏差代号。基本偏差代号为 js 的轴的公差带相对于零线对称分布，基本偏差可取为上偏差 es＝＋T_s/2，也可取为下偏差 ei＝－T_s/2（T_s 为轴的公差值）。

根据 GB/T 1800.1—2009 的规定，对于基本偏差代号为 js，当标准公差等级为 IT 7～IT 11 时，若公差 T_s 值是奇数，则按 ±（T_s－1）/2 计算。代号为 j～zc 的基本偏差皆为下偏差 ei。除 j 为负值外，其余皆为正值。

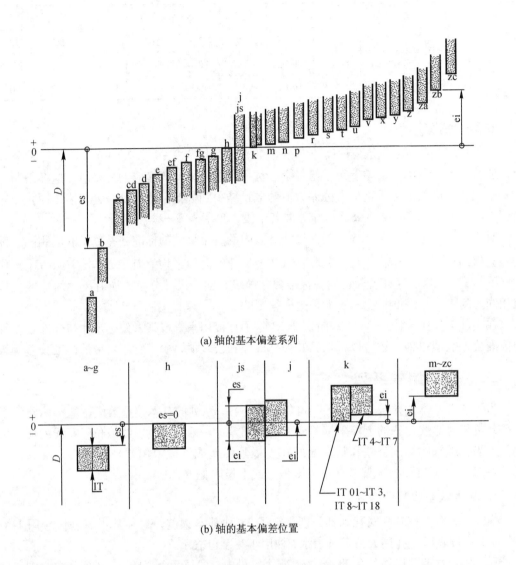

(a) 轴的基本偏差系列

(b) 轴的基本偏差位置

图 2—9　轴的基本偏差系列示意图

3. 孔的基本偏差系列

孔的基本偏差系列见图 2—10。代号为 A ~ G 的基本偏差皆为下偏差 EI > 0 为正值。代号为 H 的基本偏差为下偏差 EI = 0，它是基孔制中基准孔的基本偏差代号。基本偏差代号为 JS 的孔的公差带相对于零线对称分布，基本偏差可取为上偏差 $ES = + T_h/2$，也可取为下偏差 $EI = - T_h/2$（T_h 为孔的公差值）。

根据 GB/T 1800.1—2009 的规定，对于基本偏差代号为 JS，当标准公差等级为 IT 7 ~ IT 11 时，若公差值是奇数，则按 $\pm(T_h - 1)/2$ 计算。代号为 J ~ ZC 的基本偏差皆为上偏差 ES。

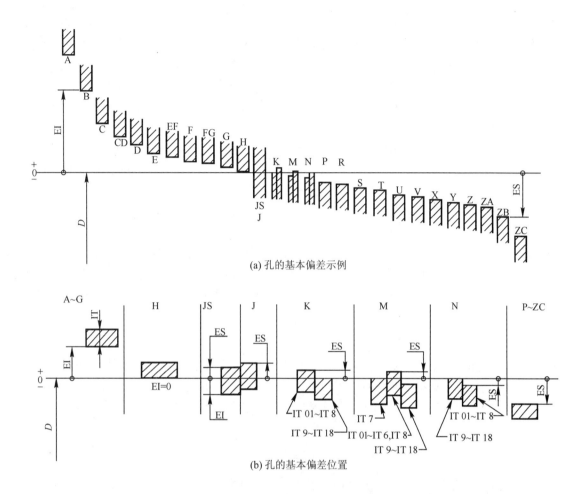

(a) 孔的基本偏差示例

(b) 孔的基本偏差位置

图 2—10 孔的基本偏差系列示意图

4. 各种基本偏差所形成配合的特征

（1）间隙配合

a～h（或 A～H）等 11 种基本偏差与基准孔 H（或基准轴 h）形成间隙配合。其中，a 与 H（或 A 与 h）形成的配合间隙最大。此后，配合间隙依次减小，h 与 H 形成的配合间隙最小，该配合的最小间隙为零。

（2）过渡配合

js，j，k，m，n（或 JS，J，K，M，N）5 种基本偏差与基准孔 H（或基准轴 h）形成过渡配合。其中，js 与 H（或 JS 与 h）形成的配合较松，获得间隙的概率较大。此后，配合依次变紧，n 与 H（或 N 与 h）形成的配合较紧，获得过盈的概率较大。而标准公差等级很高的 n 与 H（或 N 与 h）形成的配合则为过盈配合。

（3）过盈配合

p～zc（或 P～ZC）等 12 种基本偏差与基准孔 H（或基准轴 h）形成过盈配合。其中，p 与 H（或 P 与 h）形成的配合的过盈最小。而标准公差等级较低的 p 与 H（或 P 与 h）形成的配合则为过渡配合。此后，过盈依次增大，zc 与 H（或 ZC 与 h）形成的配合其过盈最大。

5. 轴的极限偏差的确定

轴的各种基本偏差按 GB/T 1800.1—2009 所规定的公式计算，以尺寸分段的几何平均值代入这些公式求得数值，经化整后编制出轴的基本偏差数值表（见附表 2—3）。

将孔、轴基本偏差代号和标准公差等级代号中的阿拉伯数字组合，就构成它们的公差带代号。例如，孔公差带代号 G8，H7，U6，轴公差带代号 g7，h6，u6。公差带代号标注在零件图的公称尺寸后面。

将孔和轴的公差带代号组合，就构成配合代号，用分数形式表示。其中，分子为孔的公差带代号，分母为轴的公差带代号。例如，基孔制配合代号 H8/g7、H7/u6 和基轴制配合代号 F8/h7、K8/h7 等。配合代号标注在装配图的公称尺寸后面。

例 2—2　利用标准公差数值表（附表 2—2）和轴的基本偏差数值表（附表 2—3），确定 $\phi 50f6$ 轴的极限偏差数值。

解：由附表 2—2 查得公称尺寸为 50 mm 的 IT6 = 16 μm；由附表 2—3 查得公称尺寸为 50 mm，且基本偏差代号为 f 的基本偏差为上极限偏差 es = −25 μm；轴的另一极限偏差为下极限偏差 ei = es − IT = −25 − 16 = −41 μm。因此，轴的极限偏差在图样上的标注为 $\phi 50^{-0.025}_{-0.041}$ mm。

6. 孔的极限偏差的确定

孔的各种基本偏差按 GB/T 1800.1—2009 所规定的公式计算。一般情况下，同一字母的孔的基本偏差与轴的基本偏差相对于零线是完全对称的。即孔与轴的基本偏差对应（例如 A 对应 a）时，两者的基本偏差的绝对值相等，而符号相反，有

$$EI = -es$$

或

$$ES = -ei \qquad\qquad (2—16)$$

由于孔比轴难加工，所以对于基轴制下孔、轴过渡配合时，孔比轴的精度等级低一级情况下，GB/T 1800.1—2009 指出：对标准公差精度为 8 级或高于 8 级（标准公差等级 ≤ IT8），且基本偏差代号为 K，M，N 的孔，采用与高一级的轴配合；对于基轴制下孔、轴过盈配合时，对标准公差精度为 7 级或高于 7 级（标准公差等级 ≤ IT7），且基本偏差代号为 P 至 ZC 的孔，采用与高一级的轴的配合。

（1）公称尺寸大于 3～500 mm，孔的基本偏差代号为 N，且标准公差等级为 9 级或 9 级以下（即标准公差等级低于 IT8）时，该基本偏差的数值（ES）等于零。

（2）在公称尺寸大于 3～500 mm 的基轴制过渡和过盈配合中，给定某一标准公差等级的孔应与高一级的轴相配合（例如 K8/h7，U7/h6），并要求具有与同一基本偏差代号字母的基孔制配合（例如 H8/k7，H7/u6）相同的极限间隙或过盈，该给定孔的基本偏差按式（2—16）确定的数值，再加上一个 Δ 值，即

$$ES = -ei + \Delta \qquad\qquad (2—17)$$

式中，Δ 为尺寸分段内给定的某一标准公差等级的孔的标准公差 ITn 与高一级的轴的标准公差 IT(n−1) 的差值，即 $\Delta = \mathrm{IT}n - \mathrm{IT}(n-1)$。

Δ 值的推导见图 2—11，孔的基本偏差是由同名轴的基本偏差变换得到的。变换原则为：同名配合的孔、轴配合性质不变。同名配合是指基孔制下的孔轴配合代号和基轴制下的

孔轴配合代号相同。配合性质不变是指基孔制下的孔轴配合极限间隙（或极限过盈）等于基轴制下的孔轴配合极限间隙（或极限过盈），要做到这一点，基准制变换前后孔、轴的公差等级不变。

例如：基孔制的过盈配合 ϕ50 H7/u6 转换为基轴制下的同名配合为 ϕ50U7/h6。

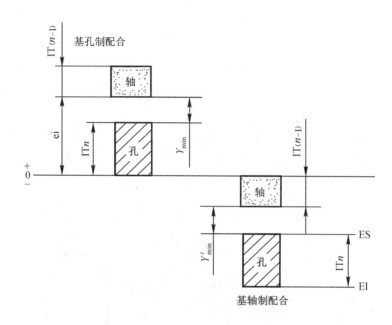

图2—11 孔、轴基本偏差换算的特殊规则

已知基孔制下孔、轴的极限偏差，求基轴制下孔的极限偏差 ES、EI。因过盈配合孔的基本偏差为上偏差 ES，根据配合性质相同的原则，基孔制配合的最小过盈 Y_{min} 等于基轴制下的最小过盈 Y'_{min}，即 $Y_{min} = Y'_{min}$，$Y_{min} = \text{IT}n - \text{ei}$，而 $Y'_{min} = \text{ES} - [-\text{IT}(n-1)]$，由于两者相等即可推导出公式（2—17）。

按以上规则计算出孔的基本偏差数值，经化整后编制出孔的基本偏差数值表，见附表2—4。

例2—3 利用标准公差数值表（附表2—2）和轴、孔的基本偏差数值表（附表2—3、附表2—4），确定 ϕ80H8/r8 和 ϕ80R8/h8 的极限偏差数值。

解： 由附表2—2查得公称尺寸为 80 mm 的 IT 8 = 46 μm；由附表2—3查得公称尺寸为 80 mm，基本偏差代号为 r 的轴的基本偏差数值 ei = +43 μm，该轴的另一极限偏差为 es = +43 +46 = +89 μm。由附表2—4查得公称尺寸为 80 mm，基本偏差代号为 R 的孔的基本偏差数值 ES = -43 μm，该孔的另一极限偏差为 EI = -43 -46 = -89 μm。所以，得 ϕ80H8 ($^{+0.046}_{0}$)/r8 ($^{+0.089}_{+0.043}$) 和 ϕ80R8 ($^{-0.043}_{-0.089}$)/h8 ($^{0}_{-0.046}$)。

例2—4 利用标准公差数值表（附表2—2）和轴、孔的基本偏差数值表（附表2—3、附表2—4），确定 ϕ30H7/p6 和 ϕ30P7/h6 的极限偏差数值。

解： 由附表2—2查得公称尺寸为 30 mm 的 IT 7 = 21 μm，IT 6 = 13 μm。由附表2—3查得公称尺寸为 30 mm，基本偏差代号为 p 的轴的基本偏差数值 ei = +22 μm，该轴的另一极限偏差为 es = +22 +13 = +35 μm。由附表2—4查得公称尺寸为 30 mm，基本偏差代号为 P 的孔的基本偏差数值 ES = -22 μm + Δ，而 Δ = ITn - IT($n-1$) = IT 7 - IT 6 = 21 - 13 =

8 μm。所以，$\phi30P7$ 孔的 ES = $-22+8=-14$ μm；该孔的另一极限偏差为 EI = ES − IT = $-14-21=-35$ μm。所以，得 $\phi30H7$ $\binom{+0.021}{0}$ /p6 $\binom{+0.035}{+0.022}$ 和 $\phi30P7$ $\binom{-0.014}{-0.035}$ /h6 $\binom{0}{-0.013}$。

三、公差与配合在图样上的标注

在装配图上，在公称尺寸后面标注配合代号，如图 2—12（a）所示 $\phi50\dfrac{H7}{f6}$ 或 $\phi50H7/f6$。

在零件图上，在公称尺寸后面标注孔或轴的公差带代号，例如图 2—12（b）所示的 $\phi50H7$ 和图 2—12（c）所示的 $\phi50f6$，或者标注上、下极限偏差数值，例如 $\phi50^{+0.025}$，或者同时标注公差带代号和上、下极限偏差数值，例如 $\phi50H7$ $\binom{+0.025}{0}$。在零件图上标注上、下极限偏差数值时，零偏差必须用数字"0"标出，不得省略，例如 $\phi50^{+0.025}_{0}$，$\phi50^{0}_{-0.016}$。当上、下极限偏差绝对值相等而符号相反时，则在偏差数值前面标注"±"号，例如 $\phi50\pm0.008$。

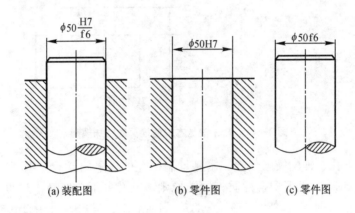

(a) 装配图　　　　　(b) 零件图　　　　　(c) 零件图

图 2—12　图样标注

四、常用公差带与优先、常用配合

GB/T 1800.1—2009 规定了 20 个标准公差等级和 28 种基本偏差。在这 28 种基本偏差中，j 仅采用 5，6，7，8 四个标准公差等级；J 仅采用 6，7，8 三个标准公差等级。所以，轴的尺寸公差带共有（28 − 1）× 20 + 4 = 544 种，孔的尺寸公差带共有（28 − 1）× 20 + 3 = 543 种。为了获得最佳的技术经济效益，减少定值刀具、光滑极限量规以及工艺装备的品种和规格，GB/T 1801—2009 对孔和轴分别规定了常用公差带。

图 2—13（a）列出了公称尺寸至 500 mm 的孔的尺寸常用公差带 105 种。选择时，应优先选用圆圈中的公差带，其次选用方框中的公差带，最后选用其他公差带。图 2—13（b）列出基本尺寸大于 500 ~ 3150 mm 的孔的常用公差带。

图 2—14（a）列出公称尺寸至 500 mm 轴的常用公差带 116 种。选择时，应优先选用圆圈中的公差带，其次选用方框中的公差带，最后选用其他公差带。图 2—14（b）列出基本尺寸大于 500 ~ 3150 mm 轴的常用公差带。

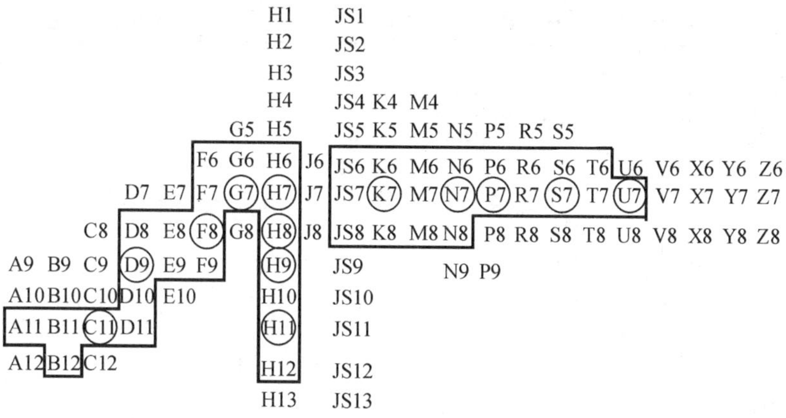

```
                                           H1        JS1
                                           H2        JS2
                                           H3        JS3
                                           H4        JS4 K4 M4
                               G5  H5      JS5 K5  M5 N5 P5 R5 S5
                       F6  G6  H6  J6      JS6 K6  M6 N6 P6 R6 S6 T6 U6 V6 X6 Y6 Z6
               D7  E7  F7 (G7)(H7) J7      JS7(K7) M7(N7)(P7) R7 (S7) T7 (U7) V7 X7 Y7 Z7
       C8  D8  E8 (F8) G8 (H8) J8          JS8 K8  M8 N8   P8 R8 S8 T8 U8 V8 X8 Y8 Z8
   A9  B9  C9 (D9) E9 F9     (H9)          JS9           N9 P9
  A10 B10 C10 D10 E10        H10           JS10
  A11 B11(C11)D11            (H11)         JS11
  A12 B12 C12                H12           JS12
                             H13           JS13
```
(a) 公称尺寸至500 mm

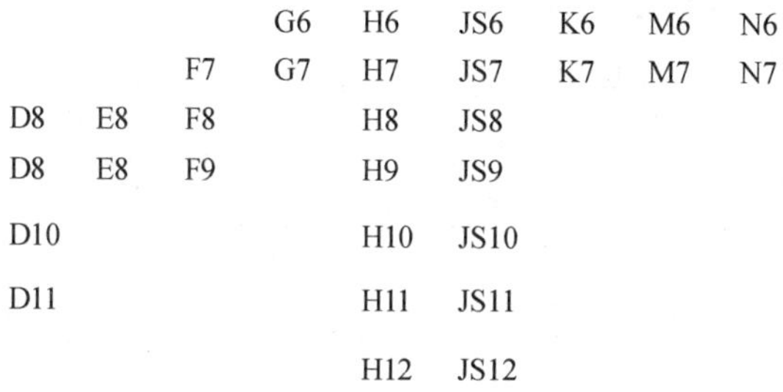

```
                       G6    H6    JS6   K6    M6   N6
                 F7  G7  H7    JS7   K7    M7   N7
       D8  E8  F8      H8    JS8
       D8  E8  F9      H9    JS9
       D10             H10   JS10
       D11             H11   JS11
                       H12   JS12
```
(b) 公称尺寸大于500~3150 mm

图 2—13 孔的常用公差带

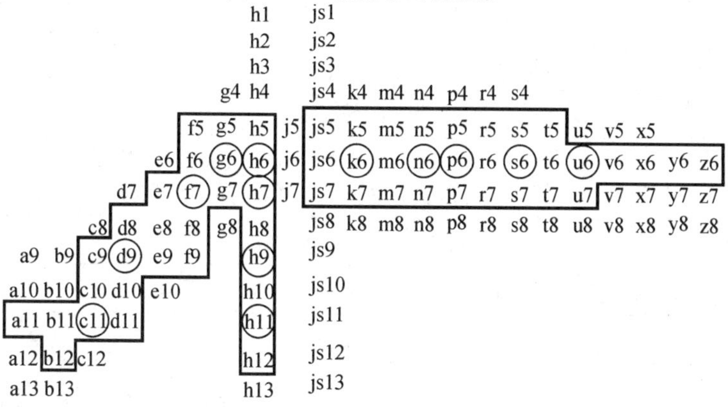

```
                                           h1        js1
                                           h2        js2
                                           h3        js3
                               g4  h4      js4 k4 m4 n4 p4 r4 s4
                       f5  g5  h5  j5      js5 k5 m5 n5 p5 r5 s5 t5  u5 v5 x5
               e6  f6 (g6)(h6) j6         js6(k6) m6(n6)(p6) r6 (s6) t6 (u6) v6 x6 y6 z6
           d7  e7 (f7) g7 (h7) j7          js7 k7 m7 n7 p7 r7 s7 t7 u7 v7 x7 y7 z7
       c8  d8  e8  f8  g8  h8              js8 k8 m8 n8 p8 r8 s8 t8 u8 v8 x8 y8 z8
   a9  b9 c9 (d9) e9 f9    (h9)            js9
  a10 b10 c10 d10 e10      h10             js10
  a11 b11(c11)d11          (h11)           js11
  a12 b12 c12              h12             js12
  a13 b13                  h13             js13
```
(a) 公称尺寸至500 mm

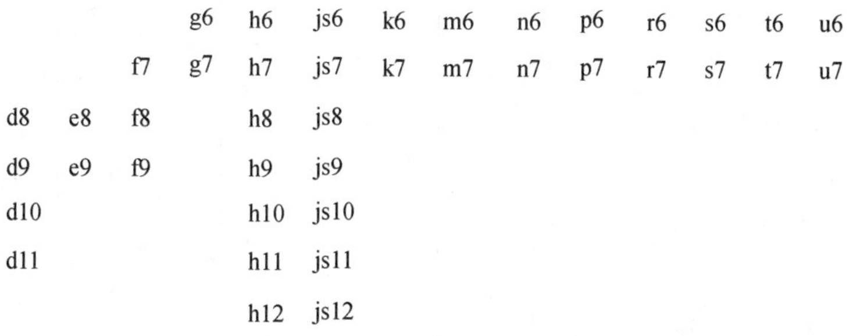

```
                 g6    h6    js6   k6    m6   n6   p6   r6   s6   t6   u6
             f7  g7    h7    js7   k7    m7   n7   p7   r7   s7   t7   u7
       d8  e8  f8      h8    js8
       d9  e9  f9      h9    js9
       d10             h10   js10
       d11             h11   js11
                       h12   js12
```
(b) 公称尺寸大于500~3150 mm

图 2—14 轴的常用公差带

表 2—3　基孔制优先、常用配合（摘自 GB/T 1801—2009）

基准孔	轴																				
	a	b	c	d	e	f	g	h	js	k	m	n	p	r	s	t	u	v	x	y	z
	间隙配合								过渡配合				过盈配合								
H6						$\frac{H6}{f5}$	$\frac{H6}{g5}$	$\frac{H6}{h5}$	$\frac{H6}{js5}$	$\frac{H6}{k5}$	$\frac{H6}{m5}$	$\frac{H6}{n5}$	$\frac{H6}{p5}$	$\frac{H6}{r5}$	$\frac{H6}{s5}$	$\frac{H6}{t5}$					
H7						$\frac{H7}{f6}$	▼$\frac{H7}{g6}$	▼$\frac{H7}{h6}$	$\frac{H7}{js6}$	▼$\frac{H7}{k6}$	$\frac{H7}{m6}$	▼$\frac{H7}{n6}$	▼$\frac{H7}{p6}$	$\frac{H7}{r6}$	▼$\frac{H7}{s6}$	$\frac{H7}{t6}$	▼$\frac{H7}{u6}$	$\frac{H7}{v6}$	$\frac{H7}{x6}$	$\frac{H7}{y6}$	$\frac{H7}{z6}$
H8					▼$\frac{H8}{e7}$	$\frac{H8}{f7}$	$\frac{H8}{g7}$	▼$\frac{H8}{h7}$	$\frac{H8}{js7}$	$\frac{H8}{k7}$	$\frac{H8}{m7}$	$\frac{H8}{n7}$	$\frac{H8}{p7}$	$\frac{H8}{r7}$	$\frac{H8}{s7}$	$\frac{H8}{t7}$	$\frac{H8}{u7}$				
H8				$\frac{H8}{d8}$	$\frac{H8}{e8}$	$\frac{H8}{f8}$		$\frac{H8}{h8}$													
H9			$\frac{H9}{c9}$	▼$\frac{H9}{d9}$	$\frac{H9}{e9}$	$\frac{H9}{f9}$		▼$\frac{H9}{h9}$													
H10			$\frac{H10}{c10}$	$\frac{H10}{d10}$				$\frac{H10}{h10}$													
H11	$\frac{H11}{a11}$	$\frac{H11}{b11}$	▼$\frac{H11}{c11}$	$\frac{H11}{d11}$				▼$\frac{H11}{h11}$													
H12		$\frac{H12}{b12}$						$\frac{H12}{h12}$													

注：①在 $\frac{H6}{n5}$ 与 $\frac{H7}{p6}$ 在公称尺寸小于或等于 3 mm 和 $\frac{H8}{r7}$ 在公称尺寸小于或等于 100 mm 时，为过渡配合。

②带 ▼ 的配合为优先配合。

表 2—4　基轴制优先、常用配合（摘自 GB/T 1801—2009）

基准轴	孔																				
	A	B	C	D	E	F	G	H	JS	K	M	N	P	R	S	T	U	V	X	Y	Z
	间隙配合								过渡配合				过盈配合								
h5						$\frac{F6}{h5}$	$\frac{G6}{h5}$	$\frac{H6}{h5}$	$\frac{JS6}{h5}$	$\frac{K6}{h5}$	$\frac{M6}{h5}$	$\frac{N6}{h5}$	$\frac{P6}{h5}$	$\frac{R6}{h5}$	$\frac{S6}{h5}$	$\frac{T6}{h5}$					
h6						$\frac{F7}{h6}$	▼$\frac{G7}{h6}$	▼$\frac{H7}{h6}$	$\frac{JS7}{h6}$	▼$\frac{K7}{h6}$	$\frac{M7}{h6}$	▼$\frac{N7}{h6}$	▼$\frac{P7}{h6}$	$\frac{R7}{h6}$	▼$\frac{S7}{h6}$	$\frac{T7}{h6}$	▼$\frac{U7}{h6}$				
h7					$\frac{E8}{h7}$	$\frac{F8}{h7}$		▼$\frac{H8}{h7}$	$\frac{JS8}{h7}$	$\frac{K8}{h7}$	$\frac{M8}{h7}$	$\frac{N8}{h7}$									
h8				$\frac{D8}{h8}$	$\frac{E8}{h8}$	$\frac{F8}{h8}$		$\frac{H8}{h8}$													
h9				▼$\frac{D9}{h9}$	$\frac{E9}{h9}$	$\frac{F9}{h9}$		▼$\frac{H9}{h9}$													

续表

基准轴	孔																				
	A	B	C	D	E	F	G	H	JS	K	M	N	P	R	S	T	U	V	X	Y	Z
	间隙配合								过渡配合				过盈配合								
h10				$\frac{D10}{h10}$				$\frac{H10}{h10}$													
h11	$\frac{A11}{h11}$	$\frac{B11}{h11}$	▼$\frac{C11}{h11}$	$\frac{D11}{h11}$				▼$\frac{H11}{h11}$													
H12		$\frac{B12}{h12}$						$\frac{H12}{h12}$													

注：带▼的配合为优先配合。

当常用公差带不能满足使用要求时，可以从 GB/T1800.1—2009 规定的各个标准公差等级和各种基本偏差中选取适当的孔、轴公差带来组成配合。

表2—3给出了基孔制优先、常用配合代号，表2—4给出了基轴制优先、常用配合代号。设计选择孔、轴配合代号时，首先选择优先配合，其次选择常用配合，都不能满足要求，再选择其他配合代号。

GB/T 1801—2009中列出了基孔制和基轴制常用配合的极限间隙和极限过盈数值，本书只列出其中常用尺寸（3～500 mm）优先配合的极限间隙和极限过盈数值，见附表2—5。

五、线性尺寸的未注公差

在零件图上，对于在车间一般加工条件下能够保证的非配合线性尺寸（含倒圆半径、倒角高度尺寸）的公差和极限偏差可以不注出，而采用 GB/T 1804—2000《一般公差线性尺寸的未注公差》所规定的线性尺寸一般公差，以简化图样标注。

GB/T 1804—2000对线性尺寸的未注公差规定了四个公差等级，即 f 级（精密级）、m 级（中等级）、c 级（粗糙级）和 v 级（最粗级），并制定了相应的极限偏差数值，见附表2—6和附表2—7。但这些数值在图样上不标出，而由车间在加工时加以控制。

线性尺寸的未注公差要求应写在零件图的技术条件中，采用 GB/T 1804—2000 的标准号和公差等级符号表示。例如选用中等级时，在图样上标注为：线性尺寸的未注公差按 GB/T 1804－m。GB/T 1804 只适用于切削加工的非配合表面的未注尺寸公差；不适用于非切削加工的表面的未注尺寸公差，例如：铸造、焊接、冲压等加工工艺的未注尺寸公差，这些热加工工艺的未注尺寸公差都有各自的国家标准规定。

六、大尺寸孔、轴的配制配合

有配合要求的公称尺寸大于 500 mm 的孔、轴除采用互换性原则加工外，还可以采用配制配合的方式加工。配制配合是指以有配合要求的孔和轴中的孔或轴的实际尺寸为基数，来配制加工轴或孔的工艺措施。配制配合用代号 MF 表示，借用基准孔的代号 H 表示孔为先加工件。借用基准轴的代号 h 表示轴为先加工件。在装配图上还应标明按互换性原则加工时的配合要求。

例 2—5　公称尺寸为 $\phi3000$ mm 的孔和轴的配合，要求配合的最大间隙为 0.45 mm，最小间隙为 0.14 mm。对于公称尺寸大于 500～3150 mm 的配合一般采用同级配合。按互换性生产可由附表 2—2，附表 2—3，附表 2—4 选用 $\phi3000$H6/f6 或 $\phi3000$F6/h6，其最大间隙为 +0.415 mm，最小间隙为 +0.145 mm，配合公差为 0.27 mm。现确定采用配制配合。如图 2—15。

（1）在装配图上标注

如图 2—15（a）所示，$\phi3000\dfrac{\mathrm{H6}}{\mathrm{f6}}\mathrm{MF}$，表示先加工件为孔，配制件为轴；或 $\phi3000\dfrac{\mathrm{F6}}{\mathrm{h6}}\mathrm{MF}$ 表示先加工件为轴，配制件为孔。

（2）先加工件的标注

应选择较难加工的工件为先加工件（在多数情况下选择孔），给它一个比较容易达到的公差，或按"线性尺寸的未注公差"加工。

本例选择孔为先加工件，给它一个比较容易达到的标准公差等级 IT 8 级，在零件图上的标注为 $\phi3000$H8MF〔参见图 2—15（b）〕。若按"线性尺寸的未注公差"加工，则标注为 $\phi3000$MF。

（3）配制件的标注

本例中配制件为轴。本配制配合是间隙配合，因此，按已知最小间隙确定轴的上偏差 es = −0.145 mm；按已知配合公差确定轴的下偏差 ei = −0.145 − 0.27 = −0.415 mm。所以，选取与之相近而符合要求的轴的公差带为 f 7 $\left(^{-0.145}_{-0.355}\right)$。此时，配制配合的最大间隙为 +0.355 mm，最小间隙为 +0.145 mm，图上标注为 $\phi3000$f 7MF〔参见图 2—15（c）〕或 $\phi3000^{-0.145}_{-0.355}\mathrm{MF}$。

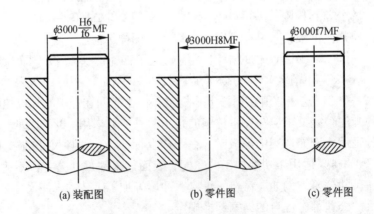

图 2—15　配制配合在图样上的标注

配制件的极限尺寸按先加工件的实际尺寸 D_a 为基数来确定。本例中，轴的极限尺寸为 ϕd_af 7 $\left(^{-0.145}_{-0.355}\right)$，设先加工孔的实际尺寸为 $\phi3000.195$ mm，则配制件（轴）的极限尺寸计算如下：

$$\text{上极限尺寸 } d_{\max} = 3000.195 − 0.145 = 3000.05 \text{ mm}$$
$$\text{下极限尺寸 } d_{\min} = 3000.195 − 0.355 = 2999.84 \text{ mm}$$

第三节　尺寸精度设计

　　尺寸精度设计是机械产品设计中的重要部分，它对机械产品的使用精度、性能和加工成本的影响很大。尺寸精度设计包括基准制、标准公差等级和基本偏差代号三方面的选择。选择的原则是在满足使用要求的前提下，获得最佳的技术经济效益。标准公差等级和基本偏差代号的选择方法有计算法、实验法和类比法。

　　用计算法，通常要用到相关专业理论知识。通过一些公式计算出极限间隙或过盈，然后计算出孔、轴的极限尺寸及配合代号等，这可以借助计算机来完成。

　　实验法主要用于对产品质量和性能有极大影响的重要配合。通过一定数量的实验，确定出具有最佳工作性能所需的极限间隙或极限过盈。这种方法费用颇高，费时、费力，因此很少采用，常用于非常重要的场合。

　　类比法是设计时较常用的方法。借鉴使用效果良好的同类产品的技术资料或参考有关资料，并加以分析，来确定孔、轴的极限尺寸。

一、基准制的选择

　　基孔制和基轴制可以满足同样的使用要求。选用基孔制还是基轴制，主要从产品结构、制造工艺和经济性等方面来考虑。

1. 优先选用基孔制

　　一般情况下，设计时应优先选用基孔制。因为基孔制中孔的公差带固定，加工时所需的定值刀具（如钻头、铰刀、拉刀等）较少，而不同公差带的轴可以使用通用刀具加工，所以基孔制的经济性较好。参见表2—5，设某一公称尺寸的孔和轴要求间隙、过渡、过盈3种配合，若采用基孔制，则3种配合由1种孔公差带和3种轴公差带构成；而采用基

表2—5　基孔制和基轴制所需刀具和量规的比较

	基孔制				基轴制			
	基准孔	间隙配合轴	过渡配合轴	过盈配合轴	基准轴	间隙配合孔	过渡配合孔	过盈配合孔
工件								
刀具	铰刀	车刀　砂轮			车刀　砂轮	铰刀	铰刀	铰刀
光滑极限量规	塞规	卡规	卡规	卡规	卡规	塞规	塞规	塞规

轴制，则 3 种配合由 1 种轴公差带和 3 种孔公差带构成。可见，基孔制所需的定值刀具比基轴制少。但对于大批量加工而言，由表 2—5 可见，采用光滑极限量规检测，两种基准制所用的量规数量是一样的。

2. 特殊情况采用基轴制

在某些情况下，采用基轴制比较经济合理。例如，农业机械和纺织机械中，使用具有一定精度的冷拔钢材直接作轴，这种轴不需要切削加工，因此应采用基轴制。又如，根据结构上的需要，在同一公称尺寸轴的不同部位上装配几个不同配合要求的孔的零件，应采用基轴制。参见图 2—16，在内燃机的活塞、连杆机构中，活塞销与活塞上的 2 个销孔的配合要求紧些（过渡配合性质），而活塞销与连杆小头孔的配合要求松些（最小间隙为零）。若采用基孔制［见图 2 - 16（b）］，则活塞 2 个销孔和连杆小头孔的公差带相同（H6），而应满足 2 种不同配合要求的活塞销要按 2 种公差带（h5，m5）加工成阶梯轴，这既不利于加工，又不利于装配（装配时会将连杆小头孔刮伤）。反之，采用基轴制［见图 2 - 16（c）］，活塞销按 1 种公差带加工，制成光轴，这样活塞销的加工和装配都方便。此外，难加工的轴采用基轴制。例如：曲轴、细长轴与孔的配合部位。

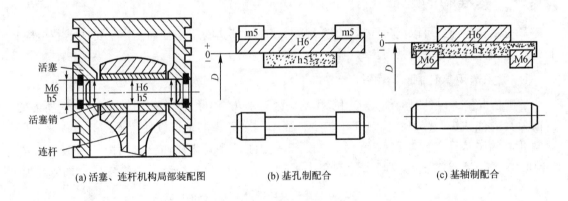

(a) 活塞、连杆机构局部装配图　　(b) 基孔制配合　　(c) 基轴制配合

图 2—16　活塞销与活塞和连杆上的孔的配合

3. 以标准部件为基准来选择基准制

对于与标准部件（或标准件）相配合的孔或轴，它们的配合必须以标准部件（或标准件）为基准来选择基准制。例如，滚动轴承外圈与箱体孔（外壳孔）的配合，必须采用基轴制；内圈与轴颈的配合，必须采用基孔制。

4. 必要时采用任意孔、轴公差带组成非基准制的配合

参见图 1—1 和图 2—17，圆柱齿轮减速器中，轴颈公差带按它与轴承内圈配合的要求已确定为 $\phi55k6$，箱体孔公差带按它与轴承外圈配合的要求也已确定为 $\phi100H7$。起轴向定位作用的轴套的孔与轴颈的配合及端盖定位圆柱面与箱体孔的配合，皆允许间隙较大，尺寸精度要求不高，只要求拆装方便。按轴颈的公差带上极限偏差和最小间隙的大小，确定轴套孔的下偏差，所以确定该孔公差带为 $\phi55D9$（见图 2—17）。按箱体孔公差带下偏差和最小间隙的大小，确定端盖定位圆柱的上偏差，端盖定位圆柱面的公差带可选取 $\phi100f\,9$（见图 2—17）。这样组成的配合 $\phi55D9/k6$，$\phi100H7/f\,9$ 既可满足使用要求，又可获得最佳的技术

经济效益。端盖定位外圆柱面和轴用套筒内孔直径的尺寸公差代号的选取，可参考本教材第十一章。

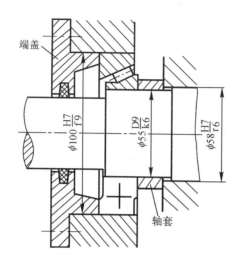

图 2—17　减速器中轴承端盖处和轴套处的配合

二、标准公差等级的选择

选择标准公差等级时，应正确处理使用要求、制造工艺与成本之间的关系。因此，标准公差等级的基本选择原则是：在满足使用性能的前提下，尽量选取精度较低的标准公差等级。

标准公差等级可用类比法选择，就是参考从生产实践中总结出来的技术资料，把所设计产品的技术要求与之进行对比选择。用类比法选择标准公差等级时，应熟悉各个标准公差等级的应用范围和各种加工方法所能达到的公差等级的参考范围。

IT 01 ~ IT 1 用于量块的尺寸公差。IT 1 ~ IT 7 用于量规的尺寸公差，这些量规常用于检验 IT 6 ~ IT 16 的孔和轴。IT 2 ~ IT 5 用于精密配合，如滚动轴承各零件的配合。IT 5 ~ IT 10 用于有精度要求的重要和较重要配合。IT 5 的轴和 IT 6 的孔用于高精度的重要配合。例如，精密机床主轴轴颈与轴承、内燃机的活塞销与活塞两个销孔的配合。IT 6 轴与 IT 7 孔在机械制造业中的应用很广，用于较高精度的重要配合。例如，普通机床的重要配合，内燃机曲轴的主轴颈与滑动轴承的配合，也用于滚动轴承内、外圈分别与轴颈和箱体孔（外壳孔）的配合。IT 7、IT 8 通常用于中等精度要求的配合。例如，通用机械中轴的轴颈与滑动轴承的配合，以及重型机械和农业机械中较重要的配合。IT 9、IT 10 用于一般精度要求的配合，如键宽与键槽宽的配合等。IT 11、IT 12 用于不重要的配合。IT 12 ~ IT 18 用于非配合尺寸。IT 8 ~ IT 14 为原材料公差。

各种加工方法能达到的公差等级参考范围：数控车 IT 3 ~ IT 7；数控铣 IT 3 ~ IT 6；数控镗 IT 3 ~ IT 5；研磨 IT 01 ~ IT 5；圆磨 IT 5 ~ IT 7；平磨 IT 4 ~ IT 7；金刚石磨床和金刚石镗床 IT 4 ~ IT 7；拉削 IT 5 ~ IT 8；铰孔 IT 6 ~ IT 10；普通车削 IT 7 ~ IT 11；普通镗床 IT 7 ~ IT 11；铣床 IT 8 ~ IT 11；刨床和插床 IT 10 ~ IT 11；滚压、挤压 IT 10 ~ IT 11；冲压、铸造

IT 10 ~ IT 14；砂箱、铸造 IT 16 ~ IT 18；锻造 IT 15 ~ IT 18。

在选择标准公差等级时，还应考虑下列几个问题。

1. 同一配合中孔与轴的工艺等价性

工艺等价性是指同一配合中的孔和轴的加工难易程度基本相同。对于间隙配合和过渡配合，标准公差等级为 8 级或高于 8 级的孔应与高一级的轴配合，例如 ϕ50H8/f 7、ϕ40K7/h6；标准公差等级为 9 级或低于 9 级的孔可与同一级的轴配合，如 ϕ30H9/g9。

对于过盈配合，标准公差等级为 7 级或高于 7 级的孔应与高一级的轴配合，如 ϕ100 H7/u6、ϕ60 R6/h5；标准公差等级为 8 级或低于 8 级的孔可与同一级的轴配合，如 ϕ60H8/t8。

2. 相配件或相关件的结构或精度

某些孔、轴的标准公差等级决定于相配件或相关件的结构或精度。例如，与滚动轴承相配合的轴颈和箱体孔的标准公差等级，决定于相配件滚动轴承的类型和公差等级以及配合尺寸的大小（见附表 5—1、附表 5—2）；盘形齿轮的基准孔与轴的配合中，该孔和轴的标准公差等级决定于相关件齿轮的精度等级（见表 7—5）。

3. 配合性质以及加工成本

过盈、过渡配合和间隙较小的间隙配合中，孔的标准公差等级应不低于 IT8 级，轴的标准公差等级通常小于或等于 7 级，如 H7/g6。而间隙较大的间隙配合中，孔的标准公差等级较低通常采用 9 ~ 11 级，如 H10/d10。

间隙较大的配合中，由于某种原因，相互配合的孔和轴之一，必须选用较高的标准公差等级，而与之配合的非基准轴或孔的标准公差等级可以低二、三级，以便在满足使用要求的前提下降低加工成本。例如，图 1—1 和图 2—17 所示，轴套孔与轴颈配合为 ϕ55D9/k6；箱体孔与端盖定位圆柱面的配合为 ϕ100H7/f 9。

三、配合种类及基本偏差的选择

1. 配合种类的选择

确定了基准制与孔、轴的标准公差等级之后，就应选择配合种类。选择的配合种类实际上就是确定基孔制中的非基准轴或基轴制中的非基准孔的基本偏差代号。设计时，可按配合特征的极限间隙或极限过盈的大小，采用类比法选择孔或轴的基本偏差代号，且应尽量采用 GB/T 1801—2009 规定的优先配合。这样，就需要了解各种基本偏差的特点和应用场合。选择配合种类时，应考虑的主要因素如下。

（1）孔、轴间是否有相对运动

相互配合的孔、轴间有相对运动，必须选取间隙配合。无相对运动且传递载荷（转矩或轴向力）时，应选取过盈配合，也可选取过渡配合，这时必须加键或销等连接件。

（2）过盈配合中的受载情况

利用过盈配合中的过盈来传递转矩时，传递的转矩越大，则所选配合的过盈量应越大。

（3）孔和轴的定心精度要求

相互配合的孔、轴定心精度有要求时，不宜采用间隙配合，通常采用过渡配合或小过盈量的过盈配合。

（4）带孔零件和轴的拆装情况

　　经常拆装的零件的孔与轴的配合，如带轮的孔与轴的配合，滚齿机、车床等机床的变换齿轮的孔与轴的配合，要比不经常拆装零件的孔与轴的配合松些。有的零件虽不经常拆装，但拆装困难，也应选取较松的配合。

　　此外，如果相互配合的孔、轴工作时与装配时的温度差别较大，选择配合时要考虑热变形的影响。在机械结构中，有时会遇到薄壁类零件装配后变形的问题。例如，滑动轴承套筒，其外圆柱面与外壳孔一般采用过盈配合，装配后套筒内孔由于变形将引起内孔直径减小，为了保证配合所要求的间隙，通常采用的措施是先将内孔加工得稍大，来补偿装配变形，或者在箱体上安装套筒后加工其内孔。在选择配合种类时，应考虑生产批量的影响。大批量生产时，常采用调整法加工，加工后的尺寸分布通常遵循正态分布；而单件小批量生产时，多用试切法加工，孔加工后的尺寸多偏向孔的下极限尺寸，轴加工后尺寸多偏向轴的上极限尺寸。

2. 基本偏差的选择

　　下面给出的各种基本偏差应用实例可供参考。

　　(1) a(A),b(B)用于特别大间隙配合，实际中很少应用。主要用于工作中温度高、热变形大的配合。例如，发动机中活塞与缸套的配合为 H9/a9。

　　(2) c(C)用于大间隙配合。一般用于工作状况较差，速度较低，工作时受力变形较大或装配工艺性差的孔、轴配合，也适用于高温工作的间隙配合。例如，农用机械的动配合，内燃机排气阀杆与导管的配合为 H8/c7。

　　(3) d(D)用于较松间隙配合，常用的公差等级为 IT 7 ~ IT 11 级。还可用于大尺寸的滑动轴承与轴颈配合。例如，滑轮、空转带轮或齿轮与轴的配合，涡轮机和球磨机的滑动轴承与轴的配合，活塞环与活塞槽的配合为 H9/d9。

　　(4) e(E)用于大跨距、多支点的转轴与轴承的配合，或者高速重载具有大尺寸的轴颈与轴承的配合，常用的公差等级为 IT 6 ~ IT 9 级。例如，大型电机、内燃机的滑动轴承支撑部位采用 H8/e7。

　　(5) f(F)用于一般机械的转动配合，工作温度为常温，采用普通润滑油的滑动轴承配合处，常用的公差等级为 IT 6 ~ IT 8 级。例如，齿轮箱、小电机、泵的转轴与滑动轴承的配合采用 H7/f6。

　　(6) g(G)用于配合间隙较小的配合，常用于载荷不大的精密装置的动配合，具有较高运动精度要求的回转副，常用的公差等级为 IT 5 ~ IT 7 级。例如，插销的定位配合，滑阀，连杆销，钻套导向孔用 G6。

　　(7) h(H)用于转速不高、运动精度要求很高的滑动轴承与轴颈的动配合，无相对运动的一般静配合，常用的公差等级为 IT 4 ~ IT 11 级。例如，内燃机活塞销与连杆小头配合采用 H7/h6，车床尾座与滑动套筒的配合采用 H6/h5。

　　(8) js(JS)用于具有平均间隙的过渡配合，常用的公差等级为 IT 4 ~ IT 7 级。多用于略有过盈的定位配合。例如，联轴器的内圈与轮毂的配合，滚动轴承外圈与外壳孔的配合多用 JS7，用木槌即能装配。

　　(9) j(J),k(K)用于平均间隙接近零的过渡配合，常用的公差等级为 IT 4 ~ IT 7 级。多用于精密的定位面配合。例如，一般机械中滚动轴承内圈与轴颈的配合采用 j6、k6 或 j5、k5，外圈与外壳孔配合采用 J7、K7，用木槌装配。

　　(10) m(M)用于平均过盈较小的过渡配合，常用的公差等级为 IT 4 ~ IT 7 级。用于具有较高定位精度要求的配合。例如，蜗轮的有色金属轮缘与铸钢轮毂的配合为 H7/m6，一般机械的减速器输入或输出轴采用 m6。

（11）n(N)用于平均过盈较大，具有较高定位精度要求的过渡配合，常用的公差等级为 IT 4～IT 7级。例如，利用键连接传递较大转矩的配合圆柱面，冲床上的齿轮轴与孔的配合。装配用锤子或压力机。

（12）p(P)用于小过盈配合，常用的公差等级为 IT 5～IT 7级。而 H8/p7 为过渡配合。碳钢和铸铁零件的配合需压力机压入配合。例如，卷扬机的轮毂与齿圈的配合为 H7/p6。合金零件的配合需要小过盈配合时采用 p（或 P）。例如，滑动轴承铜套与壳孔的配合采用 H7/p6。

（13）r(R)用于传递大转矩或受冲击负荷而需要加键的孔轴配合面，常用的公差等级为 IT 5～IT 8级。装配时，需用压力机压入。例如，蜗轮与轴孔的配合采用 H7/r6。注意，H8/r8 的配合，当公称尺寸 $D<100$ mm 时，为过渡配合。

（14）s(S)用于钢和铸铁零件的永久配合，不用加键可传递转矩的过盈配合，常用的公差等级为 IT 5～IT 7级。装配时，需用压力机压入。例如，不能加键的套环压在轴上或阀座上采用 H7/s6、S7/h6。

（15）t(T)用于钢和铸铁零件的永久配合，不用加键可传递大转矩的过盈配合，常用的公差等级为 IT 6～IT 7级。装配时，需用热套法或冷轴法进行压力机压入配合。例如，联轴器与轴的配合采用 H7/t6。

（16）u(U)用于大过盈配合，最大过盈需要验算，常用的公差等级为 IT 6～IT 7级。装配时，需用热套法、冷轴法压入装配。例如，火车轮毂与轴的配合采用 H6/u5。

（17）v(V),x(X),y(Y),z(Z)用于特大过盈量配合。目前，使用的经验和资料较少，须经试验后使用。

例 2—6 设计一过盈配合，孔、轴的公称尺寸为 $\phi40$ mm，要求过盈在 -0.018～-0.059 mm范围内，并采用基孔制。试确定孔和轴的极限偏差。

解：（1）求孔、轴的公差

按式（2—11）得：$T_f = Y_{min} - Y_{max} = T_h + T_s = (-0.018) - (-0.059) = 0.041$ mm，一般取 $T_h = (1\sim1.6)T_s$。根据工艺等价性，尽可能选取标准公差值，选取初值 $T_h = T_s = 0.041 \div 2 = 0.0205$ mm，查附表 2—2，该值在 IT 6～IT 7之间。因为孔比轴难加工，按工艺等价性，轴取为 IT 6，孔取为 IT 7，所以 $T_s = 0.016$ mm，$T_h = 0.025$ mm。

（2）求孔、轴的极限偏差

按基孔制，则 EI = 0，因此 ES = T_h + EI = 0.025 + 0 = +0.025 mm。由 Y_{min} = ES - ei，得 ei = ES - Y_{min} = (+0.025) - (-0.018) = +0.043 mm，查附表 2—3，得轴的基本偏差代号为 s，而 es = ei + T_s = (+0.043) + 0.016 = +0.059 mm。所以，孔、轴的配合代号为 $\phi40H7\binom{+0.025}{0}$/s6$\binom{+0.059}{+0.043}$。

本例还可以按极限过盈数值从附表 2—5 查出应选用的配合为 $\phi40H7/s6$，再从附表 2—2、附表 2—3 和附表 2—4 分别查出该配合的孔的极限偏差为 $\phi40H7\binom{+0.025}{0}$、轴的极限偏差为 $\phi40s6\binom{+0.059}{+0.043}$。

例 2—7 分析并确定图 2—18 所示齿轮油泵中，重要的孔、轴配合部位应采用的基准制、标准公差等级和配合种类。

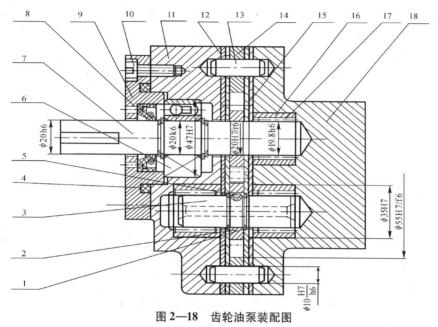

图 2—18　齿轮油泵装配图

1—轴用弹簧挡圈；2—从动轴齿轮；3—从动轴；4—O 型密封圈；5—半圆键；6—深沟球轴承；
7—主动轴；8—密封圈；9—轴承端盖；10—轴承盖紧固螺钉；11—前泵盖；12—泵体前侧板；
13—圆柱销；14—泵体；15—泵体后侧板；16—滚针轴承外圈；17—滚针；18—后泵盖

解：

齿轮油泵是某些机器润滑系统使用的一种装置或者作为切削机床加工时的冷却装置。动力由联轴器带动主动轴 7 旋转，主、从动轴上用半圆键 5 连接主动齿轮，主动齿轮与从动齿轮啮合，从动齿轮利用半圆键与从动轴连接。主动轴的支撑滚动轴承一端用深沟球轴承 6，另一端用滚针轴承 17。从动轴的两端支撑全部用滚针轴承，滚针轴承的内圈直接采用轴颈与滚针 17 接触。

在主、从动齿轮的啮合旋转过程中，润滑油被泵体一侧的进油孔吸入，通过齿轮副的齿侧间隙，由泵体另一侧的出油孔压出。为了保证泵油的功能，要求主动齿轮和从动齿轮的齿顶圆与泵体孔的配合采用间隙配合；齿轮的厚度与泵体的厚度也采用间隙配合，该厚度间隙只允许保证两个齿轮能够在壳孔内自由旋转所需的微小间隙，间隙过大则降低油压。

齿轮泵中重要的孔、轴配合部位应采用的基准制、标准公差等级和配合种类分析如下。

（1）主动轴上的 5 处配合

主动轴上有 4 段轴颈有配合要求，由左向右依次如下。

①主动轴左端轴头与联轴器孔的配合采用优先公差带 $\phi20h6$。因为此处要求能顺利装配，不出现过盈，但间隙不宜过大，以提高装配精度，保证具有良好的同轴度。

②主动轴左端轴颈与深沟球轴承 6 的内圈配合采用 $\phi20k6$。这是为了使主动轴与轴承内圈具有小过盈配合，以保证安装要求，内圈不变形，并与轴一起高速旋转的需要。

③主动轴左端轴承外圈与前泵盖 11 外壳孔的配合采用优先公差带 $\phi47H7$。因为此处外圈固定不动，无相对运动配合，并受固定负荷，按轴承相配件设计标准选用。

④考虑主动轴齿轮要传递较大转矩，并保证齿轮与轴的同轴度，因此主动轴齿轮内孔与

轴颈的配合采用基孔制 $\phi20H7/r6$。

⑤主动轴右端与滚针 17 接触的轴颈采用优先公差带 $\phi19.8h6$。因为此处要求能顺利装配，但间隙不宜过大，以提高运动精度，并保证具有良好的同轴度要求。

（2）从动轴上的 2 处配合

从动轴两端与滚针接触的轴颈公差带代号与主动轴右端轴颈具有相同的公差带代号 $\phi19.8h6$。滚针轴承外圈与壳孔的配合为固定形式，无相对运动，故采用优先公差带 $\phi35H7$。

（3）圆柱销与泵体的配合无相对运动，具有一定定位要求，考虑便于安装，故采用 $\phi10H7/h6$。

（4）主、从动齿轮的齿顶圆与泵体内孔的配合皆采用基孔制的间隙配合 $\phi55H7/f6$。这是为了保证主、从动齿轮都能够高速旋转，而不产生干涉，又不允许齿顶间隙过大，避免油压下降。

（5）泵体厚度与齿轮厚度之差应保证间隙不得超过 0.01 mm，因此主、从动齿轮与泵体应按它们的齿宽尺寸进行分组装配。

第四节　孔、轴精度的检测

为了保证互换性，加工后零件的几何精度应符合规定的精度要求。为此，除了要保证加工工艺装备具有足够的精度以外，工件的检测精度也是十分重要的。通常，中小批量生产的零件孔、轴的尺寸精度可以使用普通计量器具进行测量，以测取其实际尺寸的具体数值或实际偏差，来判断其合格与否。对于大批量生产的零件，为提高检测效率，使用光滑极限量规进行检验，以确定其实际尺寸或者尺寸与形状误差综合作用的实际轮廓结果，定性地判断其合格与否。使用量规检验迅速、方便，并且安全可靠。

为了贯彻执行有关孔、轴极限与配合方面的国家标准，我国发布了 GB/T 3177—2009《产品几何技术规范（GPS）　光滑工件尺寸的检验》和 GB/T 1957—2006《光滑极限量规　技术条件》，以正确评定孔、轴的几何精度。

一、普通计量器具测量

1. 验收极限

按图样要求，孔、轴的真实尺寸必须位于规定的上和下极限尺寸范围内。但测量时，由于测量误差的存在，测得的实际尺寸通常不是真实尺寸。如果根据测得的实际尺寸来判断孔、轴尺寸的合格性，则有可能造成误收或误废。

误收是指将真实尺寸位于公差带两端外侧附近的不合格品，误判为合格品。

误废是指将真实尺寸位于公差带两端内侧附近的合格品，误判为不合格品。

误收会影响产品质量，误废会造成经济损失。为确保产品质量并满足互换性要求，GB/T 3177—2009 规定，验收孔、轴实际尺寸应遵循的原则是：所用验收方法只应接收位于规定的尺寸极限之内的工件。根据这一原则，使用普通计量器具测量实际尺寸时，应规定验收极限。

验收极限是指验收孔、轴实际尺寸时，判断合格与否的尺寸界限。验收极限可以按下列两种方式之一确定。

①方式一　验收极限从规定的上极限尺寸和下极限尺寸分别向工件公差带内移动一个安全裕度 A 来确定。如图2—19所示，K_s 和 K_i 分别表示上、下验收极限，L_{max} 和 L_{min} 分别表示最大和最小极限尺寸，则

安全裕度 A 值按附表2—8查取。

$$K_s = L_{max} - A$$

$$K_i = L_{min} + A \qquad (2-18)$$

②方式二　验收极限等于规定的上极限尺寸和下极限尺寸，即安全裕度 A 值等于零。

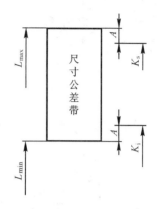

图2—19　孔、轴尺寸公差带及验收极限

测量孔、轴实际尺寸时，为确保质量并兼顾经济性，应合理选择验收极限方式。这就要结合孔、轴功能要求、重要程度、标准公差等级、测量不确定度和工艺能力等因素综合考虑。对于遵循包容要求的孔、轴和标准公差等级。高精度的孔、轴的验收极限应采用方式一，即双向内缩的方式确定。对于工艺能力指数 $C_p \geq 1$ 且遵循包容要求的孔、轴，其最大实体尺寸一边的验收极限采用内缩方式确定。工艺能力指数 C_p 是公差范围与工艺能力的比值，是评价工艺质量水平的指标。对于尺寸呈偏态分布的孔、轴，其验收极限可以仅对尺寸偏向的一边采用内缩方式确定。

当工艺能力指数 $C_p \geq 1$ 时，孔、轴的验收极限以及非配合和一般公差尺寸的孔、轴的验收极限，按方式二，即不内缩的方式确定。

这样，按照合理确定的验收极限来验收工件，就可以实现只接收实际尺寸位于规定尺寸极限之内的工件，使误收率降低，保证了产品质量。虽然误废率相应有所升高，但从统计规律来看，毕竟是少量的。

确定了工件尺寸验收极限后，还需正确选择计量器具进行测量。

2. 计量器具的选择

选择计量器具时，除应根据工件的外形、尺寸的大小等来确定计量器具的测量范围和示值范围外，还要保证所需的测量精度。按照测量误差的来源，测量不确定度 u 由计量器具的不确定度 u_1 和测量条件引起的不确定度 u_2 组成。u_1 是表征计量器具内在误差所引起的测得的实际尺寸对真实尺寸可能分散的一个范围，其中还包括所使用的标准器（如量块、千分尺的校正棒）的不确定度。u_2 是表征测量过程中，由温度、压陷效应及工件形状误差等因素所引起的测得的实际尺寸对真实尺寸可能分散的一个范围。

安全裕度 A 实质上就相当于测量不确定度 u。计量器具的测量不确定度 u_1 和测量过程的不确定度 u_2 的影响程度不同，u_1 的影响大，u_2 的影响小。一般情况下，$u_1 \approx 2u_2$，则 $A \approx u \approx \sqrt{u_1^2 + u_2^2}$。由此，得到所使用计量器具的不确定度 $u_1 = 0.9 A$。

用普通计量器具测量工件尺寸时，根据工件公差的大小按附表2—8查取安全裕度 A 和应使用计量器具的测量不确定度的允许值 u_1；再根据附表2—9～附表2—11所列普通计量器具的测量不确定度的数值选择合适的计量器具。实际选用的计量器具的测量不确定度数值 u_1' 应等于或小于已确定的测量不确定度允许值 u_1，u_1' 约为 u_1 的0.9倍。

附表2—8中，测量的不确定度 u_1 分为Ⅰ，Ⅱ，Ⅲ档，分别为工件公差的1/10，1/6，

1/4。在选用时，一般情况下，优先选用Ⅰ档，其次选用Ⅱ，Ⅲ档。

例 2—8　试确定测量 $\phi50f8$ （$^{-0.025}_{-0.064}$）轴时的验收极限，并选择合适的计量器具。该轴可否使用标尺分度值为 0.01 mm 的外径千分尺测量，并加以分析。

解：（1）根据 $\phi50f8$ 轴的尺寸公差确定安全裕度 A 和计量器具的测量不确定度允许值 u_1，该轴的尺寸公差为 0.039 mm，由附表 2—8 查得 A = 0.0039 mm，Ⅰ档的 u_1 = 0.0035 mm，Ⅱ档的 u_1 = 0.0059 mm。

$\phi50f8$ 轴的公差带及验收极限见图 2—20。

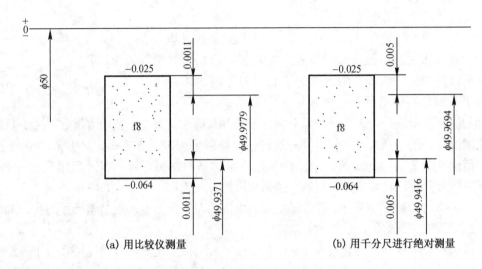

（a）用比较仪测量　　　　　　　　　（b）用千分尺进行绝对测量

图 2—20　$\phi50f8$ 轴的验收极限

（2）确定验收极限

$$K_s = L_{max} - A = 49.975 - 0.0039 = 49.9711 \text{ mm}$$
$$K_i = L_{max} + A = 49.936 + 0.0039 = 49.9399 \text{ mm}$$

（3）用比较仪测量

根据轴的基本尺寸 $\phi50$ mm 和计量器具的测量不确定度，采用Ⅰ档的允许值 u_1 = 0.0035 mm，从附表 2—10 选取标尺分度值为 0.001 mm 的比较仪，其不确定度 u_1' = 0.0011 mm，小于计量器具不确定度允许值 0.0035 mm。令 $A = u_1'$，采用比较仪测量的验收极限，见图 2—20（a）。

$$K_s = L_{max} - A = 49.975 - 0.0011 = 49.9779 \text{ mm}$$
$$K_i = L_{max} + A = 49.936 + 0.0011 = 49.9371 \text{ mm}$$

（4）用外径千分尺测量

从附表 2—9 查得，标尺分度值为 0.01 mm 的外径千分尺的不确定度 u_1' = 0.005 mm，大于Ⅰ档的 u_1 = 0.0035 mm，小于Ⅱ档的 u_1 = 0.0059 mm，为此选用Ⅱ档的 u_1。但测量时应采用扩大安全裕度 A'，以保证产品质量。扩大的安全裕度 A' 由千分尺的不确定度 u_1' 反计算：

$$A' = u_1' \div 0.9 = 0.005 \div 0.9 = 0.0056 \text{ mm}$$

扩大的安全裕度 A' 不应超过工件公差 15%。本例中，轴的公差的 15% 为 $0.039 \times 15\%$ = 0.0059，$A' < 0.0059$ mm。因此，可用千分尺对 $\phi50f8$ 轴进行绝对测量。但这时应按 A' 数值

确定上、下验收极限，见图 2 - 20（b）。

$$K_s = L_{max} - A = 49.975 - 0.0056 = 49.9694 \text{ mm}$$

$$K_i = L_{min} + A = 49.936 + 0.0056 = 49.9416 \text{ mm}$$

由此可见，用外径千分尺测量，扩大安全裕度将带来工作加工困难。如果仍然采用 $A = 0.1T$ 的安全裕度，则会产生误收，而且误废率增大。

为了提高测量精度，减小加工难度，可以采用比较测量法。此例表明，用比较法测量的安全裕度仅是外径千分尺测量的20%，可降低80%，从而降低了加工难度，提高产品合格率。

二、光滑极限量规检验

1. 光滑极限量规的作用与分类

对于大批量生产零件，为提高检测效率，通常采用光滑极限量规检测孔、轴的尺寸。检测孔的尺寸采用塞规；检测轴的尺寸采用卡规或环规。光滑极限量规是一种无刻度的定值专用计量器具，有通规和止规。被测零件通规能通过，止规不能通过，则被测尺寸即为合格。量规只能判断被测孔、轴合格与否，而不能获得被测孔、轴实际尺寸的具体数值。

量规按用途可分为工作量规、验收量规和校对量规三种（见图 2—21）。

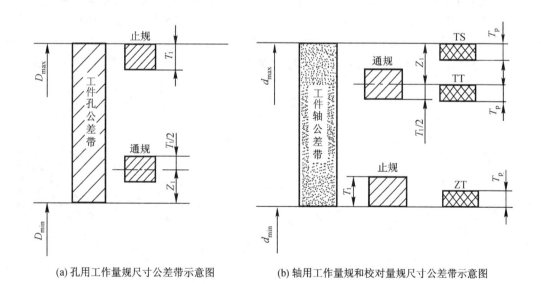

(a) 孔用工作量规尺寸公差带示意图　　　　　(b) 轴用工作量规和校对量规尺寸公差带示意图

图 2—21　量规尺寸公差带示意图

T_1——工作量规尺寸公差；Z_1——通端工作量规尺寸公差带的中心线至工件最大实体尺寸之间距离；

T_p——用于工作环境的校对塞规的尺寸公差

工作量规：它是加工过程中供操作者使用的量规。其通端和止端分别用代号"T"和"Z"表示。

验收量规：它是检验部门或用户验收产品时使用的量规。验收量规一般不另行制造，检验人员应该使用与操作者所用相同类型且已磨损较多但未超过磨损极限的通规。这样，由操作者自检合格的零件，检验人员验收时也合格。

校对量规：它是用以检验轴用的工作量规或验收量规的量规。校对量规有三种：校通—通（TT）量规：它是制造通规时所用的校对量规。新的通规若能被它通过则合格。校止—通（ZT）量规：它是制造止规时所用的校对量规。新的止规若能被它通过则合格。校通—损（TS）量规：它是检验使用中的通规是否磨损到极限时所用的校对量规。通规不应被它通过，若通过，则表示通规已磨损到极限，应予以报废。

2. 光滑极限量规的设计原理

光滑极限量规设计时通常采用泰勒原则，所谓泰勒原则是指孔或轴的实际尺寸和形状误差综合形成的实际轮廓不允许超出最大实体尺寸，在任何位置上的实际尺寸（D_a 或 d_a）不允许超出最小实体尺寸。轴的最大实体尺寸为上极限尺寸 d_{max}，最小实体尺寸为下极限尺寸 d_{min}。孔的最大实体尺寸为下极限尺寸 D_{min}，最小实体尺寸为上极限尺寸 D_{max}。

根据这一原则，通规应设计成全形的，即其测量面应具有与被测孔或轴相应的完整表面，其尺寸应等于被测孔或轴的最大实体尺寸，其长度应与被测孔或轴的配合长度一致；止规应设计成两点接触式的，其尺寸应等于被测孔或轴的最小实体尺寸，如图 2—22 所示。

在某些情况下，使用符合泰勒原则的量规带来不方便或有困难时，可在保证被测孔、轴的形状误差不致影响配合性质的条件下，使用偏离泰勒原则的量规。例如对于尺寸大于 100 mm 的孔，所用全形塞规的通规很笨重，允许用不全形塞规代替；环规的通规不能检验正在顶尖上加工的工件或曲轴，允许用卡规代替等。为了尽量避免在使用偏离泰勒原则的量规检验时造成的误判，操作必须正确。例如，使用非全形通规检验孔时，应在被测孔的全长上沿圆周的若干位置进行检验；使用卡规时，应在被测轴的全长范围内的若干部位并围绕被测轴圆周的若干位置进行检验。

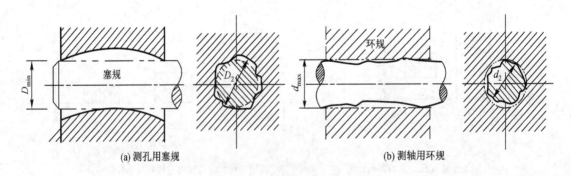

(a) 测孔用塞规　　　　　　　　　　　　(b) 测轴用环规

图 2—22　泰勒原则的量规

设计和选择量规的结构型式，可查阅 GB/T 10920—2008《螺纹量规和光滑极限量规型式与尺寸》。

量规工作面的硬度对量规的使用寿命有直接影响，硬度通常要求为 50～65HRC，并应经过稳定性处理，如回火、时效处理等，以消除材料中的内应力。为此，量规工作面的材料可用合金工具钢、碳素工具钢和渗碳钢等耐磨材料制造。

量规工作表面不得有锈迹、毛刺、黑斑、划痕等明显影响外观和使用质量的缺陷；非工作表面不得有锈蚀和裂纹。

例2—9 设计 $\phi 20H8$ Ⓔ 孔的工作量规和 $\phi 20f7$ Ⓔ 轴的工作量规及其校对量规工作部分的极限尺寸，并确定工作量规的几何公差和表面粗糙度参数值。

解： 光滑极限量规工作尺寸的计算步骤如下：

（1）由附表2—2、附表2—3、附表2—4查出孔或轴的上、下偏差，并计算其最大和最小实体尺寸，它们分别是通规和止规工作部分的定形尺寸。

（2）由附表2—12查出量规的尺寸公差 T_1 和通规的公差带中心到工件最大实体尺寸之间的距离 Z 值。

（3）画出量规公差带图，确定量规的上、下极限偏差，并计算量规工作部分的极限尺寸。

计算结果见表2—6，其量规尺寸公差带示意图如图2—23所示。

表2—6 量规工作部分的极限尺寸计算

工 件	量规名称	量规公差 /μm	Z/μm	量规定形尺寸/mm	量规极限尺寸/mm		量规图样标注尺寸/mm
					上	下	
孔 $\phi 20H8({}^{+0.033}_{0})$ Ⓔ	通规	3.4	5	$\phi 20$	$\phi 20.0067$	$\phi 20.0033$	$\phi 20.0067{}^{0}_{-0.0034}$
	止规	3.4	–	$\phi 20.033$	$\phi 20.0330$	$\phi 20.0296$	$\phi 20.0330{}^{0}_{-0.0034}$
轴 $\phi 20f7({}^{-0.020}_{-0.041})$ Ⓔ	通规	2.4	3.4	$\phi 19.980$	$\phi 19.9778$	$\phi 19.9754$	$\phi 19.9754{}^{+0.0024}_{0}$
	止规	2.4	–	$\phi 19.959$	$\phi 19.9614$	$\phi 19.9590$	$\phi 19.9590{}^{+0.0024}_{0}$
轴 $\phi 20f7({}^{-0.020}_{-0.041})$ Ⓔ	TT 量规	1.2	–	$\phi 19.980$	$\phi 19.9766$	$\phi 19.9754$	$\phi 19.9766{}^{0}_{-0.0012}$
	ZT 量规	1.2	–	$\phi 19.959$	$\phi 19.9602$	$\phi 19.9590$	$\phi 19.9602{}^{0}_{-0.0012}$
	TS 量规	1.2	–	$\phi 19.980$	$\phi 19.9800$	$\phi 19.9788$	$\phi 19.9800{}^{0}_{-0.0012}$

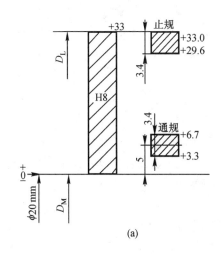

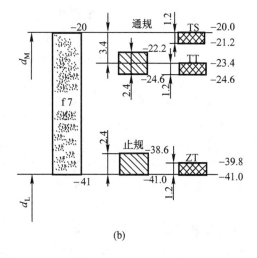

(a)　　　　　　　　　　(b)

图2—23 量规尺寸公差带示意图

工作量规除形状公差遵守包容要求外，还要规定更严格的几何公差。塞规圆柱形工作面的圆柱度公差值和素线平行度公差值皆不得大于塞规尺寸公差值的一半，即它们为 0.0034 ÷ 2 = 0.0017 mm。卡规两平行工作面的平面度公差值和平行度公差值都不得大于卡规尺寸公差值的一半，即它们为 0.0024 ÷ 2 = 0.0012 mm。

根据量规工作部分对表面粗糙度的要求，由附表 2—13 查得量规工作面的表面粗糙度参数 Ra 的上限值不得大于 0.2 μm。

检验 $\phi20H8$ Ⓔ 孔和 $\phi20f7$ Ⓔ 轴时使用的塞规和卡规的图样标注分别见图 2—24。

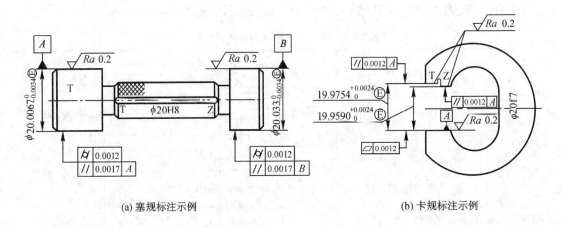

(a) 塞规标注示例　　　　　　　(b) 卡规标注示例

图 2—24　量规图样标注

习题二

2—1　公称尺寸、极限尺寸和实际尺寸有何区别和联系？

2—2　尺寸公差、极限偏差和实际偏差有何区别和联系？

2—3　什么叫标准公差和基本偏差？标准公差等级与基本偏差有没有联系？

2—4　为什么要规定基准制？为什么优先采用基孔制？在什么情况下采用基轴制？

2—5　已知轴的公差带代号为 $\phi50g6$ ($^{-0.009}_{-0.025}$)，求该轴的标准公差值、上极限尺寸和下极限尺寸？

2—6　按 $\phi40k6$ 加工一批轴，完工后测得其中最大的尺寸为 $\phi40.002$ mm，最小的尺寸为 $\phi39.990$ mm。查表确定这批轴规定的极限尺寸，试问这批轴是否全部合格？为什么？

2—7　已知某相互配合的孔、轴其公称尺寸为 50 mm，孔的上极限尺寸为 50.050 mm，下极限尺寸为 50.025 mm；轴的上极限尺寸为 50 mm，下极限尺寸为 49.984 mm。试求孔、轴的极限偏差、基本偏差和公差，并画出孔、轴公差带示意图。

2—8　已知某配合中孔、轴的公称尺寸为 25 mm，孔的下极限偏差为 0，轴的公差为 0.013 mm，配合的最大间隙为 +0.041 mm，平均间隙为 +0.024 mm。求孔的上极限偏差和公差，轴的上、下极限偏差，配合的最小间隙及配合公差，并画出孔、轴公差带示意图，并确定配合性质。

2—9　设孔、轴配合的基本尺寸和使用要求如下：

（1）$D = 30$ mm，$X_{max} = +74$ μm，$X_{min} = +20$ μm，采用基孔制；

（2）$D = 100$ mm，$Y_{min} = -89$ μm，$Y_{max} = -146$ μm，采用基孔制；

（3）$D = 50$ mm，$X_{max} = +8$ μm，$Y_{max} = -33$ μm，采用基轴制。

试按附表2—2、附表2—3和附表2—4分别确定孔和轴的标准公差等级、公差带代号和极限偏差。

2—10　已知下列各配合，试将查表和计算的结果填入表格中，并画出孔、轴公差带示意图。

（1）$\phi 50H7/g6$；（2）$\phi 20P7/h6$；（3）$\phi 45H8/js7$；（4）$\phi 100U7/h6$；（5）$\phi 30H6/h5$

表格的格式如下：

表习题 2—10

组号	公差带代号	基本偏差	标准公差	另一极限偏差	极限间隙或过盈	配合公差	配合性质
（1）	$\phi 50H7$				最大：		
	$\phi 50g6$				最小：		

2—11　试确定用普通计量器具测量 $\phi 20g7$ Ⓔ 轴时的验收极限并选择适当的计量器具。

2—12　车间现有标尺分度值为 0.01 mm 的内径千分尺，试计算并说明它可否用于测量 $\phi 40H9$ Ⓔ 孔，并确定验收极限。

2—13　用光滑极限量规怎样判断工件的合格性？它控制工件的什么尺寸？能够控制工件的形状误差吗？为什么？

2—14　已知孔、轴的配合代号为 $\phi 50H7/u6$，孔的公差为 25 μm，轴的下偏差为 +70 μm，轴的公差为 16 μm。试求：（1）孔的上、下极限偏差和基本偏差；（2）轴的上极限偏差和基本偏差；（3）孔、轴配合的极限配合量；（4）画出尺寸公差带示意图，并判定配合类型（建议极限偏差单位采用 μm）。

2—15　某孔、轴配合的最大间隙为 +50 μm，孔的上极限偏差为 +25 μm，孔的公差为 25 μm，轴的上极限偏差为 -9 μm，则配合公差为多少？

2—16　利用同一种加工方法，加工 $\phi 50H6$ 孔和 $\phi 100H6$ 孔，$\phi 50H6$ 孔和 $\phi 100H7$ 孔，问两孔加工难易程度如何？

2—17　$\phi 20f6$、$\phi 20f7$ 和 $\phi 20f8$ 的相同偏差是什么？

第三章
几何精度与检测

　　几何精度的研究对象是要素，即构成机械零件几何特征的点、线、面，统称为几何要素，简称要素。无论机械零件通过何种方法加工而成，其实际几何要素都必然与图纸中设计要求的理想要素间存在误差，尽管这种误差或大或小，如图 3—1（a）所示，要素形状偏离理想形状，图 3—1（b）所示，要素与要素间的方向偏离理想方向，图 3—1（c）所示，要素与要素间的位置偏离理想位置。

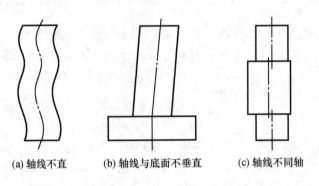

　　　(a) 轴线不直　　　　 (b) 轴线与底面不垂直　　　 (c) 轴线不同轴

图 3—1　实际几何要素偏离理想要素示例（夸张显示）

　　几何误差将对零件的机械性能造成影响，如影响零件的互换性，导致装配出问题，或影响零件的使用性能，虽然可以装配成机器，但会导致机器出现振动、噪声及在服役期内失效等问题。例如：工程上，机床导轨的直线度误差影响刀架的运动精度；齿轮箱里安装轴承的外壳孔的位置误差影响齿面接触区域、齿侧间隙；圆柱表面的几何误差影响配合的间隙或过盈的大小，会影响运动副的磨损寿命、运动精度；减速器轴承盖上，螺钉孔位置影响其装配性，从而影响轴承盖的互换性等。

　　显然，为满足零件互换性与使用性能需求，必须对加工中产生的几何误差进行控制，且将几何误差控制在一定的合理范围内。控制几何误差的评价指标为几何公差，几何公差是指实际被测要素相对于图样上给定的理想形状、理想方向、理想位置的允许变动量。与几何要素存在的几何误差的类型相对应，几何公差分为形状公差、方向公差、位置公差，另外，还包括由具体测量方法定义的跳动公差。

　　本章即阐述与几何公差有关的概念、标注方法、几何公差带、几何公差与尺寸公差间关系（公差原则）、几何公差设计、几何误差检测及评定等。与几何精度有关的国家标准主要有：GB/T 18780.1—2002《产品几何量技术规范（GPS）几何要素　第 1 部分：基本术语和定义》，GB/T 18780. 2—2003《产品几何量技术规范（GPS） 几何要素 第2部分：圆柱面和圆锥面的提取中心线、平行平面的提取中心面、提取要素的局部尺寸》，GB/T 1182—2008《产品几何技术规范（GPS） 几何公差 形状、方向、位置和跳动公差标注》，GB/T 1184—1996《形状和位置公差 未注公差值》，GB/T 4249—2009《产品几何技术规范（GPS） 公差原则》，GB/T 16671—2009《产品几何技术规范（GPS） 几何公差 最大实体要求、最小实体要求和可逆要求》，GB/T 1958—2004《产品几何量技术规范（GPS） 形状和位置公差 检测规定》，GB/T 17851—2010《形状和位置公差 基准和基准体系》，GB/T 17852—1999《形状和位置公差 轮廓的尺寸和公差注法》等。

第一节 概述

几何公差的研究对象是几何要素，是表示要素的形状、要素与要素之间位置的精度。

一、要素的分类

1. 按范畴分类

构成机械零件的几何要素分为：公称组成要素；公称导出要素；实际（组成）要素；提取组成要素；提取导出要素；拟合组成要素；拟合导出要素。这些几何要素存在于三个范畴：设计范畴；工件范畴；检验范畴，且相互之间具有协调统一性的规定。几何要素定义之间的相互关系如图3—2所示。

（1）设计范畴

①公称组成要素

由技术制图或其他方法确定的理论正确的组成要素。例如，图3—2所示的圆柱面1，即构成工件表面的理论轮廓要素。

②公称导出要素

由一个或几个公称组成要素导出的中心点、轴线或中心平面。例如，图3—2所示的轴线2，即构成工件表面的理论对称中心要素。

公称组成要素和公称导出要素属于设计范畴，即为机械制图中所画的几何要素。

（2）工件范畴

工件范畴只有实际（组成）要素，由接近实际（组成）要素所限定的工件实际表面的组成要素部分。例如，图3—2所示的加工后的实际圆柱面3。实际（组成）要素是加工后工件客观存在的实际轮廓要素，属于工件范畴。

（3）检验范畴

①提取组成要素

按规定方法，由实际（组成）要素提取有限数目的点所形成的实际（组成）要素的近似替代。例如，图3—2所示的提取组成要素4就是实际要素3的近似替代。

②提取导出要素

由一个或几个提取组成要素得到的中心点、轴线或中心面。为了叙述方便，提取圆柱面导出的中心线称为提取中心线；两相对提取平面的导出中心面称为提取中心面。例如，图3—2所示的5为提取中心线。

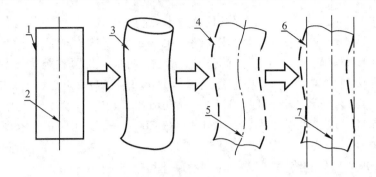

图 3—2　几何要素定义之间的相互关系
1— 公称组成要素；2—公称导出要素；3—实际要素；4—提取组成要素；
5—提取导出要素；6—拟合组成要素；7—拟合导出要素

③拟合组成要素

按规定的方法由提取组成要素形成的并具有理想形状的组成要素。例如，图 3—2 所示的 6 为提取组成要素 4 的拟合组成要素。

④拟合导出要素

由一个或几个拟合组成要素导出的中心点、轴线或中心面。例如，图 3—2 所示的 7 为提取中心线 5 的拟合导出要素。

提取组成要素、提取导出要素、拟合组成要素和拟合导出要素属于检验范畴。

几何要素按结构可分为组成要素和导出要素。组成要素所指的是工件表面或轮廓要素，有公称组成要素、实际组成要素、提取组成要素和拟合组成要素四种。导出要素所指的是工件的中心点、中心线、中心面，有公称导出要素、提取导出要素和拟合导出要素三种。

2. 按所处的检测关系分类

（1）被测要素

被测要素是指图样上给出了形状、方向、位置及跳动公差要求的公称组成要素或公称导出要素。

（2）基准要素

基准要素是指图样上规定用来确定被测要素方向或位置的公称组成要素或公称导出要素。必须指出，基准要素除了作为确定被测要素方向或位置的参考对象外，通常对自身还有其功能要求，例如给出形状公差或方向、位置公差，它同时也是被测要素。

3. 按功能关系分类

被测要素按其功能关系分为：

（1）单一要素

单一要素是指只对自身功能要求而给出形状公差的被测要素。

（2）关联要素

关联要素是指相对于基准要素有功能关系而给出方向、位置或跳动公差要求的被测要素。

二、几何公差的特征项目

几何公差是指被测要素的实际形状或（和）实际位置对其公称组成要素或公称导出要

素所允许的变动量。

　　按国家标准 GB/T 1182—2008 的规定，几何公差特征项目符号有 14 个。几何公差特征项目有 19 个，其中，形状公差特征项目 6 个，方向公差特征项目 5 个，位置公差特征项目 6 个，跳动公差特征项目 2 个。几何公差特征项目的名称和符号见表 3—1，附加符号见表 3—2。

表 3—1　几何公差的特征项目的名称和符号

公差类型	几何特征	符　号	有无基准
形状公差	直线度	—	无
	平面度	▱	无
	圆度	○	无
	圆柱度	⌀	无
	线轮廓度	⌒	无
	面轮廓度	⌓	无
方向公差	平行度	//	有
	垂直度	⊥	有
	倾斜度	∠	有
	线轮廓度	⌒	有
	面轮廓度	⌓	有
位置公差	位置度	⊕	有或无
	同心度 （用于中心点）	◎	有
	同轴度 （用于轴线）	◎	有
	对称度	＝	有
	线轮廓度	⌒	有
	面轮廓度	⌓	有

续表

公差类型	几何特征	符 号	有无基准
跳动公差	圆跳动	↗	有
	全跳动	↗↗	有

表 3—2　附加符号

说明	符号	说明	符号
基准目标	⌀2/A1	包容要求	Ⓔ
		公共公差带	CZ
理论正确尺寸	50	小径	LD
延伸公差带	Ⓟ	大径	MD
最大实体要求	Ⓜ	中径、节径	PD
最小实体要求	Ⓛ	线素	LE
自由状态条件（非刚性零件）	Ⓕ	不凸起	NC
全周（轮廓）	⟲	任意横截面	ACS

三、几何公差带

几何公差带是指限制工件加工后，被测要素的提取组成要素或提取导出要素变动的区域。只要实际被测要素全部被包含在该区域内，则认定该实际被测要素合格。

几何公差带具有形状、大小、方位（即方向和位置）等特性。其形状和方位取决于被测要素的结构特征和功能要求。几何公差带的大小用几何公差带的宽度或直径表示。表3—3列出了几何公差带的9种主要形状。

表3—3 几何公差带的主要形状

几何公差带定义	几何公差带形状	几何公差带定义	几何公差带形状
1. 两平行直线之间的区域		6. 一个圆柱面内的区域	
2. 两等距曲线之间的区域		7. 两个同轴线圆柱面之间的区域	
3. 两同心圆之间的区域			
4. 一个圆内的区域		8. 两平行平面之间的区域	
5. 一个球面内的区域		9. 两等距曲面之间的区域	

公差带是按几何概念定义的（但跳动公差带除外），与测量方法无关，所以在实际生产中，可以采用任何测量方法来测量或评定某一实际被测要素是否满足设计要求。而跳动是按特定的测量方法定义的，其公差带的特性与其测量方法有关。

第二节 几何公差的标注方法及公差带

几何公差应按国家标准 GB/T 1182—2008 规定的标注方法，在图样上按要求进行正确的标注。

（1）被测要素的几何公差采用框格的形式标注，该框格具有带箭头的指引线。框格要求水平布置，从左边起，第一格填写特征项目的符号，第二格填写几何公差值，第三格以后填写基准的字母，参见图3—3。被测要素由框格引出的指引线的弯折点最多两个。靠近框格的那一段指引线一定要垂直于框格的一条边。

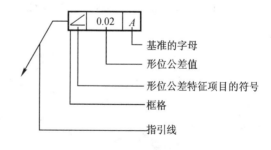

图3—3 被测要素的标注

被测要素为公称组成要素时，框格的指引线的箭头应与尺寸线明显错开（大于3 mm），参见图3—4。指引线的箭头置于被测要素的轮廓线上或轮廓线的延长线上，见图3—4（a）；当指引线的箭头指向实际表面时，箭头可置于带点的参考线上，该点指在实际表面上，见图3—4（b）。

被测要素为公称导出要素时，框格的指引线的箭头应与尺寸线在一条线上，参见图 3—5。

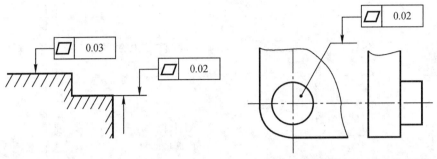

（a）被测要素的轮廓线上或轮廓线的延长线上　　　（b）被测要素的箭头置于带点的参考线上

图 3—4　被测要素为公称组成要素的标注示例

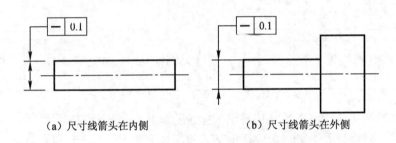

（a）尺寸线箭头在内侧　　　　　　　　　（b）尺寸线箭头在外侧

图 3—5　被测要素为公称导出要素的标注示例

（2）基准要素的标注形式为带方框的大写字母，用连线（细实线）和三角形相连。三角形符号应靠在基准要素上。连线由三角形顶部引出，长度一般等于字高边长。方格边长为 2 倍字高，基准框格必须正向放置，参见图 3—6。基准字母一般不与图样中任何向视图的字母相同，一个字母名义上指明一个表面或一个尺寸要素，GB/T 17851—2010 建议不要用字母 I、O、Q 和 X，如果一个大的图用完了字母表中的字母，或如果对图的理解有帮助，也可采用重复同样的字母表示，例如：BB，CC 等。

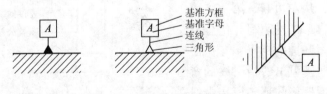

图 3—6　基准要素标注

基准要素为公称组成要素时，基准符号的连线与尺寸线应明显错开（大于 3 mm），基准三角形应在基准要素的轮廓线上或在它的延长线上，见图 3—7（a），基准符号还可以放置用圆点指向实际基准表面的参考线上，见图 3—7（b）。基准要素为公称导出要素时，基准符号的连线与尺寸线在一条线上，见图 3—7（c），如果尺寸线处安排不下两个箭头，则另一箭头可用基准三角形代替。

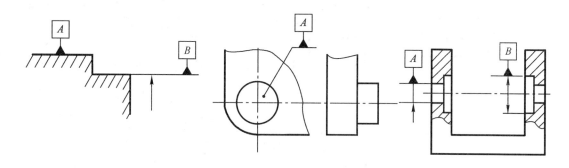

(a) 基准要素为公称组成要素　　(b) 基准要素为公称组成要素引出画法　　(c) 基准要素为公称导出要素

图 3—7　基准要素的标注示例

一、形状公差和轮廓度公差

被测要素具有形状公差要求的有六项，标注形状公差要求的框格仅有两格，即只标注形状公差特征项目和公差值，没有基准。

1. 直线度

直线分为三种类型：给定平面内的直线、棱线和轴线。

（1）给定平面内的直线

如图3—8（a）所示，在给定平面内被测表面的素线有直线度要求，测头与工件点接触，沿图示给定方向检测，形状公差带如图3—8（b）所示，实际轮廓的素线为提取组成要素，必须位于距离为公差值 t（此例 $t=0.1$ mm）的两平行直线之间的区域。

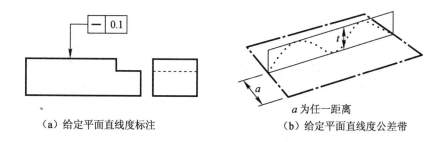

（a）给定平面直线度标注　　　　　　a 为任一距离

（b）给定平面直线度公差带

图3—8　给定平面内的直线度

（2）棱线

如图3—9（a）所示，两个面的交线构成的棱线有直线度公差要求，测头与工件线接触，沿图示给定方向检测，形状公差带如图3—9（b）所示，被测要素的提取要素必须位于距离为公差值 t（此例 $t=0.1$ mm）的两平行平面之间的区域。

（3）轴线

如图3—10（a）所示，轴线有直线度公差要求。当图上标注的被测要素为公称导出要素时，指引线的箭头应与尺寸线对齐。形状公差带如图3—10（b）所示，实际轴线的提取导出

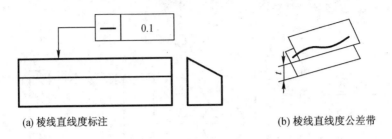

(a) 棱线直线度标注　　　　　　　　　　(b) 棱线直线度公差带

图 3—9　棱线的直线度

要素必须位于直径为公差值 ϕt（此例 $t = 0.08$ mm）的圆柱面之间的区域。

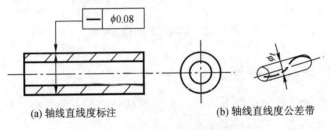

(a) 轴线直线度标注　　　　　　　　　　(b) 轴线直线度公差带

图 3—10　轴线的直线度

2. 平面度

如图 3—11（a）所示，在同一平面上的被测要素为公称组成要素，具有平面度公差要求。图 3—11（b）所示的被测要素为三个不同的平面具有相同的平面度公差要求，且具有相同的公差带，CZ 表示公共公差带。形状公差带如图 3—11（c）所示，实际平面的提取组成要素，必须位于距离为公差值 t（此例 $t = 0.1$ mm）的两平行平面之间的区域。

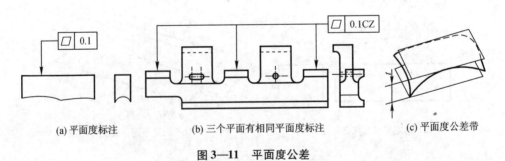

(a) 平面度标注　　　　　(b) 三个平面有相同平面度标注　　　　　(c) 平面度公差带

图 3—11　平面度公差

3. 圆度

如图 3—12（a）所示，圆柱面或圆锥面有圆度公差要求，被测圆柱面或圆锥面的任意正截面的圆周必须位于半径差为公差值 t（此例 $t = 0.08$ mm）的两同心圆之间的区域。公差带形状如图 3—12（b）所示。

4. 圆柱度

如图 3—13（a）所示，圆柱面有圆柱度公差要求，被测圆柱面必须位于半径差为公差值 t（此例 $t = 0.1$ mm）的两同轴圆柱面之间的区域，公差带形状如图 3—13（b）所示。

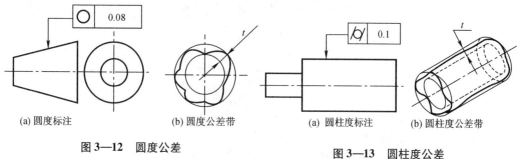

(a) 圆度标注　　(b) 圆度公差带

图 3—12　圆度公差

(a) 圆柱度标注　　(b) 圆柱度公差带

图 3—13　圆柱度公差

5. 线轮廓度

如图 3—14（a）、（b）所示，被测曲面有线轮廓度公差要求，在平行于图样所示投影面的任意截面上，被测轮廓线必须位于由一系列直径为公差值 t（此例 $t = 0.04$ mm），且圆心位于具有理论正确几何形状曲线上的一系列 ϕt 圆的上、下包络线之间，如图 3—14（c）所示。线轮廓度公差无基准〔如图 3—14（a）〕为形状公差，有基准〔如图 3—14（b）〕为方向公差或位置公差。

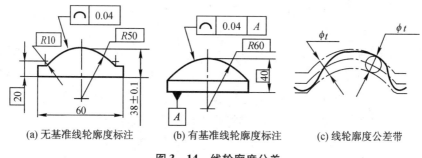

(a) 无基准线轮廓度标注　　(b) 有基准线轮廓度标注　　(c) 线轮廓度公差带

图 3—14　线轮廓度公差

6. 面轮廓度

如图 3—15（a）、（b）所示，被测曲面有面轮廓度公差要求，面轮廓度公差无基准〔如图 3—15（a）〕为形状公差，有基准〔如图 3—15（b）〕为方向公差或位置公差。被测轮廓面必须位于由一系列直径为公差值 t（此例 $t = 0.02$ mm），且球心位于具有理论正确几何形状的曲面上的 $S\phi t$ 球的上、下包络面之间，如图 3—15（c）所示。

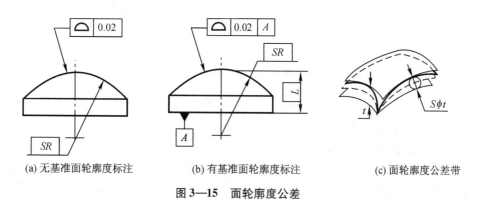

(a) 无基准面轮廓度标注　　(b) 有基准面轮廓度标注　　(c) 面轮廓度公差带

图 3—15　面轮廓度公差

　　由上述举例可以看出，直线度、平面度、圆度和圆柱度公差以及无基准时的线轮廓度与面轮廓度公差与基准无关，无需保证公差带相对于某基准的方向或位置关系。因此，形状公差的公差带随着实际被测要素的实际尺寸浮动，不考虑方向。线轮廓度和面轮廓度公差分别控制曲线和曲面的提取要素相对于公称要素的变动，确定公差带所用的理想形状由带方框的理论正确尺寸确定。有基准时，线轮廓度和面轮廓度公差为方向公差或位置公差，公差带的方向或位置由基准和理论正确尺寸确定。

　　公差带的形状与公差框格中公差值前面的符号有一定关系，公差值前标"ϕ"时，公差带为一个圆或者圆柱面所包围的区域；公差值前标"$S\phi$"时，公差带为一个球面所包围的区域；公差值前无任何符号，公差带为一个间距区域，如两个平行平面之间的区域、两个同心圆之间的区域、两个同轴圆柱面之间的区域等。这一规则不仅适用于形状公差，也适用于其他所有公差特征项目。

二、方向公差

　　方向公差是指实际被测要素的方向相对于基准的理想方向的允许变动量。方向公差包括平行度、垂直度和倾斜度公差。方向公差有五项，其中主要的方向公差的被测要素（直线或平面）与基准要素（直线或平面）的关系有平行、垂直和倾斜 3 种。

1. 平行度

　　如图 3—16 （a） 所示，被测要素轴线相对于基准轴线 A 和基准平面 B 有平行度要求，且基准平面 B 平行于基准轴线 A。被测轴线的公差带如图 3—16 （b） 所示，公差带为间距等于为公差值 t（此例 $t = 0.1$ mm）且平行于基准线 A 和垂直于基准平面 B 的两平行平面所限定的区域。被测要素和基准轴线 A 都为公称导出要素，所以被测要素的指引线和基准要素的连线应与尺寸线在一条直线上，基准平面 B 为公称组成要素。

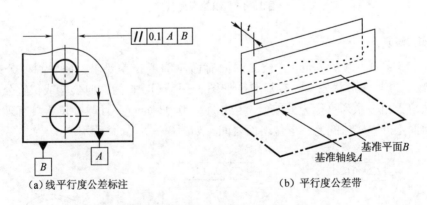

（a）线平行度公差标注　　　　　　　　　（b）平行度公差带

图 3—16　线对线和面平行度公差

　　如图 3—17 （a） 所示，被测要素平面相对于基准平面 D 有平行度要求。被测平面公差带如图 3—17 （b） 所示，被测平面的提取要素必须位于距离为公差值 t（此例 $t = 0.01$ mm）且平行于基准平面 D 的两平行平面之间的区域。

　　如图 3—18 （a） 所示，公差框格下的 LE 表示被测要素为线素，是指上平面内任意一条被测线素即平行于基准面 A，又平行于基准面 B，且基准面 A 垂直于基准面 B。公差带为间

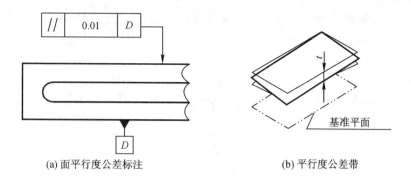

(a) 面平行度公差标注　　　　　(b) 平行度公差带

图 3—17　面对面平行度公差

距等于公差值 t （此例公差值 $t=0.02$ ）的两平行直线所限定的区域，该两平行直线平行于基准平面 A ，且处于平行基准平面 B 内。

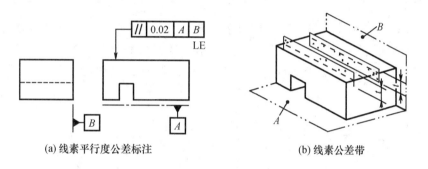

(a) 线素平行度公差标注　　　　　(b) 线素公差带

图 3—18　线对面平行度公差

2. 垂直度

如图 3—19 （a） 所示，被测轴线相对于基准平面有垂直度要求。公差带如图 3—19 （b） 所示，被测要素的提取要素必须位于直径为公差值 ϕt （此例 $\phi t=\phi 0.01\text{ mm}$ ）且垂直于基准面 A 的圆柱面内的区域。

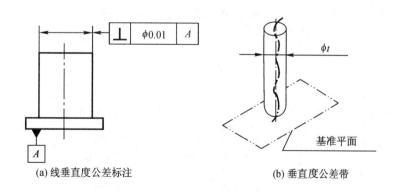

(a) 线垂直度公差标注　　　　　(b) 垂直度公差带

图 3—19　线对面垂直度公差

如图 3—20 （a） 所示，被测平面相对于基准轴线有垂直度要求。被测平面公差带如图

3—20（b）所示，被测表面的提取要素必须位于距离为公差值 t（此例 $t=0.01$ mm）且垂直于基准线 A 的两平行平面之间的区域。

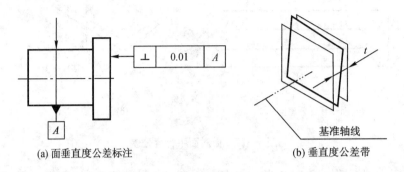

(a) 面垂直度公差标注　　　　　　　　　(b) 垂直度公差带

图 3—20　面对线垂直度公差

3. 倾斜度

如图 3—21（a）所示，被测轴线相对于基准平面有倾斜度要求。当被测轴线按给定方向检测时，被测轴线公差带如图 3—21（b）所示，被测要素的提取要素在两平行平面之间宽度为公差值 t（此例 $t=0.08$ mm），并且应与基准表面 A 呈理论正确角度（45°）的区域内。

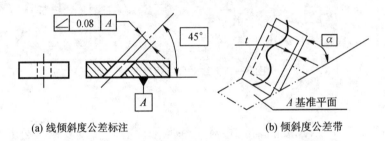

(a) 线倾斜度公差标注　　　　　　　　　(b) 倾斜度公差带

图 3—21　线对面倾斜度公差

如图 3—22（a）所示，被测平面相对于基准轴线有倾斜度要求。被测表面公差带如图 3—22（b）所示，被测要素的提取要素必须位于距离为公差值 t（此例 $t=0.1$ mm）且与基准线 A 成理论正确角度（60°）的两平行平面之间的区域内。

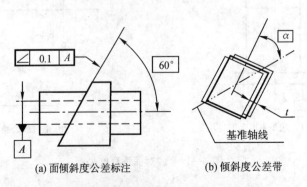

(a) 面倾斜度公差标注　　　　　　　　　(b) 倾斜度公差带

图 3—22　面对线倾斜度公差

由上述举例可以看出，方向公差带的形状与平面度、直线度公差带形状相同，所以方向公差具有综合控制形状误差和方向误差的功能，参见图3—23。若图样上对某一被测要素给了方向公差，一般不对其给出形状公差。若还有更高的形状精度要求，则加注形状公差时，形状公差值必须小于方向公差值。

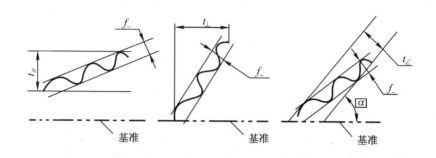

图3—23　方向公差控制形状误差和方向误差

f_-—直线度误差；$t_{//}$—平行度公差；$t_\perp$—垂直度公差；$t_\angle$—倾斜度公差

三、位置公差

位置公差是指被测要素相对于由基准要素和理论尺寸确定的理想位置上所允许的变动量。位置公差包括位置度、同轴度和对称度公差。位置公差的被测要素为点、线、面；基准要素为线或面。

1. 位置度公差

（1）点的位置度公差

如图3—24（a）所示，薄板的孔心有位置度公差要求，由于板很薄，被测孔心可看成点的位置度公差。公差带如图3—24（b）所示，实际孔心应在公差值为 ϕt（此例 $t = 0.3$ mm）的圆周内区域。公差带的圆心位置由相对于基准 A 和 B 的理论正确尺寸确定。

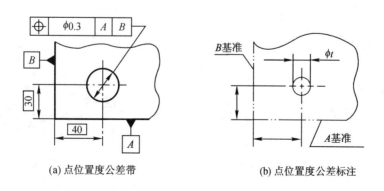

(a) 点位置度公差带　　　　　　　(b) 点位置度公差标注

图3—24　点的位置度公差

（2）线的位置度公差

被连接件具有一定厚度，为了保证连接安装时的可靠性，孔组的轴线有位置度公差要求。被测孔组分布有两种形式，图 3—25（a）所示为矩形布置孔组的位置度公差。公差带如图 3—25（b）所示，实际孔组的每个被测轴线必须位于直径为公差值 ϕt（此例 $t = 0.1$ mm）的圆柱区域内。公差带方位由相对于三基面体系 C，A，B 的理论正确尺寸所确定的。基准 C，A，B 相互垂直，构成空间直角坐标，按重要、较重要、次重要依次排列，这种基准称为三基面体系。

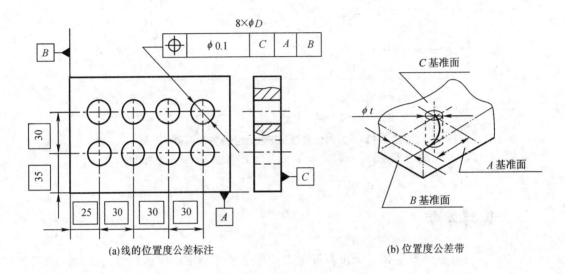

(a)线的位置度公差标注　　　　　　　(b) 位置度公差带

图 3—25　矩形布置孔组的位置度公差

如图 3—26（a）所示为圆形布置孔组的位置度公差。被测轴线必须位于直径为公差值 ϕt（此例 $t = 0.05$ mm）的圆柱面区域内，公差带如图 3—26（b）所示，平行于基准轴线 A 和垂直于基准面 B，且圆心分布。以基准轴线 A 为圆心，理论正确尺寸 $\phi 200$ 为直径的圆上，孔心的间隔圆心角为理论正确角度 $90°$，ⓅP表示延伸的公差带尺寸为 60 mm。

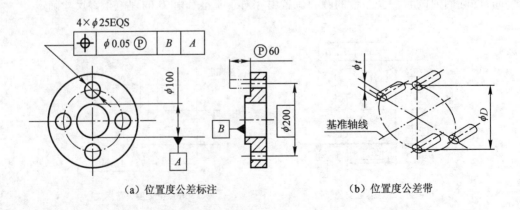

（a）位置度公差标注　　　　　　　（b）位置度公差带

图 3—26　圆形布置孔组的位置度公差

延伸公差带一般用于保证零部件用螺栓、螺钉、键、销钉等在装配时避免干涉,将公差带由理论位置向外延伸所需要连接的长度。

（3）面的位置度公差

如图3—27（a）所示为面的位置度公差。公差带如图3—27（b）所示,被测平面的提取要素必须位于距离为公差值 t（此例 $t=0.05$ mm）,公差带的方向取决于基准轴线 B 和基准平面 A,且基准 B 和 A 相互垂直,公差带的位置取决于理论正确尺寸所确定的理想位置,对称配置的两平行平面之间的区域。此外,公差带与基准轴线 B 成理论角度60°,且中心平面与基准轴线 B 的交点至基准面 A 的距离为理论正确尺寸30 mm。

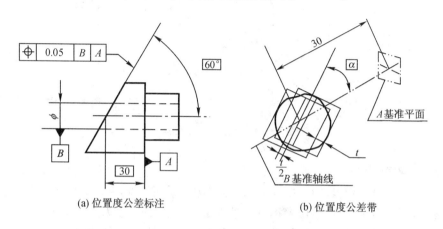

(a) 位置度公差标注　　　　　　　　(b) 位置度公差带

图 3—27　面的位置度公差

2. 同轴度及圆心度公差

同轴度公差的被测要素是圆柱面轴线或圆锥面轴线。同轴度是指被测轴线应与基准轴线（或公共基准轴线）重合的精度要求。被测要素的理想位置与基准轴线同轴,因此该理想位置相对于基准的理论正确尺寸为零,如图3—28（a）所示为轴线的同轴度公差。同轴度公差带是直径为公差值 ϕt 且以基准轴线为轴线的圆柱面区域内,如图3—28（b）所示,被测要素 ϕd_2 圆柱面的轴线必须位于直径为公差值 ϕt（此例 $t=0.04$ mm）的圆柱面区域内,且与公共基准轴线 A—B 同轴。基准 A 与 B 在一条轴线上,以两个或两个以上的基准要素的公共导出要素作为基准,这种基准称为公共基准。

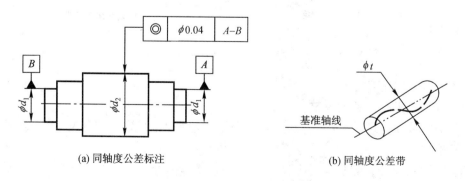

(a) 同轴度公差标注　　　　　　　　(b) 同轴度公差带

图 3—28　同轴度度公差

　　如图3—29（a）所示，公差框格上标注的 ACS 符号，表示任意横截面上内圆的提取（实际）中心应限定在直径等于 $\phi0.1$ mm，以基准点 A 为圆心的圆周内。图3—29（b）所示同心度的公差带为直径等于 ϕt（此例 $\phi t = \phi0.1$）的圆周所围的区域内，且公差带的圆心与基准点重合。

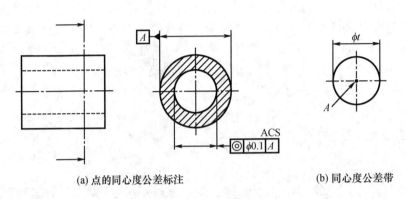

(a) 点的同心度公差标注　　　　　　　　(b) 同心度公差带

图3—29　点的同心度公差

3. 对称度公差

　　对称度公差的被测要素是中心平面或轴线。对称度是指被测要素的提取导出要素应与基准中心要素重合，公差带的理想位置相对于基准的理论正确尺寸为零。如图3—30（a）所示为被测两平面的中心平面相对于基准中心平面有对称度公差。公差带如图3—30（b）所示，被测中心平面必须位于距离为公差值 t（此例 $t = 0.08$ mm）且相对于基准中心平面 A 对称配置的两平行平面之间的区域。

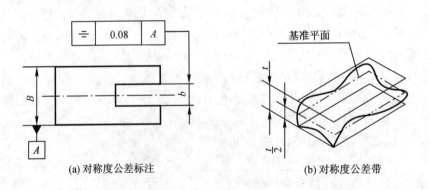

(a) 对称度公差标注　　　　　　　　(b) 对称度公差带

图3—30　对称度公差

　　位置公差带有如下特点。

　　（1）位置公差带位置的确定

　　位置公差带具有确定的公差带位置，其理想方向由基准确定，理想位置由带框格的理论正确尺寸确定。

　　（2）位置公差带有综合控制功能

　　图样上对某被测要素给定了位置公差，可以不对其给出形状公差和方向公差，因为位置公差能够控制形状误差、方向误差和位置误差。若对形状精度有更高的要求，则加注形状公差时，形状公差值必须小于位置公差值，如图3—31所示。

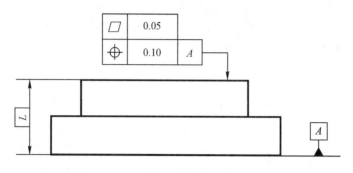

图3—31　同时给出形状和位置公差示例

四、跳动公差

跳动公差是按特定的测量方法定义的公差项目。跳动公差的被测要素为组成要素，是回转表面（圆柱面或圆锥面）或端平面。跳动是指实际被测要素绕基准轴线回转过程中，沿给定方向测得的该实际被测要素相对于基准轴线的变动量。跳动误差为测量时所用指示表显示的最大与最小示值之差。

跳动公差按被测要素相对于基准轴线回转情况分为圆跳动和全跳动。圆跳动是指被测要素回转一周，而指示表的位置固定。全跳动是指被测要素连续回转，且指示表具有沿基准轴线方向（或径向方向）的相对移动。

根据测量方向，跳动分为径向跳动（指示表测杆轴线与基准轴线垂直且相交）、轴向跳动（测杆轴线与基准轴线平行）和斜向跳动（测杆轴线与基准轴线倾斜某一角度且相交）。

1. 圆跳动公差

（1）径向圆跳动公差

径向圆跳动公差的被测要素是圆柱面，如图3—32（a）所示。当被测要素绕公共基准轴线 $A—B$ 旋转一周时，在任意测量截平面内测得的径向跳动误差均不得大于公差值 t（此例 $t = 0.1$ mm）。公差带如图3—32（b）所示，在垂直于基准轴线的任一测量平面内、半径差为公差值 t 且圆心在基准轴线上的两同心圆之间的区域。

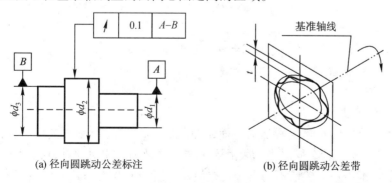

(a) 径向圆跳动公差标注　　　　　　　　　(b) 径向圆跳动公差带

图3—32　径向圆跳动公差

（2）轴向圆跳动公差

　　轴向圆跳动公差的被测要素是端平面，如图 3—33（a）所示。被测端面绕基准线 D 旋转一周时，在任一测量圆柱面上轴向的跳动量均不得大于公差值 t（此例 $t = 0.1$ mm）。公差带如图 3—33（b）所示，是在与基准轴线同轴的任一半径位置的测量圆柱面上，距离为 t 的两个圆平面之间构成的圆柱面所围的区域。

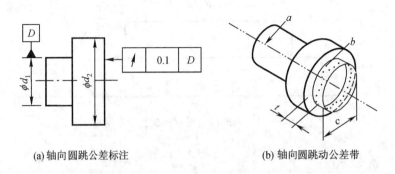

(a)轴向圆跳公差标注　　　　　　　　　　(b)轴向圆跳动公差带

图 3—33　轴向圆跳动公差

a—基准轴线；b—公差带；c—任意直径

（3）斜向圆跳动公差

　　斜向圆跳动公差的被测要素是圆锥面，其指引线垂直于素线，如图 3—34（a）所示。被测面绕基准轴线 C 旋转一周时，在任一测量圆锥截面上的跳动量均不得大于公差值 t（此例 $t = 0.1$ mm）。公差带如图 3—34（b）所示，是在与基准轴线同轴的任一测量圆锥面上距离为 t 的两个圆平面之间所围的圆锥区域。除另有规定，其测量方向应与被测面垂直。

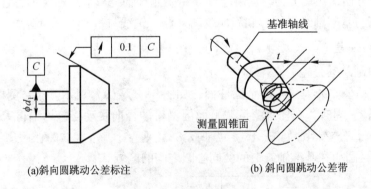

(a)斜向圆跳动公差标注　　　　　　　　　　(b) 斜向圆跳动公差带

图 3—34　斜向圆跳动公差

2. 全跳动公差

（1）径向全跳动公差

　　径向全跳动公差的被测要素是圆柱面，如图 3—35（a）所示。被测圆柱面绕公共基准轴线 $A—B$ 做若干次旋转，同时指示表的测头与工件做轴向相对移动，指示表显示的被测圆柱面上各点的示值中最大差值不得大于公差值 t（此例 $t = 0.1$ mm）。公差带如图 3—35（b）所示，是半径差为公差值 t 且与基准轴线同轴的两圆柱面之间的区域。

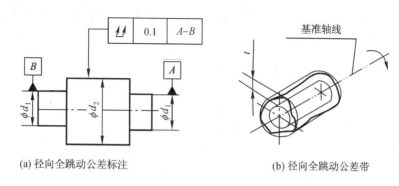

(a) 径向全跳动公差标注   (b) 径向全跳动公差带

图 3—35   径向全跳动公差

（2）轴向全跳动公差

轴向全跳动公差的被测要素是端平面，如图 3—36（a）所示。被测圆端面绕基准轴线 D 做若干次旋转，同时指示表的测头平行轴线与工件端面接触，并沿径向做相对移动，被测圆端面上各点的示值中的最大差值不得大于公差值 t（此例 $t = 0.1$ mm）。公差带如图 3—36（b）所示，是距离为公差值 t 且与基准轴线垂直的两平行平面之间的区域。

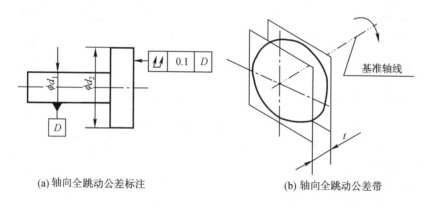

(a) 轴向全跳动公差标注   (b) 轴向全跳动公差带

图 3—36   轴向全跳动公差

跳动公差带的特点如下。

（1）跳动公差带相对于基准轴线有确定的位置或方向

如图 3—32 所示，径向圆跳动公差带的形状与圆度的公差带形状相同，其圆心在基准轴线上，位置不变；而圆度公差带的圆心随实际轮廓浮动。如图 3—35 所示，径向全跳动公差带与圆柱度公差带形状相同，其轴线与基准轴线同轴。如图 3—33 所示，轴向圆跳动公差带的形状为两平行圆构成的圆柱面，其轴线与基准轴线重合。如图 3—36 所示，轴向全跳动公差带的形状为两平行平面，该公差带的方向与基准轴线垂直，且方向确定。

（2）跳动公差带可综合控制被测要素的形状和方向或位置误差

采用跳动公差时，径向圆跳动公差可以综合控制被测要素的圆度误差和同轴度误差。径向全跳动公差可以综合控制被测圆柱面的圆柱度误差和同轴度误差。轴向圆跳动公差可以控制被测端面不同半径的平面度误差和相对于基准轴线的垂直度误差。轴向全跳动公差带可以综合控制端面的平面度误差和相对于基准轴线的垂直度误差。

采用跳动公差综合控制的被测要素不能满足功能要求时，可以进一步给出相应的形状公差（其数值应小于跳动公差值），如图 3—37 所示。

五、几何公差的简化标注

为简化绘图工作，并保证读图方便和不引起误解，可以采用简化几何公差的标注方法。

1. 同一被测要素有多项几何公差要求的简化标注

同一被测要素有多项几何公差要求，当测量方向一致时，可将公差框格重叠绘出，由公差框格只可引出一条指引线指向被测要素，如图 3—38 所示。

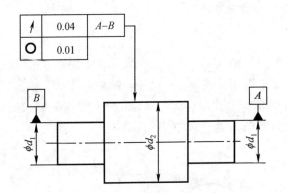

图 3—37　跳动公差和形状公差同时标注的示例

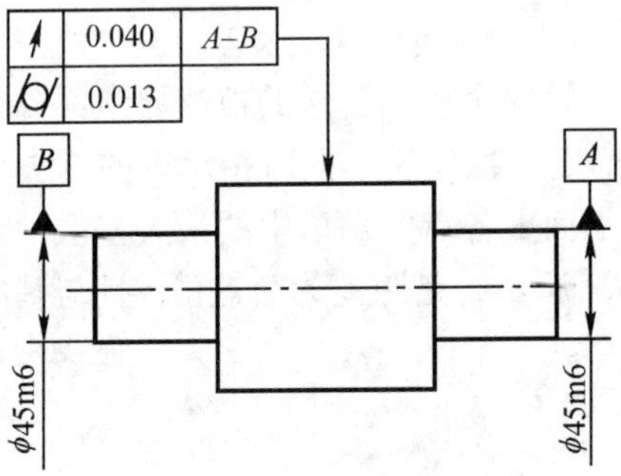

图 3—38　公差框格重叠绘出

2. 几个被测要素有同一几何公差要求的简化标注

几个被测要素有同一几何公差要求，且公差值相同时，可以用一个公差框格表示，在框格一端引一条指引线，再引出几个箭头分别指向各被测要素［见图 3－39（a）］。或者在框格上方标明几处［见图 3－39（b）］。

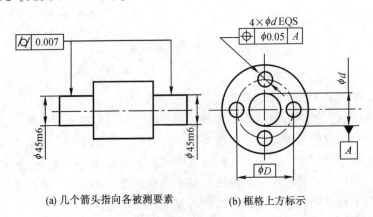

(a) 几个箭头指向各被测要素　　　(b) 框格上方标示

图 3—39　几个被测要素有相同几何公差

3. 局部范围的标注

如果给出的公差仅适用于要素的某一指定局部，应采用粗点划线标示出该局部范围，并加注尺寸。图 3—40（a）表示局部范围的被测要素，图 3—40（b）表示局部范围的基准要素。

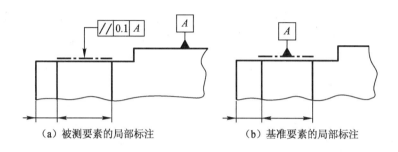

（a）被测要素的局部标注　　　　（b）基准要素的局部标注

图 3－40　局部范围的标注

4. 被测要素有限定要求的标注

需要对整个被测要素上任意限定范围标注同样的几何特征的公差值时，可在公差值的后面加注限定范围的线性尺寸值，并在两者间用斜线隔开，参见图 3—41（a）。公差值 0.1 表示整体被测要素的直线度公差为 0.1 mm；公差值 0.05/200 表示在整体长度上，任意200 mm 范围内直线度误差不得大于 0.05 mm。如果需要限制被测要素在公差带内的形状，应在公差框格下方表明，见图 3—41（b），NC 表示不凸起。若以螺纹轴线为被测要素或基准要素时，默认为螺纹中径圆柱的轴线，否则应注明，如图 3—41（c）所示，"MD"表示螺纹大径轴线为被测要素。

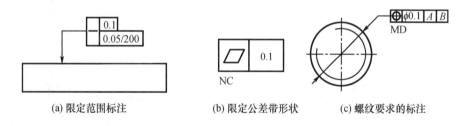

(a) 限定范围标注　　　　(b) 限定公差带形状　　　　(c) 螺纹要求的标注

图 3—41　被测要素有限定要求的标注

5. 基准要素为中心孔

采用工艺中心孔为基准轴线时，基准符号的标注如图 3—42 所示。

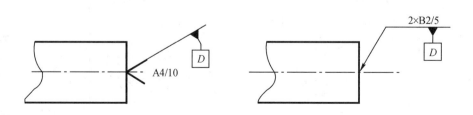

图 3—42　基准要素为中心孔

第三节　公差原则

零件的同一几何要素既有尺寸公差要求，又有几何公差要求时，应用公差原则处理尺寸公差与几何公差关系。GB/T 4249—2009 规定，处理这两种公差关系的原则分为独立原则和相关要求。独立原则是指尺寸公差与几何公差无关；相关要求是指同一要素的尺寸公差与几何公差有关。设计时，从零件的配合性质、装配互换性以及其他性能要求出发，来合理地选择独立原则或某一相关要求。为了便于阐述公差原则，我们首先叙述有关公差原则的一些术语及定义。

一、有关公差原则的一些术语及定义

1. 体外作用尺寸

轴的体外作用尺寸 d_{fe} 是指被测轴在给定长度上，与实际轴体外相接的最小理想孔的直径或宽度 ［图 3—43（a）］。孔的体外作用尺寸 D_{fe} 是指被测孔在给定长度 L 上，与实际孔体外相接的最大理想轴的直径或宽度 ［图 3—43（b）］。体外作用尺寸是体现了被测轴或孔的实际尺寸和几何误差的综合作用。对于关联要素，如图 3—44（a）所示，理想面的轴线或中心平面必须与基准保持图样上给定的关系（即方向或位置相对于基准确定），如图 3—44（b）所示为关联要素轴的体外作用尺寸。

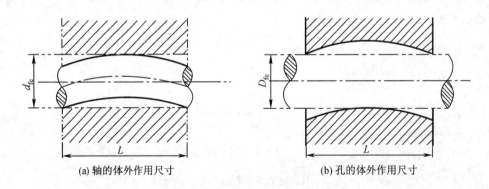

(a) 轴的体外作用尺寸　　　　　　　　(b) 孔的体外作用尺寸

图 3—43　被测要素的体外作用尺寸

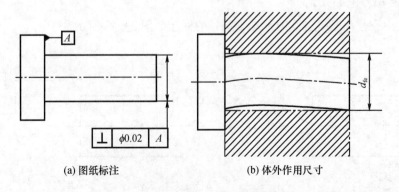

(a) 图纸标注　　　　　　　　(b) 体外作用尺寸

图 3—44　关联要素（轴）体外作用尺寸

2. 体内作用尺寸

轴的体内作用尺寸 d_{fi} 是指在被测轴表面的给定长度 L 上，与实际轴表面体内相接触的最大理想面的直径或宽度，如图 3—45（a）所示。孔的体内作用尺寸 D_{fi} 是指在被测孔表面的给定长度 L 上，与实际孔表面体内相接触的最小理想面的直径或宽度，如图 3—45（b）所示。对于关联要素，该理想面的轴线或中心平面应与基准保持图样上给定的几何关系。

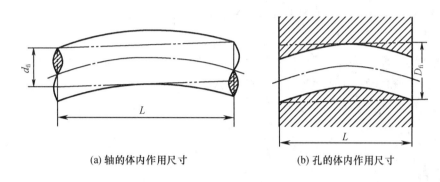

(a) 轴的体内作用尺寸 (b) 孔的体内作用尺寸

图 3—45 被测要素的体内作用尺寸

3. 最大实体状态（MMC）

最大实体状态是指实际要素在给定长度上处处位于尺寸极限之内，并具有实体最大时的状态。轴的最大实体状态是轴处于上极限尺寸时的状态，孔的最大实体状态是孔处于下极限尺寸时的状态。

4. 最大实体尺寸（MMS）

最大实体尺寸是指实际要素在最大实体状态下的极限尺寸。轴的最大实体尺寸 d_M 为其上极限尺寸 d_{max}，即 $d_M = d_{max}$；孔的最大实体尺寸 D_M 为其下极限尺寸 D_{min}，即 $D_M = D_{min}$。

5. 最小实体状态（LMC）

最小实体状态是指实际要素在给定长度上处处位于尺寸极限之内，并具有实体最小时的状态。轴的最小实体状态是轴处于下极限尺寸时的状态，孔的最小实体状态是孔处于上极限尺寸时的状态。

6. 最小实体尺寸（LMS）

最小实体尺寸是指实际要素在最小实体状态下的极限尺寸。轴的最小实体尺寸 d_L 为其下极限尺寸 d_{min}，即 $d_L = d_{min}$；孔的最小实体尺寸 D_L 为其上极限尺寸 D_{max}，即 $D_L = D_{max}$。

7. 最大实体实效状态（MMVC）

最大实体实效状态是指在给定长度上，实际要素处于最大实体状态且中心要素的几何误差等于图纸上给出的几何公差值时的综合极限状态。

8. 最大实体实效尺寸（MMVS）

最大实体实效尺寸是指实际要素在最大实体实效状态下的体外作用尺寸。轴或孔的最大实体实效尺寸是轴或孔的最大实体尺寸与带 Ⓜ 的几何公差的综合作用尺寸。轴和孔的最大

实体实效尺寸 d_{MV} 和 D_{MV} 按下式计算。

$$d_{MV} = d_{max} + t$$
$$D_{MV} = D_{min} - t$$

$$(3—1)$$

式中，t 为带 Ⓜ 的几何公差值。

9. 最小实体实效状态（LMVC）

最小实体实效状态是指在给定长度上，实际要素处于最小实体状态且中心要素的几何误差等于图纸上给出的几何公差值时的综合极限状态。

10. 最小实体实效尺寸（LMVS）

最小实体实效尺寸是指实际要素处于最小实体状态时的体内作用尺寸。轴或孔的最小实体实效尺寸是轴或孔的最小实体尺寸与图纸上带 Ⓛ 的几何公差的综合作用尺寸。轴或孔的最小实体实效尺寸 d_{LV} 和 D_{LV} 按下式计算：

$$d_{LV} = d_{min} - t$$
$$D_{LV} = D_{max} + t$$

$$(3—2)$$

11. 边界

设计时，为了控制被测要素的实际尺寸和几何误差的综合结果，需要对该综合结果规定一个允许的极限，这个极限就是边界。边界是指由设计给定的具有理想形状的极限包容面。实际轴的极限包容面为具有理想形状的孔表面，实际孔的极限包容面为具有理想形状的轴表面。边界的尺寸（BS）为极限包容面的直径或宽度。

（1）最大实体边界（MMB）

最大实体边界是指极限包容界面的尺寸采用最大实体尺寸。

（2）最大实体实效边界（MMVB）

最大实体实效边界是指极限包容界面的尺寸采用最大实体实效尺寸。

（3）最小实体边界（LMB）

最小实体边界是指极限包容界面的尺寸采用最小实体尺寸。

（4）最小实体实效边界（LMVB）

最小实体实效边界是指极限包容界面的尺寸采用最小实体实效尺寸。

二、独立原则

独立原则是指图样上对某被测要素给定的尺寸公差和几何公差要求是独立的，彼此无关，应分别满足要求。即尺寸公差仅控制实际尺寸在给定的极限尺寸范围内，不控制该要素本身的几何误差，而几何公差仅控制被测要素的几何误差不大于给出的几何公差值。

如图 3—46 所示，图样中要素的尺寸公差和几何公差没有用特殊符号标注或文字说明它们有联系者，都遵

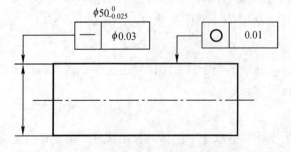

图 3—46　按独立原则标注公差示例

守独立原则。在生产实际中用的最多的是独立原则，它可以应用于各种功能要求。采用独立原则的要素，一般采用通用量具检测。

三、相关要求

相关要求是指图样上对某要素给定的几何公差与尺寸公差相互有关的公差要求。相关要求通常用于大批量生产，以保证配合性质。相关要求的被测要素用量规检测，量规的轮廓为相关要求的边界面。

1. 包容要求

包容要求适用于单一要素（只对自身形状有精度要求的被测要素），如圆柱表面或两平行表面。包容要求采用最大实体边界来控制被测要素的实际尺寸和几何误差的综合结果，这个综合结果不得超出该边界。

包容要求的合格条件为：实际尺寸不超出最小实体尺寸，且实际要素的轮廓（即体外作用尺寸）不超出最大实体边界。即

$$\begin{aligned} &对于轴 \quad d_a \geq d_{min} \quad 且 \ d_{fe} \leq d_{max} \\ &对于孔 \ D_a \leq D_{max} \quad 且 \ D_{fe} \geq D_{min} \end{aligned} \tag{3—3}$$

包容要求的标注方法是在轴或孔的尺寸极限偏差或公差带代号之后加注符号$\textcircled{E}$，如$\phi40^{-0.025}_{-0.064}\textcircled{E}$，$\phi50k6\textcircled{E}$，$\phi100H7(^{+0.035}_{0})\textcircled{E}$。包容要求的标注示例及动态公差带图（实际尺寸与几何误差关系图）如图3—47所示。图3—47（a）表示轴的轮廓不得超出的边界尺寸为20 mm（轴的上极限尺寸）。图3—47（b）表示当轴的实际尺寸处处等于最大实体尺寸20 mm时，不允许存在形状误差。图3—47（c）表示当轴的实际尺寸处处等于最小实体尺寸19.979 mm时，允许轴的直线度误差最大值可达到0.021 mm。图3—47（d）表示轴的直线度误差允许值f随轴的实际尺寸d_a的变化关系，即动态公差带图。

包容要求常用于保证配合性质，特别是配合公差较小的精密配合要求，用最大实体边界保证所需要的最小间隙或最大过盈。

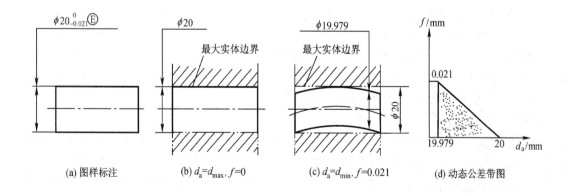

(a) 图样标注　　(b) $d_a=d_{max}$, $f=0$　　(c) $d_a=d_{min}$, $f=0.021$　　(d) 动态公差带图

图3—47　包容要求示例

2. 最大实体要求

（1）最大实体要求用于被测要素

最大实体要求常用于导出要素，最大实体实效边界用来控制被测要素的实际尺寸和几何误差的综合结果，这个综合结果不得超出该边界。被测要素采用最大实体要求，标注方法是在公差框格中几何公差值后加注符号Ⓜ，如图3—48（a）所示。

最大实体要求的合格条件为被测要素的实际轮廓不得超出最大实体实效边界，且实际尺寸不得超出极限尺寸。即

$$对于轴　d_{min} \leqslant d_a \leqslant d_{max}，且\ d_{fe} \leqslant d_{MV} \tag{3—4}$$

$$对于孔　D_{min} \leqslant D_a \leqslant D_{max}，且\ D_{fe} \geqslant D_{MV} \tag{3—5}$$

图3—48（a）的标注表示单一要素 $\phi 20^{\ 0}_{-0.021}$ mm 的轴线直线度公差与轴的尺寸公差的关系采用最大实体要求。图3—48（b）表示当轴的实际尺寸处处为最大实体尺寸 $\phi 20$ mm 时，轴的直线度误差的最大允许值为 0.01 mm。图3—48（c）表示当轴的实际尺寸处处为最小实体尺寸 $\phi 19.979$ mm 时，轴线的直线度误差的最大允许值为 0.031 mm（即为轴的直线度公差 0.01 mm 与尺寸公差 0.021 mm 之和）。图3—48（d）表示轴的直线度误差 f 随轴的实际尺寸 d_a 的变化关系的动态公差带图。

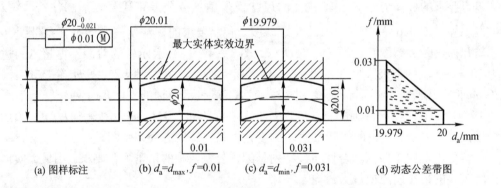

(a) 图样标注　　　(b) $d_a=d_{max}$, $f=0.01$　　　(c) $d_a=d_{min}$, $f=0.031$　　　(d) 动态公差带图

图3—48　最大实体要求应用示例

如果被测要素采用包容要求或最大实体要求，若对该要素的几何精度有更进一步的要求，还可再给出几何公差，但该几何公差值必须小于给出的尺寸公差值。如图3—49（a）上边的公差框格表示按最大实体要求标注孔的轴线垂直度公差为 0.08 mm；下边的公差框格表示孔按独立原则的轴线垂直度误差允许值不得大于 0.10 mm。如图3—49（b）表示孔的轴线直线度误差允许值 f 随孔的实际尺寸 D_a 变化关系的动态公差带图。

（2）最大实体要求用于基准要素

基准要素本身可以采用独立原则、包容要求或最大实体要求。基准要素采用最大实体要求时，必须在方向或位置公差框格中基准字母后面加注符号Ⓜ，如图3—50，图3—51所示。这样标注是指基准要素的体外作用尺寸偏离其相应的边界尺寸时，允许基准实际要素在一定范围内浮动，浮动范围等于基准要素的体外作用尺寸与其相应的边界尺寸之差。这时基准要素的边界有下列两种。

①基准要素本身采用最大实体要求时，其相应的边界为最大实体实效边界。此时，基准

符号应直接标注在形成该最大实体实效边界的几何公差框格下面，见图3—50。

②基准要素本身不采用最大实体要求时，图3—51（a）表示基准 A 采用独立原则；图3—51（b）表示基准 A 采用包容要求，其相应的边界都为最大实体边界。

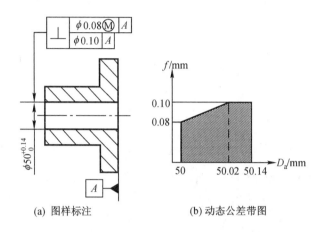

(a) 图样标注　　　　　　　(b) 动态公差带图

图3—49　采用相关要求并限制最大几何误差值的示例

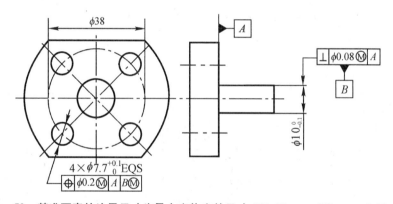

图3—50　基准要素的边界尺寸为最大实体实效尺寸 $\phi10.08$ mm（10 mm + 0.08 mm）

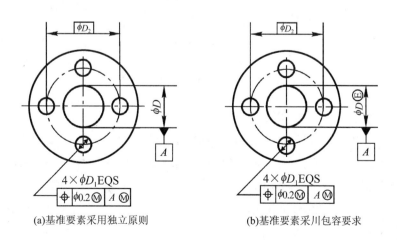

(a)基准要素采用独立原则　　　　　(b)基准要素采用包容要求

图3—51　基准要素的边界为最大实体尺寸

最大实体要求在生产实际中，常用于保证孔、轴连接的可装性。例如，用螺栓组连接工件，螺栓孔中心的位置度公差常采用最大实体要求。

3. 最小实体要求

（1）最小实体要求用于被测要素

最小实体要求用于被测要素时，要求被测要素的实际轮廓不超出最小实体实效边界，且实际要素的尺寸处于尺寸公差带内，即在实际轮廓不超出最小实体实效边界的前提下，允许尺寸公差补偿给几何公差。最小实体要求的合格条件用公式表达如下：

$$对于轴 \quad d_{min} \leqslant d_a \leqslant d_{max} \qquad d_{fi} \geqslant d_{LV} \qquad (3—6)$$
$$对于孔 \quad D_{min} \leqslant D_a \leqslant D_{max} \qquad D_{fi} \leqslant D_{LV} \qquad (3—7)$$

被测要素应用最小实体要求时的标注方法是在几何公差框格中的公差值后加 Ⓛ 符号，如图 3—52（a）所示，解释见图 3—52（b），当实际孔尺寸达到最小实体尺寸（$\phi35.1$ mm）时，允许孔心位置度误差最大不超过 $\phi0.1$ mm，当实际孔的尺寸达到最大实体尺寸（$\phi35$ mm）时，允许孔心位置度误差最大不超过 $\phi0.2$ mm（边界尺寸减去孔最大实体尺寸），动态公差带图如图 3—52（c）所示。如果图 3—52（a）标注中位置度公差值改为 $\phi0$ Ⓛ，则边界由最小实体实效边界改为最小实体边界。

最小实体要求的作用是保证最小壁厚。

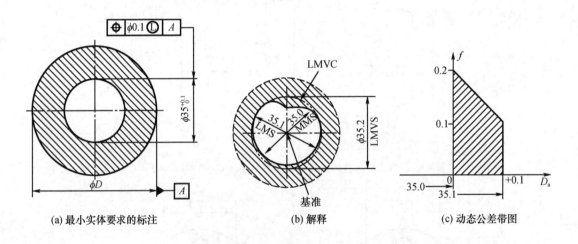

(a) 最小实体要求的标注　　　　(b) 解释　　　　(c) 动态公差带图

图 3—52　最小实体要求用于被测要素

（2）最小实体要求用于基准要素

最小实体要求用于基准要素时，需在被测要素公差框格中的基准字母后加注 Ⓛ 符号，此时实际基准要素通过边界控制。随基准要素处几何公差标注的不同，控制基准要素的边界亦不同，当基准要素本身标注的几何公差框格里公差值后加 Ⓛ 符号时，边界为最小实体实效边界，当基准要素本身未标注几何公差或几何公差值后无 Ⓛ 符号时，边界为最小实体边界。

4. 可逆要求

当被测导出要素的几何误差值小于给出的几何公差值时，允许在满足零件功能要求的前提下扩大尺寸公差，这种要求叫做可逆要求。可逆要求可用于最大（或最小）实体要求，即被测要素的实际轮廓应遵守最大（或最小）实体实效边界，当其实际尺寸偏离最大（或最小）实体尺寸时，允许其几何误差值超出在最大实体状态下给出的几何公差值，即用尺寸误差补偿几何误差。当其几何误差值小于给出的几何公差值时，也允许其实际尺寸超出最大（或最小）实体尺寸，即用几何误差补偿尺寸误差。可逆要求的标注方法，是在几何公差值后加注 Ⓜ Ⓡ（或 Ⓛ Ⓡ）。

如图 3—53（a）所示位置度公差值后加 Ⓜ Ⓡ，表示应用可逆要求于最大实体要求。两个外圆柱面的边界为最大实体实效边界，边界尺寸为 $\phi10.3$ mm 且与基准面 A 垂直，保证实际外圆柱面处于边界内的前提下，尺寸公差可以补偿给位置度公差，反过来位置度公差也可补偿给尺寸公差，动态公差带如图 3—53（c）所示。当实际尺寸处于最小实体尺寸 ϕ 9.8 mm 时，为不超出边界，充分利用尺寸公差，将其补偿给位置度公差，最大允许位置度误差为 $\phi0.5$ mm，已超出公差框格中标注的 $\phi0.3$ mm；当外圆柱面实际位置度误差为 0 时，为不超出边界，且充分利用位置度公差，将其补偿给尺寸公差，最大允许的尺寸为 $\phi10.3$ mm，即为边界的尺寸，该尺寸已超出标注的上极限尺寸；其余状态允许的最大位置度误差和实际尺寸间关系为线性关系。

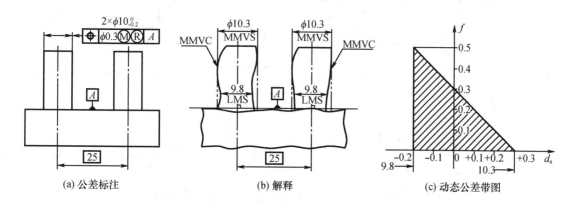

(a) 公差标注　　　　　　(b) 解释　　　　　　(c) 动态公差带图

图 3—53　可逆要求应用于最大实体要求的示例

第四节　几何精度设计

机械零件的几何的精度设计是机械设计中很重要的内容。对哪些要素的几何精度应提出特殊要求？如何选取几何公差特征项目？几何公差值如何确定？如何在图样上正确地标注几何公差？这些就是几何精度即几何公差设计的内容。对于那些没有特殊几何精度要求的要素采用未注几何公差。

一、几何公差特征项目及基准的选择

选择几何公差特征项目主要从被测要素的几何特征、功能要求、测量便于实现等方面考虑。对于有国家标准要求的典型零件，应执行标准的规定。例如，与滚动轴承相结合的圆柱面应标注圆柱度公差、平键联结键槽宽度两侧面的对称中心平面应标注对称度公差等。齿轮传动要保证传动功能要求，应对安装齿轮轴的箱体标注同轴度公差、平行度公差或垂直度公差等。考虑到测量径向圆跳动比较方便，而轴颈本身的形状精度较高，通常对旋转精度有要求的零件的结合面或工作的圆柱面以及轴向定位的端面，规定它们相对于公共轴线的圆跳动公差。

在确定被测要素的方向或位置公差时，必须确定基准要素。根据需要，可以选择单一基准、公共基准或组合基准。基准要素的选择主要根据零件在机器上的安装位置、作用、结构特点以及加工要求来确定检测基准。基准要素通常选择具有较高的形状精度，即长度较大、面积较大和刚度较大的要素。在功能上，基准要素应是零件在机床上的安装基准或工艺基准。测量基准应尽可能与加工基准和安装基准保持一致。

二、几何公差值的选择

几何公差值主要根据被测要素的功能要求和加工经济性等来选择。附表 3—1 ~ 附表 3—4 给出了几何公差标准值，供设计者选用。在选择时，一般采用类比法，并应考虑下列因素。

（1）在满足功能条件下，取低不取高。

（2）在同一要素上，给定的形状公差值小于方向公差值，方向公差值小于位置公差值。

（3）考虑加工难易程度以及与尺寸公差的协调性。一般情况下，几何公差精度等级取与尺寸公差同级；几何精度要求高时，可比尺寸公差等级高 1 ~ 2 级；要求低时，可比尺寸公差等级低 1 ~ 2 级。

（4）孔相对于轴的几何公差等级低 1 ~ 2 级；细长体比较粗短体低 1 ~ 2 级。

（5）被测要素为线的公差值小于面的公差值。

用螺栓或螺钉连接两个或两个以上的零件，其上孔组的各孔轴线的位置度公差可以根据螺栓或螺钉的大径与被连接件上的通孔之间的最小间隙 X_{min} 计算。

用普通螺栓连接时，所有被连接件上的孔均为通孔，位置度公差值 t 按式（3—8）确定。

$$t = X_{min} = D_{min} - d_{max} \tag{3—8}$$

用螺钉连接时，被连接零件中有一个零件上的孔为螺纹孔，而其余零件上的孔为通孔，位置度公差值 t 按式（3—9）确定。

$$t = 0.5 X_{min} \tag{3—9}$$

其中 D_{min} 为被连接件通孔的最小直径，d_{max} 为螺栓的最大顶径。

对于计算后的 t 值应当加以圆整，即按附表 3—5 选择标准公差值。

三、未注几何公差设计

零件的非配合表面和某些精度要求不高的表面，不标注几何公差。但这些不标注几何公差的几何要素也有几何精度要求，采用未注几何公差值。GB/T 1184—1996 规定的未注几何公差等级分为 H，K，L 三级。H 级精度高，K 级精度中等，L 级精度低。

未注几何公差的等级要求应标注在图样的技术条件中。例如，未注几何公差为 GB/T 1184-K。

（1）直线度、平面度的未注公差值参见附表 3—6，直线度应按其相应线的长度选取；平面度应按其表面的较长一侧或圆表面的直径选取。

（2）圆度的未注公差值等于要素的直径公差值，但不能大于该要素的径向圆跳动未注公差值。

（3）圆柱度的未注公差值不规定。因为圆柱度误差由三部分组成：圆度、直线度和相对素线的平行度误差，而其中每一项误差均由它们的注出公差或未注公差控制。

（4）平行度的未注公差等于对平行要素给出的尺寸公差值，或者取为直线度和平面度未注公差值中的较大者。测量时应取两要素中的较长者作为基准。

（5）垂直度的未注公差值参见附表 3—7。测量时，应取形成直角的两边中较长的一边作为基准，较短的一边作为被测要素。

（6）对称度的未注公差值参见附表 3—8。测量时，应取两要素中较长者作为基准。

（7）同轴度的未注公差值未做规定。在极限状态下，可取与径向圆跳动的未注公差值相等。测量时应选两要素中的较长者为基准。

（8）径向、轴向和斜向圆跳动的未注公差值参见附表 3—9。测量时，应以设计或工艺给出的支承轴作为基准，即取两个安装轴承的轴段的轴线为公共基准；否则应取两圆柱要素中较长的一个轴段轴线作为基准。

四、几何公差设计示例

图 3—54 所示齿轮油泵的泵体零件，几何公差精度设计如下。

（1）泵体两端面与侧板配合的精度直接影响齿轮泵的功能与密封性。为保证位置精度设计提取实际表面相对于基准平面 C 的平行度公差，选用 6 级精度，按主参数为 149 mm 查附表 3—3（长、宽尺寸不等，按大尺寸取），确定公差值为 0.03 mm。为保证密封性，设计选择平面度公差，选择 6 级精度，查附表 3—1，确定公差值为 0.012 mm。

（2）泵体与侧板、前后泵盖的位置精度靠两个定位销孔保证。为保证泵体与齿轮的对中性，设计选择销孔中心相对于齿轮中心的对称度公差，选用 7 级按主参数为 10 mm 查附表 3—4 为 0.01 mm。为保证销孔轴线与泵体端面垂直，设计选用 6 级垂直度公差，按泵体厚度 7 mm 查附表 3—3 确定公差值为 0.008 mm。

（3）8 个螺钉连接孔有位置度公差要求。螺钉为普通连接，位置度公差值可以根据被连接件上的通孔直径与螺栓或螺钉的大径之差的最小间隙确定；若为铰制孔连接，则位置度公差值为最小间隙的二分之一。该螺钉为 M8 粗牙螺纹铰制孔连接，查设计手册，泵体通孔的最小直径为 $\phi 8.0$ mm，螺钉的最大大径为 $\phi 7.288$ mm，位置度公差值

$$t = X_{min}/2 = (8.0 - 7.288) \div 2 = 0.356 \text{ mm}$$

算出位置度公差值，然后查附表 3—5 圆整为标准值 0.3 mm。确定位置度公差带位置的理论尺寸要标上框格。

（4）图 3—54 主视图中的 45 ±0.02，其中 45 为齿轮公称中心距，±0.02 为齿轮中心距极限偏差。

（5）表面粗糙度精度的设计及符号含义参见第四章。

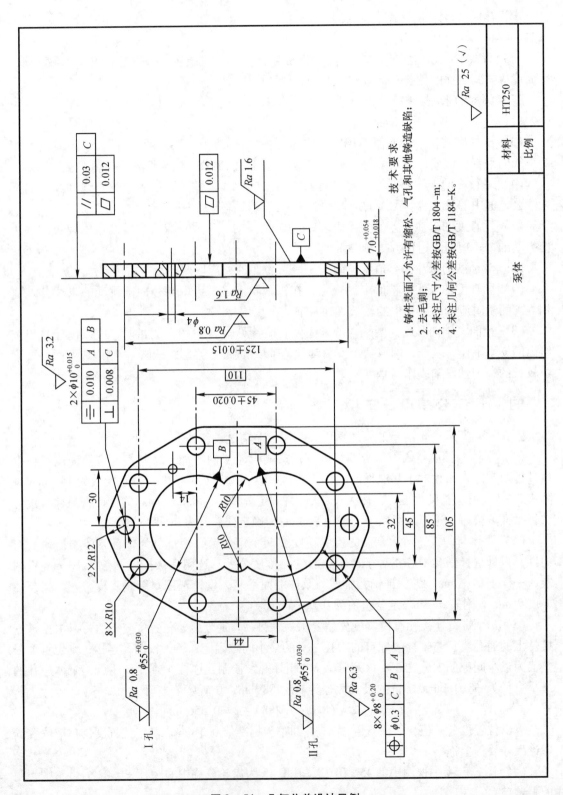

图 3—54　几何公差设计示例

第五节　几何精度的检测与评定

经加工、制造获得的机械零件具有几何误差，几何误差是指被测提取要素对其拟合要素的变动量。为了判断零件的几何误差是否满足图纸中所标注的几何公差要求，需要进行几何误差检测与评定，检测零件几何误差时的标准温度为 20℃。

一、几何误差检测原则

针对同一种几何误差的检测方法可能有多种，各方法的检测原理不同，按照检测原理可将几何误差检测原则分为如下 5 种。

1. 与拟合要素比较原则

将被测提取要素与其拟合要素相比较，获得几何误差值。如图 3—55 所示，用刀口尺测给定平面内的直线度误差，将刀口尺与被测素线直接接触，并使两者之间最大间隙为最小，此时的最大间隙即为该条被测素线的直线度误差，测量若干条素线，取其中最大的误差值作为该被测零件的直线度误差值。在这个测量过程中，刀口尺为平面内素线的拟合要素，用实际素线与拟合要素比较。

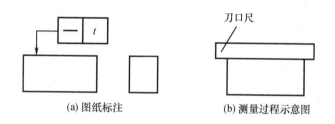

(a) 图纸标注　　　　　　　　(b) 测量过程示意图

图 3—55　用刀口尺测直线度

2. 测量坐标值原则

测量被测提取要素的坐标值（如直角坐标值、极坐标值、圆柱面坐标值），并经过数据处理获得几何误差值。如图 3—56 所示，在直角坐标系下测量圆上各点坐标值，再针对各坐标数据进行处理及评定，进而确定圆度误差或圆心位置度误差。

3. 测量特征参数原则

测量被测提取要素上具有代表性的参数（即特征参数）来表示几何误差。如图 3—57 所示，用两点法测圆锥面圆度误差值，在某一截面内用两点法测多个位置的直径，选择相互垂直的两直径差值中最大值的一半作为该截面圆度误差的近似。

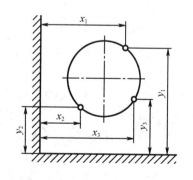

图 3—56　测量圆上各点坐标值
（直角坐标系下）

4. 测量跳动原则

被测提取要素绕基准轴线回转过程中，沿给定
方向测量其对某参考点或线的变动量。变动量是指指示计最大与最小示值之差。如图 3—58
所示，径向圆跳动测量。跳动测量原则是跳动公差的测量原则。

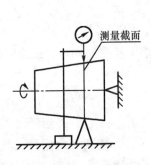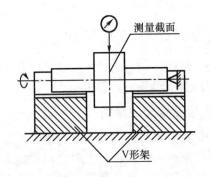

图 3—57　两点法测圆锥面圆度误差　　　　图 3—58　径向圆跳动测量

5. 控制实效边界原则

检验被测提取要素是否超过实效边界，以判断
合格与否。如图 3—59 所示，用功能量规检验同轴
度误差，功能量规的圆柱面即体现了实效边界。

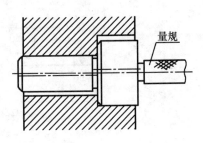

图 3—59　用综合量规检验同轴度误差

二、基准的建立和体现

方向公差、位置公差设计的标注时，需要给出
基准或基准体系；方向误差、位置误差检测时，由
于基准要素存在加工误差，因此需要用一定的方法
建立和体现基准或基准体系。

1. 基准的建立

（1）基准点、基准直线、基准轴线、基准平面、基准
中心平面

由导出球心或导出圆心建立基准点时，该提取导出球
心或提取导出圆心即为基准点。

由提取线或其投影建立基准直线时，基准直线为该提
取线的拟合直线，如图 3—60 所示。

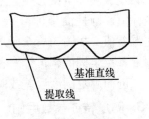

图 3—60　基准线

由提取中心线建立基准轴线时，基准轴线为该提取导
出中心线的拟合轴线。如图 3—61 所示，图 3—61（a）表明提取中心线的拟合轴线作为基
准轴线，图 3—61（b）表明通过测量多个截面圆，拟合得到多个圆心，通过这些圆心得到
提取中心线。

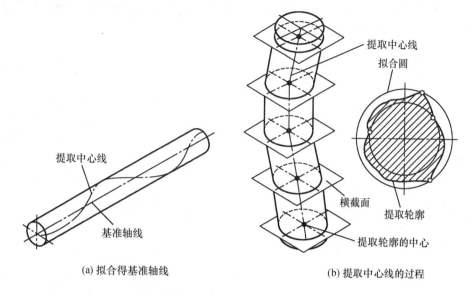

(a) 拟合得基准轴线　　　　　　　(b) 提取中心线的过程

图 3—61　基准轴线的建立

　　由提取表面建立基准平面时，基准平面为该提取表面的拟合平面，如图 3—62 所示。

　　由提取中心平面建立基准中心平面时，基准中心平面为该提取中心面的拟合平面。如图 3—63 所示，图 3—63（a）表明提取中心平面的拟合平面为基准中心平面，图 3—63（b）表明提取中心平面的获得过程，先提取两表面，后通过两对应提取表面导出提取中心面。

　　（2）公共基准

　　由两条或两条以上提取中心线（组合基准要素）建立公共基准轴线时，公共基准轴线为这些提取中心线所共有的拟合轴线，如图 3—64 所示。

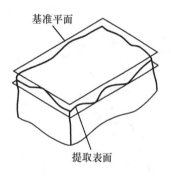

图 3—62　基准平面的建立

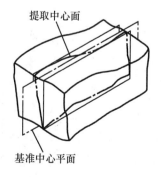

(a) 拟合得到基准中心平面

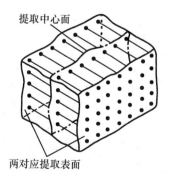

(b) 提取中心平面过程

图 3—63　基准中心面的建立

由两个或两个以上提取表面（组合基准要素）建立公共基准平面时，公共基准平面为这些提取表面所共有的拟合平面，如图 3—65 所示。

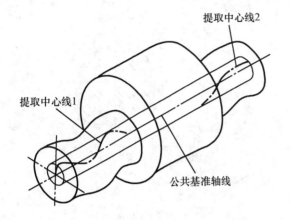

图 3—64　公共基准轴线

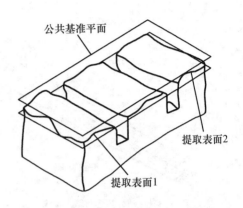

图 3—65　公共基准平面

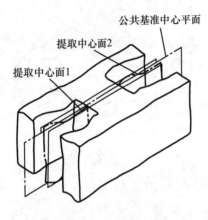

图 3—66　公共提取中心面

由两个或两个以上提取中心面（组合基准要素）建立公共基准中心平面时，公共基准中心平面为这些提取中心面所共有的拟合平面，如图 3—66 所示。

（3）三基面体系的建立

三基面体系是由 3 个互相垂直的平面组成。这 3 个平面按功能要求分别成为第一基准平面、第二基准平面和第三基准平面。构成三基面体系的方法有多种，如由提取表面建立基准体系［图 3—67（a）］、由提取中心线建立基准体系［图 3—67（b）(c)］。

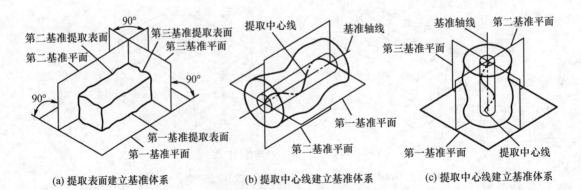

(a) 提取表面建立基准体系　　(b) 提取中心线建立基准体系　　(c) 提取中心线建立基准体系

图 3—67　三基面体系的建立

如图3—67（a）所示，第一基准平面由第一基准提取表面建立，为该表面的拟合平面，第二基准平面由第二基准提取表面建立，为该提取表面垂直于第一基准平面的拟合平面，第三基准平面由第三基准提取表面建立，为该提取表面垂直于第一和第二基准平面的拟合平面。

如图3—67（b）所示，当基准轴线为第一基准时，则该轴线构成第一和第二基准平面的交线。如图3—67（c）所示，当基准轴线为第二基准时，则该基准轴线垂直于第一基准平面，构成第二和第三基准平面的交线。

2. 基准的体现

基准的体现方法有模拟法、直接法、分析法等。

（1）模拟法

通常采用具有足够精确形状的表面来体现基准平面、基准轴线、基准点等，如表3－4所示。

表3—4　模拟法

基准示例	模拟方法示例
基准点	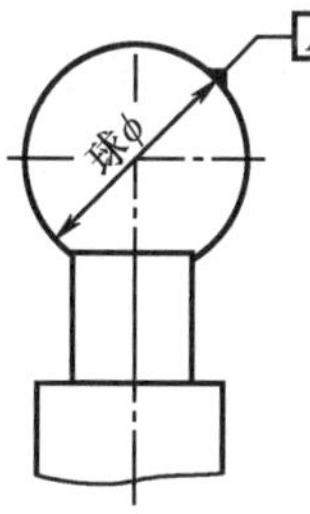 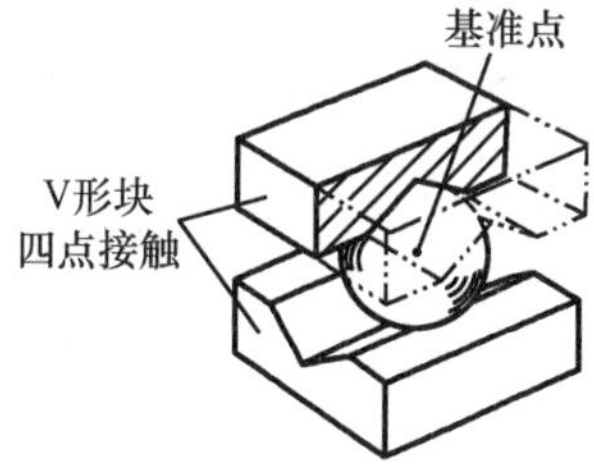 两个V形块与提取球面形成四点接触时体现的中心
基准轴线	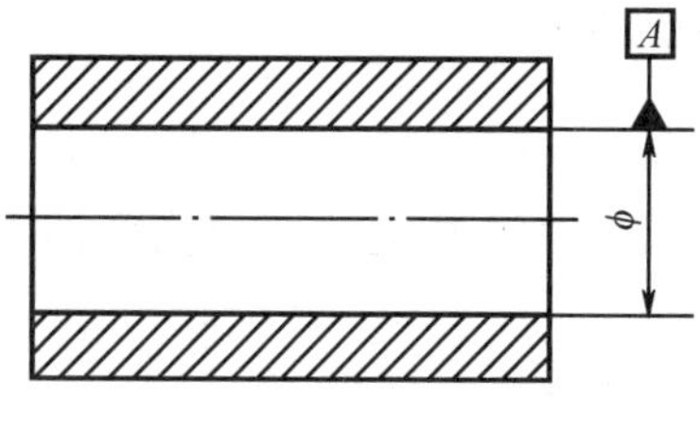 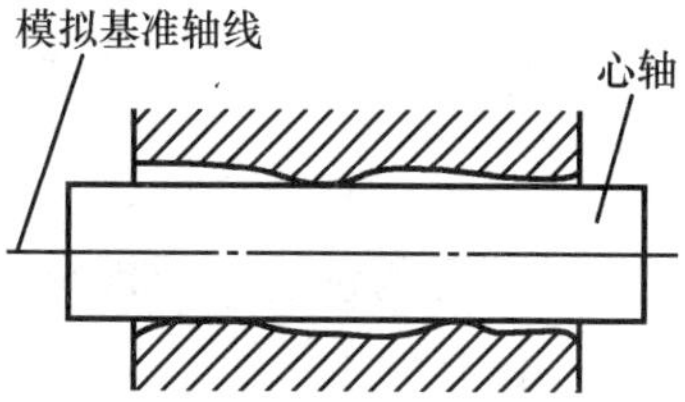 可胀式或与孔成无间隙配合的圆柱形心轴的轴线
公共基准轴线	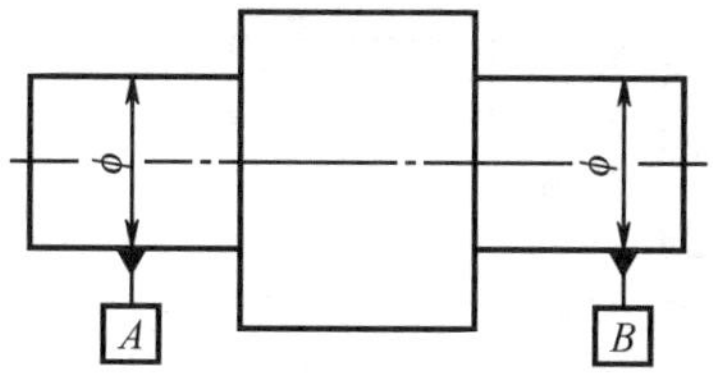 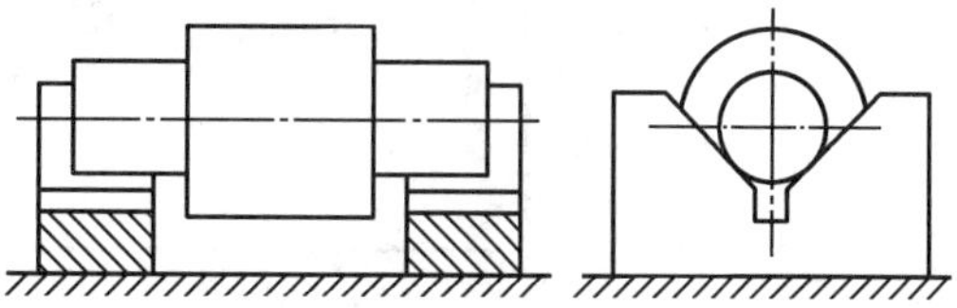 由V形架体现的轴线

续表

基准示例	模拟方法示例
基准平面	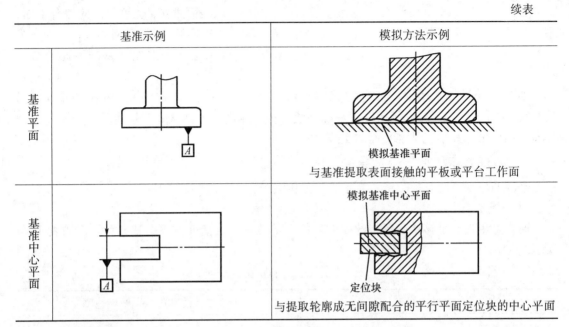模拟基准平面 与基准提取表面接触的平板或平台工作面
基准中心平面	模拟基准中心平面 定位块 与提取轮廓成无间隙配合的平行平面定位块的中心平面

（2）直接法

当基准要素具有足够的形状精度时，可直接作为基准，如图3—68所示。

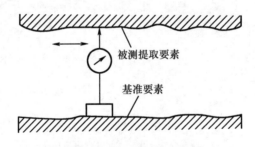

图 3—68　基准体现的直接法

（3）分析法

对基准要素进行测量后，根据测得数据用图解或计算法确定基准的位置，如图3—69所示。

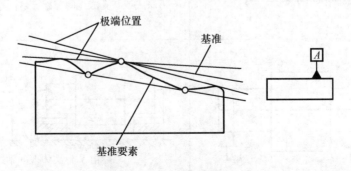

图 3—69　基准体现的分析法

三、几何误差及其评定

1. 几何误差的评定准则

几何误差的评定准则是要求被测提取要素的几何误差值满足最小条件。最小条件是指被测提取要素对其拟合要素位置间的最大变动量为最小。评定几何误差时，按最小条件要求得到的实际要素的拟合要素包容区域称为最小包容区域。最小包容区域的宽度或直径代表几何误差值。几何误差的最小包容区域的形状和其几何公差带相同。

几何误差的最小包容区域根据实际要素的大小、方向和位置而定。形状误差最小区域的方向和位置可随被测实际要素的拟合要素变动。

方向误差的最小包容区域是按拟合要素的方向来包容被测提取要素的。拟合要素的方向由基准要素确定。方向误差的最小包容区域的方向是固定的，而其位置可随被测提取要素的拟合要素变动，所以方向误差包含形状误差。

位置误差的最小包容区域是以拟合要素位置来包容被测提取要素的。拟合要素的位置相对于基准是确定的。位置误差的最小包容区域的方向是由基准要素确定的，其位置是由理论正确尺寸和基准确定的，所以包含形状误差和方向误差。

以如图 3—70 所示的直线度误差的求解，说明最小包容区域的处理过程。由图 3–70 可见，包容被测提取组成要素的两条平行直线可有多对，标注 A_1B_1 的两平行直线间距为 h_1，标注 A_2B_2 的两平行直线间距为 h_2，标注 A_3B_3 的两平行直线间距为 h_3，而 $h_1 < h_2 < h_3$，所以，标注 A_1B_1 的两平行直线之间的区域为满足最小条件的最小包容区域，h_1 为该被测组成要素的直线度误差值。

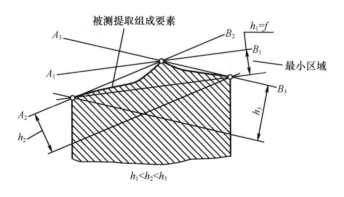

图 3—70　最小条件及最小包容区域

2. 形状误差的评定

（1）给定平面内直线度误差评定

评定直线度误差时，拟合要素的位置不同，则得到的误差数值不同。直线度误差最小包容区域的评定可参考图 3—71（a），（b），由两条平行直线包容实际被测直线时，实际被测直线上至少有高、低相间三个极点分别与这两条直线相切，则这两条平行直线之间的区域即为最小区域，该区域的宽度即为符合最小条件的直线度误差 f_-。图 3—71（b）表示高、低相间三个极点的投影关系。上图称之为两高夹一低，下图称之为两低夹一高。满足这个条件即满足直线度的"最小条件"准则，求出的两平行线之间距离为直线度误差。

在实际测量时，只要能满足零件功能要求，也可以采用近似评定方法。例如，用两端点连线法评定直线度误差。参看图3—71（c），将被测提取要素的两端点用直线连起作为评定基准线，取各测点相对于两端点连线的最大偏离值 h_{max} 和最小偏离值 h_{min} 之和作为直线度误差。按近似方法评定的误差值通常大于最小条件法评定的误差值，因而更能保证精度要求。

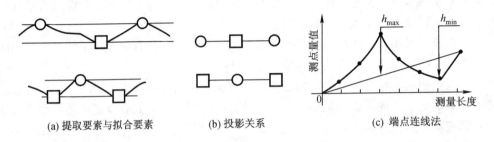

(a) 提取要素与拟合要素　　　(b) 投影关系　　　(c) 端点连线法

○—最高极点　□—最低极点

图3—71　直线度误差的评定

（2）平面度误差评定

参看图3—72，用两个平行平面包容被测实际平面 S 时，S 上至少有四个极点分别与这两个平行平面相切。被测实际平面 S 的最小包容区域求法可根据零件实际情况，在下列三种计算方法中选取一种：其一，图3—72（a）表示至少有三个高（或低）极点与一个平面相切，有一个低（或高）极点与另一平面相切，并且这一个极点的投影落在上述三个极点连成的三角形内（三角形准则）。其二，图3—72（b）表示至少有两个高极点和两个低极点分别与两个平行平面相切，并且高极点连线与低极点连线在空间呈交叉状态（交叉准则）。其三，图3—72（c）表示至少有两个高（或低）极点与一个平面相切，有一个低（或高）极点与另一平面相切，并且这一个极点的投影位于两个高（或低）极点的连线上（直线准则）。

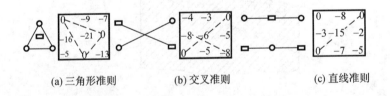

(a) 三角形准则　　　　(b) 交叉准则　　　　(c) 直线准则

图3—72　平面度误差最小区域判别准则

（3）圆度误差评定

圆度误差的最小包容区域为半径差最小的两同心圆的之间所包容的区域，如图3—73（a）所示。S 为提取组成圆，U 为最小区域，两同心圆的半径差即为圆度误差 f。最小区域的判别准则为两个同心圆包容被测实际轮廓时，至少有四个极点内、外相间地与这两个同心圆相切［参见图3—73（a）］。圆度误差的近似求法有多种，我们介绍下列两种：其一，参见图3—73（b）最小外接圆法，做包容实际轮廓且直径为最小的外接圆，再由该圆的圆心做实际轮廓的内接圆；其二，参见图3—73（c）最大内接圆法，做包容实际轮廓且直径为最大的内接圆，再以该圆的圆心为圆心做实际轮廓的外接圆。

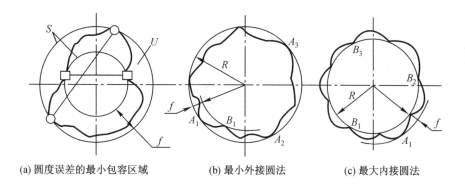

(a) 圆度误差的最小包容区域　　　(b) 最小外接圆法　　　(c) 最大内接圆法

□——内极点　　○——外极点

图 3—73　圆度误差最小区域判别准则

3. 方向误差的评定

方向误差是评定被测实际要素相对于基准要素理想方向的变动量。下面仅介绍平面相对于基准平面的平行度误差和平面相对于基准平面的垂直度误差的评定方法，其他的方向误差评定方法可类比平行度误差、垂直度误差或查阅相关资料。

（1）平面对基准平面的平行度误差评定

由相对于基准确定方向的两平行平面包容被测提取要素时，至少有两个实测点与之接触，一个为最高点，一个为最低点，如图 3—74 所示，这两平面间距为平行度误差。

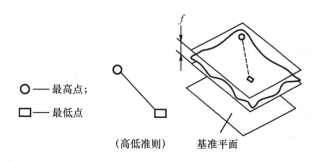

○——最高点；

□——最低点

（高低准则）　　　基准平面

图 3—74　面对基准平面平行度误差评定

（2）平面对基准平面垂直度误差评定

由相对于基准确定方向的两平行平面包容被测提取要素时，至少有两点或三点与之接触，在基准面上的投影有下列形式之一，如图 3—75 所示，则两平行平面间距离为垂直度误差。

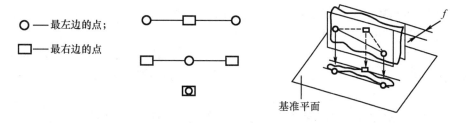

○——最左边的点；

□——最右边的点

基准平面

图 3—75　面对基准平面垂直度误差评定

4. 位置误差的评定

仅介绍位置误差中的同轴度误差的评定方法，与其他位置公差对应的位置误差，如位置度误差、对称度误差评定方法可类比同轴度误差或查阅相关资料。

用以基准轴线为轴线的圆柱面包容提取被测轴线，提取被测轴线与该圆柱面至少有一点接触时，则该圆柱面内的区域为同轴度最小包容区域，该圆柱面的直径为同轴度误差，如图3—76所示。

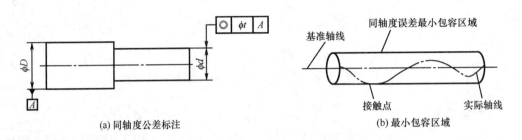

(a) 同轴度公差标注　　　　　　　　　　(b) 最小包容区域

图 3—76　同轴度误差评定

第六节　RPS 定位点系统介绍

汽车产业是我国经济的支柱产业之一，RPS 的理念是国内汽车生产与国外企业合资合作过程中引入的生产技术，近年来被广泛地应用于各个汽车产品生产厂家。RPS 的概念是确定工件检测、加工定位、装配定位的基准系统，在理论上和应用中有着自身的一套理论。RPS 是德语 REFERENZ　PUCKT　SYSTEM 的缩写，称作定位点系统；英语转译为 Reference Point System，称作定位参考点系统。每个定位参考点叫做 RPS 点。

一、RPS 系统的组成人员

在组织结构方面，RPS 系统是由同步工程小组确定的。同步工程小组的成员应由开发部门、质量保证部门、生产部门、规划部门和协作厂家共同组成。这样的组织结构可以保证在产品的设计开发中，兼顾各个方面，使大家具有统一性。在生产中一旦出现问题，查找目标清晰，解决问题快捷，可有效地控制质量，降低成本。

二、RPS 系统制定的步骤

RPS 系统制定的步骤分为六个方面。

（1）产品的功能研究。首先要对产品零件的自身及其周围零件的关系加以研究，确定零件的功能，按照功能的重要程度将功能排序。

（2）产品的公差研究。在保证产品的功能要求下，确定产品的公差要求，即确定尺寸公差和几何公差的特征项目以及公差等级。公差要求要兼顾制造、安装和检测要求的统一性。

（3）RPS 系统的制定。RPS 系统的制定必须符合零件功能重要性的排序结果和公差要求，确定每个 RPS 点。

（4）定位基准尺寸的确定。由同步工程小组确定的 RPS 点需要填入 RPS 尺寸图表中。这是产品图纸完成之前具有约束力的指导性文件。

（5）产品的公差计算。在进行产品的公差计算时，应当充分利用 RPS 系统，来保证设计目标的实现。

（6）画出产品图纸。将以上 5 个阶段的研究结果，按照机械制图标准、公差标准的注法，画出正式的产品图纸。

三、RPS 系统的 3 − 2 − 1 规则

一个刚体在空间运动中可以有 6 个自由度，即沿着 3 个坐标轴的移动和绕着 3 个坐标轴的转动。在加工时，要使刚体的位置确定，必须要限制其自由度，即限定其空间位置。保持一个刚体的空间位置的确定性需要 6 个定位点。其中，3 个定位点确定一个接触面积最大的基准平面，即限定了 1 个坐标轴方向的位移，2 个绕坐标轴的转动；再用构成最长直线段的 2 个定位点确定第 2 个基准平面，即限定了第 2 个坐标轴方向的位移和绕另 1 个坐标轴的转动；再用 1 个定位点确定第 3 个坐标方向，由此零件在空间的位置即确定下来，这就是 3 − 2 − 1 规则。

例如图 3—77 所示：A_1、A_2、A_3 点确定了 XOY 平面，限定了零件在 Z 轴方向的移动，并限定了绕 X 轴、Y 轴的转动；B_1，B_2 点确定了 X 的方向，即限定了零件沿 Y 轴方向的移动和绕 Z 轴的转动；C 点限定了零件沿 X 轴方向的移动。6 个 RPS 点就是零件加工时的夹具固定位置，也是零件检测几何误差时的基准，若能与安装位置再重合一起，那就是最理想的基准系统，这时的累计误差最小，精度最高。

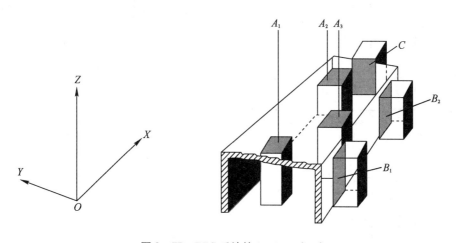

图 3—77　RPS 系统的 3 − 2 − 1 规则

对于没有孔的零件，必须用 6 个 RPS 点固定位置。而有安装孔的零件通常将孔设定为 RPS 点。1 个圆孔可以限定 2 个自由度，例如图 3—78 所示的例子只需要 4 个 RPS 点即可定位，即 H 孔限定了 X，Y 方向的平移，F 平面作为 Z 方向的一个点和 H 孔定义为一个 RPS 点，A_1、A_2 与 F 平面限定了零件的 Z 平面；B 点限定了绕 Z 轴的转动。用 1 面 2 销进行定位在生产中是常用的方法，1 个销采用柱销定位，另 1 个销采用锥销或棱销定位，以消除过定位现象。

　　对于刚度不足的大型冲压件，在保证 3 – 2 – 1 规则的前提下，还需要附加定位点来防止加工时产生变形。3 – 2 – 1 规则适用于绝大部分任意形状的零件，但也有个别情况不适应。例如，球体只需要沿 3 个坐标轴方向的 3 个 RPS 点即可定位；旋转体需要 5 个 RPS 点定位。

　　3 – 2 – 1 规则在工程图纸上的标注通常如图 3—79 所示。 A_1、A_2、A_3 基准点构成 A 基准面，他是由 3 个 $\phi 10$ 的圆形面积构成的，可作为加工时夹具的定位面。基准点的区域边界面用细双点划线表示，这一点在目前的企业加工图纸中，不规范画法所占的比例非常之大。

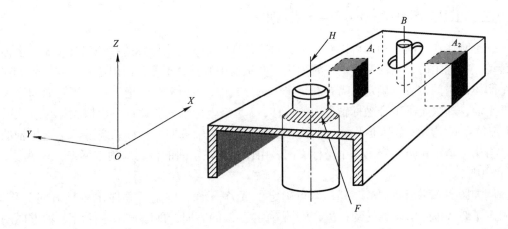

图 3—78　1 个基准面，2 个定位销定位

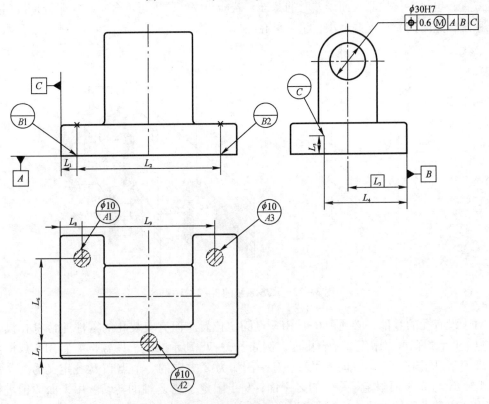

图 3—79　3 – 2 – 1 规则在图纸上的标注示例

$B1$、$B2$ 点确定了 B 基准，可作为夹具 B 平面的定位点。C 点作为夹具 C 平面的定们点。一旦这 6 点位置确定，工件被夹紧，即可对要加工面进行加工。所有加工面都以这 6 点作为定位基准，即遵循统一原则，减少了变换定位基准产生的误差，从而降低产品的制造误差，达到提高产品质量的目的。

四、RPS 系统的其他规则

1. 坐标平行规则

在测量和加工时，零件的放置位置必须保持平行才能够获得精确的结果。如图 3—80 所示。图 3—80（a）表示两个零件在 X 方向存在尺寸偏差，即一个零件比尺寸合格条件短了；图 3—80（b）表示 X 方向定位面相互平行，可测出零件的正确的尺寸误差；图 3—80（c）表示 X 方向定位面不平行，由于定位不确切，测出的实际尺寸误差不准确。

倾斜放置零件会造成测量结果不正确，导致产品的误收或误费，或者工装夹具等产生不正确地调整。为此，定位点应当尽可能地平行于坐标轴。

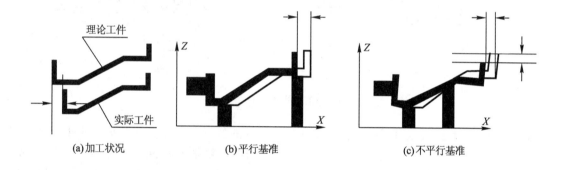

（a）加工状况　　　　　　（b）平行基准　　　　　　（c）不平行基准

图 3—80　坐标平行规则

2. 统一性规则

RPS 系统的宗旨是为了避免基准的转换造成累积误差过大，以保证制造工艺过程的可靠性。利用 RPS 点的可重复利用性，以提高产品的精度和质量。

RPS 系统的统一性规则要求从产品开发阶段直到产品生产出来，RPS 点的使用应当贯彻始终。需要指出的是，RPS 点不是全部一直在用，像有些保证加工刚度的辅助 RPS 点，在装配时就不会用。

RPS 系统的统一性规则还要求所有工艺流程中的输送装置原则上都要使用 RPS 点作为固定支点。

3. 尺寸标注原则（如图 3—81）

对于一辆汽车标注尺寸，必须建立一个全方位的总体坐标系。高度方向的原点 Z_0，一般取汽车满载时车架纵梁的上翼缘面，或者地板平面，或者通过前轮中心的水平线。宽度方向上的原点 Y_0，取为汽车纵向的对称中心。长度方向的原点 X_0，通常选取汽车前轴高度的中心。

由此坐标系的轴线出发，画出平行于坐标轴的网线，网线间隔取为 100 mm，可以向汽

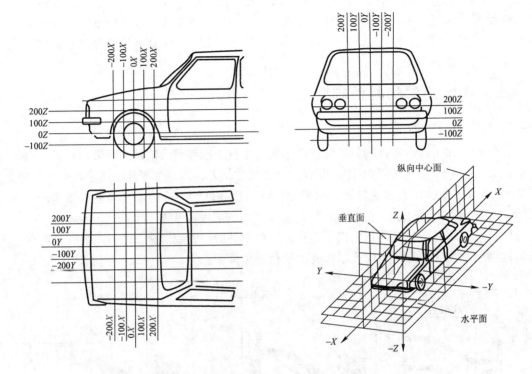

图 3—81　汽车总体坐标

车内部渗透。在此网线上可以找到汽车上所有零部件的位置，由此可以借助网线对每个零部件进行尺寸标注。为了保证车身零件制造和装配精度，要求坐标网线的精度为 ±0.1mm，800mm × 800mm 的网格中两对角线的误差不超过 ±0.2mm，车身图的精度应保证为±0.25mm。汽车总体坐标系的建立可参考图 3—81。

零件坐标系是以整体坐标系为基础建立起来的。画零件图时，为了表达清楚零件结构，通常采用两种方法转换到零件图上：通过平移建立零件坐标系；通过旋转建立零件坐标系。

4. RPS 点的选用原则

工程图纸上标注的 RPS 点为检测基准，在选择时需要考虑以下 3 点：

（1）RPS 点与加工时夹紧定位保持统一；

（2）与安装时结合面保持一致；

（3）要有利于检测，保证检测数值可靠、可信。

五、建立 RPS 尺寸图

通过以上过程确立的 RPS 点要填写 RPS 尺寸图。RPS 尺寸图是在完成正式图纸之前的一种工作用图，可供同步工程小组确定 RPS 点填写和讨论使用。建立整个产品系统的 RPS 尺寸图，必须要对系统中的零、部件统一编号，统一规定命名，以便于识别。对于部装图、局部向视图，要在表格中一一列出，以便于察看。例如，德国的某些汽车制造企业有如下规定。

1. 主测量点用大写字母表示。H 代表孔；F 代表平面；T 代表理论上的点，为 2 个支点的平均值。

2. 辅助支点用小写字母表示。h 代表孔；f 代表平面；t 代表理论上的点，为两个支点的平均值。

3. 定位方向用小写字母表示。X，Y，Z 用于表示汽车全方位网络坐标系中构件平行定位的坐标值。a，b，c 用于表示构件绕坐标轴旋转的角度值。在转动坐标系中，构件的转角数据以及转动次序必须标出，转角用代数值表示，正值表示逆时针转，负值表示顺时针转。

RPS 尺寸图有固定的格式，如图 3—82 所示为某轿车气囊总成的 RPS 系统的设计图纸。

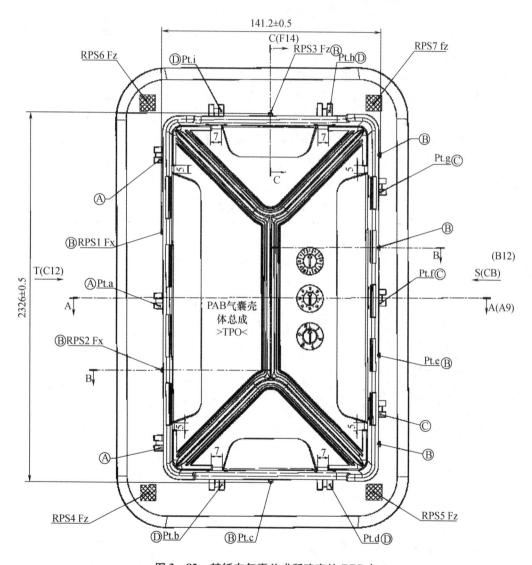

图 3—82　某轿车气囊总成所确定的 RPS 点

RPS 是系统工程，应在整车系统坐标下进行总成产品功能研究。首先应对总成产品自身及其周围分总成零部件的关系加以研究，按照功能的重要程度将功能排序，确定分总成零部件在保证总成产品功能前提下的重要点、面。功能点按大众标准 VW 01055—1996《基准点系统—RPS—图示法》标示为 K 点（记为 K1，K2……依顺序排列）。K 点叫做功能点，其选取方法可以从以下几方面选取。

（1）K 点是各分总成零件的设计基准点：例如图 3—82 中的安全气囊的 K 点为 RPS1 点。标面是由其气囊爆破弹出基准特殊面确定的；是确定仪表板弱化线，气囊支架，气囊在仪表板总成布置位置，与加强梁固定点等零件关键系统联系点。避免因设计基准点不同引起设计误差。K 点也是影响产品性能的功能点。

（2）K 点是各分总成制造工装，检具共同遵守的测量基准点，可保证各零件各工序工装的一致性，避免因制造、检测基准点不同引起制造误差分歧，便于问题的追溯解决。

（3）K 点是各分总成及零件装配后保证功能（如配合功能）基准点。

（4）K 点是零件测量采取的相对坐标，以减少尺寸累积误差。用以提高制造，测量精度。

图 3—82 为某轿车气囊总成 RPS 点的分布。表 3—5 为图 3—82 图例的 RPS 点坐标表格。表中第 1 列表明各 RPS 点所在图纸区域；第 2 列表明各 RPS 点（检测点 Pt. a，…，Pt. i）；第 3、4、5 列表明各点的整车坐标值；第 6 列表明各 RPS 点的定位基准目标面积，例如：Face 2 +1×5 +1 代表定位支撑面积为 $2^{+1}_{0}×5^{+1}_{0}$ 的矩形；第 7、8、9 列表明各点在零部件相对坐标中的坐标值（各点的整体坐标值与 K 点值之差的绝对值）；第 10、11、12 列表明各点在 3 个坐标方向的尺寸公差值（ - 表示采用未注尺寸公差），第 13 列表示各点的位置度公差（有要求填数值，无要求空）。

表 3—5　RPS 点坐标表格　　　　　　　　　　　　　　　mm

区域	RPS / Funct. Pt.	整车坐标			安装类型/说明	参考点 K: x: 1467.9 y: 323.5 z: 1148.5 绕轴理论旋转角 x: 0 y: 0 z: 0						
						公称尺寸			公差			
		x	y	z		AE x/a	AE y/b	AE z/c	x/a	y/b	z/c	⌖
E8	RPS1 Fx	1467.9	323.5	1148.5	Face 2 +1×5 +1	0	0	0	0	—	—	
H8	RPS2 Fx	1467.2	410.5	1146.7	Face 2 +1×5 +1	0.7	87	1.6	0	—	—	
D9	RPS3 Fy	1542.7	248.7	1143.9	Face 2 +1×5 +1	74.8	74.8	4.6	—	0	—	
F8	RPS4 Fz	1458.4	487.7	1148.1	Face 10 +1×10 +1	9.5	164.2	0.4	—	—	0	
F10	RPS5 Fz	1607.7	487.4	1126.4	Face 10 +1×10 +1	139.8	163.9	21.9	—	—	0	
D8	RPS6 Fz	1460.5	247.3	1153.2	Face 10 +1×10 +1	7.4	81.2	4.7	—	—	0	
D10	RPS7 Fz	1610.7	242.3	1133.5	Face 10 +1×10 +1	142.8	81.2	15	—	—	—	±0.2
E8	Pt. a	1464.5	370.1	1143.5		3.4	46.6	5	—	—	—	±0.2
F9	Pt. b	1505.2	482.6	1137.2		37.3	159.1	11.3	—	—	—	±0.2
F9	Pt. c	1540.0	481.3	1137.8		72.1	157.8	10.7	—	±0.2	—	
F9	Pt. d	1567.6	482.6	1126.1		99.7	159.1	22.4	—	—	—	±0.2
E10	Pt. e	1610.0	401.0	1125.2		142.1	77.5	23.3	±0.2	—	—	
E12	Pt. f	1609.4	368.4	1128.5		141.5	44.9	26	—	—	—	±0.2
E10	Pt. g	1610.1	298.4	1122.2		142.2	25.1	28.3	—	—	—	±0.2
D9	Pt. h	1579.6	247.4	1133.1		111.7	76.1	15.4	—	—	—	±0.2
D9	Pt. i	1507.9	247.4	1143.3		40	76.1	5.2	—	—	—	±0.2

注：Funct. Pt. 代表功能检测点。

习题三

3—1 几何公差研究的对象是什么？什么是被测要素、基准要素？什么是组成要素？什么是导出要素？组成要素和导出要素各分为几种？属于什么范畴？

3—2 几何公差带具有哪些特性？其形状决定于哪些因素？

3—3 何谓单一基准、公共基准、组合基准、三基面体系？在几何公差框格中如何表示它们？

3—4 说明公差原则中，哪些要求有边界？它们的名称是什么？边界尺寸是什么？

3—5 将下列各项几何公差要求标注在图习题3—5上。

（1）圆锥面A的圆度公差为0.006 mm，素线的直线度公差为0.005 mm，圆锥面A的轴线对两个ϕd的轴线的同轴度公差为0.015 mm；

（2）两个ϕd圆柱面的圆柱度公差为0.009 mm，ϕd轴线的直线度公差为0.012 mm；

（3）端面B相对两个ϕd的公共轴线的圆跳动公差为0.01 mm。

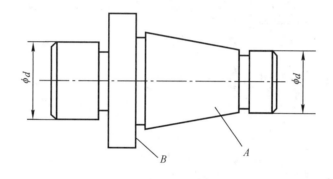

图习题3—5

3—6 将下列各项几何公差要求标注在图习题3—6上。

（1）两个$\phi 40$m6圆柱面遵守包容要求，圆柱度公差为0.01 mm；

（2）轴肩端面Ⅰ和Ⅱ相对两个$\phi 40$m6圆柱面的公共轴线的轴向圆跳动公差为0.012 mm；

（3）$\phi 60$g6圆柱面的轴线相对两个$\phi 40$m6的公共轴线的同轴度公差为0.01 mm；

（4）键槽18N9对$\phi 60$g6圆柱面轴线的对称度公差为0.015 mm。

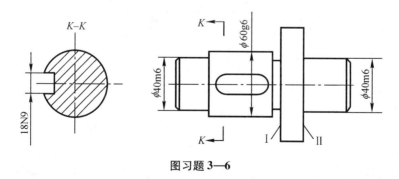

图习题3—6

3—7 试说明图习题3—7中各项几何公差的含义，指出各项被测要素、基准要素是公称组成要素还是公称导出要素？其各项被测要素的几何公差带的形状是什么？

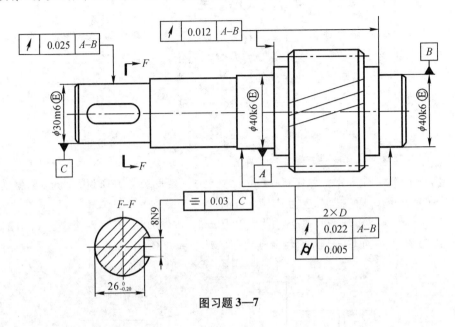

图习题 3—7

3—8　试改正图习题 3—8 所示的图样上几何公差的标注错误（几何公差特征项目不允许改变）。

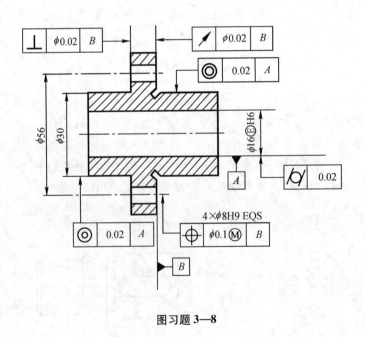

图习题 3—8

3—9　试按图习题 3—9 所示图样上标注的几何公差和规定的相关要求，填写表习题 3—9 各栏目中的内容。

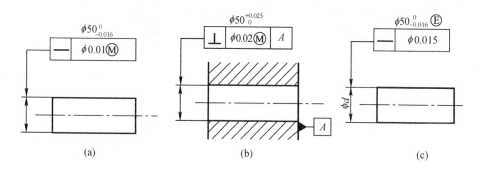

图习题 3—9

表习题 3—9

图号	公差原则或相关要求的名称	边界名称和边界尺寸/mm	最大实体尺寸/mm	最小实体状态下允许的最大形位误差/mm	孔或轴的合格条件
(a)					
(b)					
(c)					

3—10 用水平仪测量车床导轨的直线度误差，按等距离间隔测得 9 个点的读数依次为 0，−2，+1，−3，−3，+3，+1，−3，−2（格）。水平仪分度值为 0.01 mm/m，跨度为 100 mm，试用图解法按最小条件求解直线度误差值。

3—11 参见图习题 3—11，在平板上用指示表测量窄长平面的直线度误差。采用检测平台和千分表表架测量直线等距布置 9 个点，在各点处指示表的示值列于表习题 3—11 中，根据这些测量数据，请按最小条件法和两端点连线画图法求解直线度误差。

表习题 3—11 直线度误差测量数值

测点序号 i	0	1	2	3	4	5	6	7	8
指示表示值/μm	0	+4	+6	−2	−4	0	+4	+8	+6

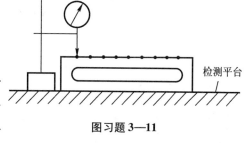

图习题 3—11

3—12 基准要素、被测要素为公称导出要素时，连线与指引线如何标注？

3—13 基准要素、被测要素为公称组成要素时，连线与指引线如何标注？

3—14 圆度、平面度、圆柱度的被测要素是公称组成要素还是公称导出要素？公差值前能否加"ϕ"？其几何公差框格有几格？被测要素的公差带形状是什么？有何特点？

3—15 跳动公差的被测要素为什么要素？基准要素为什么要素？公差值前能否加

"ϕ"？被测要素的公差带形状是什么？有何特点？

3—16　方向公差综合控制什么误差？位置公差综合控制什么误差？

3—17　四组几何公差特征项目：圆度与圆跳动、平面度与同轴度、同轴度与圆跳动、圆度与同轴度，其公差带形状相同的一组为哪个？

3—18　一孔的标注为 $\phi40^{0.032}_{0.007}$ Ⓔ，请确定该孔的最大和最小实体尺寸分别是什么？Ⓔ代表什么含义？

3—19　图习题 3 – 19 所示相互配合的孔轴，分别标注了几何公差和尺寸公差，预期的功能是可使它们形成间隙配合。请解释标注的含义，是否可满足预期的功能？分别给出孔、轴的动态公差带图。

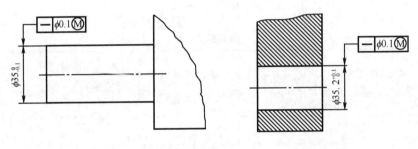

图习题 3—19

3—20　图习题 3—20 所示相互配合的孔轴，分别标注了几何公差和尺寸公差，两者装配后，要求两基准平面 A 相接触，两基准平面 B 双方同时与另一零件的平面相接触。请解释标注的含义，是否可满足预期要求？分别给出孔、轴的动态公差带图。

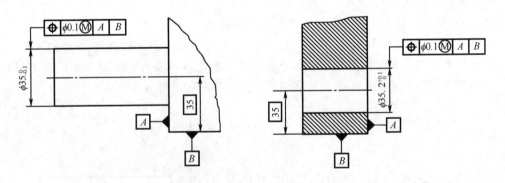

图习题 3—20

第四章

表面微观轮廓精度与检测

在机械加工过程中，由于刀具或砂轮与零件表面间的摩擦，切削后遗留的刀痕和切削过程中切屑分离时的塑性变形，以及机床的振动等原因，会使被加工零件的表面产生微小的峰谷，它是一种微观轮廓误差，也称为微观不平度。机械零件表面微观轮廓精度的高低是用表面粗糙度参数值的大小来评定的。表面微观轮廓精度对该零件的功能要求、使用寿命、美观程度等都具有重大的影响。

为了正确地测量和评定零件表面的微观轮廓精度，保证零件的互换性，我国发布了GB/T 3505—2009《产品几何技术规范(GPS) 表面结构 轮廓法 术语、定义及表面结构参数》、GB/T 10610—2009《产品几何技术规范(GPS) 表面结构 轮廓法 评定表面结构的规则和方法》、GB/T 1031—2009《产品几何技术规范(GPS) 表面结构 轮廓法 表面粗糙度参数及其数值》，GB/T 131—2006《产品几何技术规范(GPS) 技术产品文件中表面结构的表示法》，GB/T 15757—2002《产品几何量技术规范(GPS) 表面缺陷 术语、定义及参数》等国家标准。

第一节 表面微观轮廓精度的基本概念

一、表面微观轮廓误差的界定

参见图4—1（a）表面轮廓是一个指定平面与实际表面相交所得的轮廓。图4—1（b）

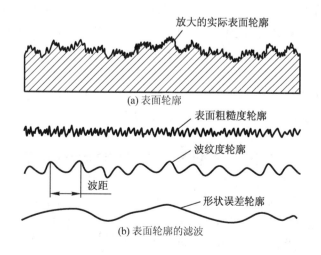

(a) 表面轮廓

(b) 表面轮廓的滤波

图4—1 零件截面实际轮廓形状

所示，被加工零件表面的形状是复杂的，一般包括表面微观轮廓误差即表面粗糙度、表面波纹度和形状误差。三者通常按波距（间距）来划分：波距小于 1 mm 的属于表面粗糙度；波距为 1～10 mm 的属于表面波纹度；波距大于 10 mm 的属于形状误差。表面微观轮廓误差的大小用表面粗糙度表示，它是指零件的加工表面上具有的间距较小的微小峰谷组成的微观几何形状特征。

二、表面微观轮廓误差对零件使用性能的影响

表面微观轮廓误差对零件使用性能和使用寿命有直接的影响，尤其对高温、高速和高压条件下工作的机械零件影响更大，可概括为以下几点。

1. 耐磨性

相互运动的表面越粗糙，磨损就越快。这是因为相互运动的两零件表面，只能在轮廓的峰顶间接触，当表面间产生相对运动时，峰顶的接触将对运动产生摩擦阻力，使零件磨损。此外，表面越粗糙，实际有效接触面积就越小，单位面积上的压力越大，磨损就越严重。

2. 配合性质稳定性

相互配合的表面微小峰被去掉后，它们的配合性质会发生变化。对于过盈配合，由于压入装配时，零件表面的微小峰被挤平而使有效过盈减小，降低了联结强度；对于有相对运动的间隙配合，工作过程中表面的微小峰被磨去，使间隙增大，影响原有的配合要求。

3. 耐疲劳性

受交变应力作用的零件表面，疲劳裂纹易在微小谷的位置出现，这是因为在微观轮廓的微小谷底处产生应力集中，使材料的疲劳强度降低，导致零件表面产生裂纹而损坏。

4. 抗腐蚀性

在零件表面的微小谷的位置容易残留一些腐蚀性物质，由于其与零件的材料不同，故而形成电位差，对零件产生电化学腐蚀。表面越粗糙，电化学腐蚀越严重。

5. 耐密封性

密封件表面存在微小谷和微小峰时，密封性变差。对于静态密封表面，密封面上的凹凸不平在密封面间留下微隙，会引起渗漏；对于动态密封表面，由于有相对运动，表面间应含有润滑油层，表面不能太光滑，以便储存润滑油。

此外，表面微观轮廓误差对零件其他使用性能如表面接触刚度、对流体流动的阻力以及对机器、仪器的外观质量等都有很大影响。因此，为保证机械零件的使用性能，在对零件进行几何精度设计时，必须合理地提出表面粗糙度的要求。

第二节　表面微观轮廓精度的评定

经加工获得的零件表面的粗糙度是否满足设计要求，需要进行测量和评定。而表面微观轮廓精度的高低，也是按测量或评定表面粗糙度的结果来确定的，为了使测量和评定结果统一，根据国家标准的要求，应规定取样长度、评定长度、基准线和评定参数，且测量方向应垂直于表面的加工纹理方向。

一、取样长度和评定长度

1. 取样长度

取样长度是指在 X 轴方向判别被评定轮廓不规则特征的长度，即测量或评定表面粗糙度时所规定的一段基准线长度，用符号 lr 表示，如图4—2所示。其目的是限制、减弱波纹度、形状误差对测量结果的影响。取样长度应适当，不能过短或过长，过短则不能反映表面的微观起伏程度，过长则可能使测量结果受到波纹度甚至形状误差的影响。国家标准规定取样长度 lr 为标准值（参见附表4—1）；在取样长度 lr 范围内，应包含若干个轮廓峰和轮廓谷。一般来讲，表面越粗糙，取样长度越大。

2. 评定长度

评定长度是指在 X 轴方向上用于评定被评定轮廓的长度，即为了合理且较全面地反映整个表面的粗糙度特征，而在测量和评定表面粗糙度时所必需的一段最小长度，用符号 ln 表示，如图4—2所示。由于零件表面各部分的粗糙度不一定很均匀，在一个取样长度上往往不能合理反映某一表面特征，因此需在表面上取几个取样长度，$ln =$ （1~5）lr，一般取 $ln =$ （3~5）lr；若取 $ln = 5lr$，称为标准长度，采用省略标注；否则应当标出，例如 MRR Rz1max 3.2 表示为采用去除材料方法的加工表面，轮廓最大高度特征参数值为3.2μm，$ln = 1lr$。如被测表面均匀性较好，可选用 $ln < 5 lr$；若均匀性差，也可选用 $ln > lr$，可在同一表面多处进行检测。

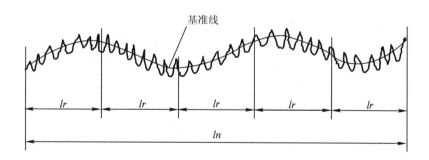

图4—2　取样长度与评定长度

lr—取样长度；ln—评定长度

二、中线

中线是指具有几何轮廓形状并划分轮廓的基准线。通过测量手段获得表面轮廓曲线以后，需要提供一条定量评定表面粗糙度量值的基准线，作为计算各种参数的基准。它是按照某一原则或某种规定，相对于实际轮廓做出的给定线，有轮廓算术平均中线和轮廓最小二乘中线两种。

1. 轮廓算术平均中线

轮廓算术平均中线是指具有理想的直线形状并在取样长度 lr 内与轮廓走向一致的基准线（如图4—3所示），该基准线将实际轮廓分成上、下两个部分，且使上部分面积之和等于下部分面积之和，即 $F_1 + F_3 + \cdots = F_2 + F_4 + \cdots$。

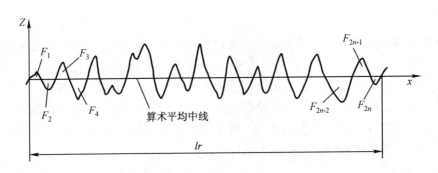

图4—3　轮廓算术平均中线

2. 轮廓最小二乘中线

轮廓最小二乘中线是指具有理想的直线形状并划分被测轮廓的基准线（如图4—4所示），在取样长度 lr 内使轮廓上的各点到该基准线的距离的平方和为最小，即 $\int_0^{lr} Z^2(x)\mathrm{d}x$ 为最小或近似为 $\sum_{i=1}^{n} Z_i^2$ 为最小，图4—4中的 Z_i 为轮廓偏距（$i = 1, 2, \cdots, n$）。

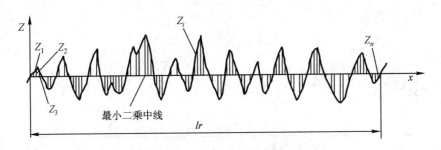

图4—4　轮廓最小二乘中线

三、评定参数

为了满足对表面不同的功能要求，国标 GB/T 3505—2009 从表面粗糙度微观几何形状的高度、间距和形状等三个方面的特征，相应地规定了表面的高度特征参数、间距特征参数和形状特征参数。

1. 高度特征参数

（1）轮廓算术平均偏差

轮廓算术平均偏差 Ra 是指在一个取样长度 lr 内（见图4—5），被测轮廓上各点到中线的点纵坐标 $Z_i(x)$ 的绝对值的算术平均值。用公式表示为

$$Ra = \frac{1}{lr}\int_0^{lr} |Z(x)|\,\mathrm{d}x \qquad\qquad (4—1)$$

或近似为

$$Ra = \frac{1}{n}\sum_{i=1}^{n} |Z_i|\qquad\qquad(4—2)$$

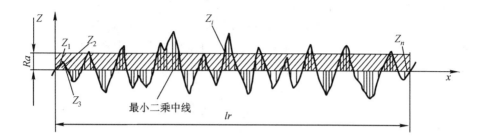

图4—5 轮廓算术平均偏差 *Ra* 的确定

（2）轮廓最大高度

轮廓最大高度 *Rz* 是指在一个取样长度 *lr* 内（见图4—6），最大轮廓峰高 Z_p 与最大轮廓谷深 Z_v 之和的高度。

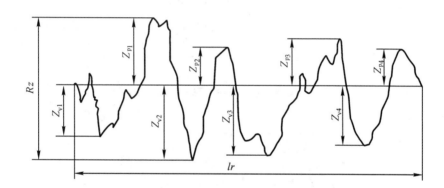

图4—6 轮廓最大高度 *Rz* 的确定

$$Rz = Z_p + Z_v\qquad\qquad(4—3)$$

2. 间距特征参数

参看图4—7，一个轮廓峰与相邻的轮廓谷的组合叫做轮廓单元。在一个取样长度 *lr* 范围内，中线与各个轮廓单元相交线段的长度叫做轮廓单元的宽度，用符号 X_{si} 表示。

轮廓单元的平均宽度是指在一个取样长度 *lr* 范围内，所有轮廓单元的宽度 X_{si} 的平均值，用符号 *Rsm* 表示，即

$$Rsm = \frac{1}{m}\sum_{i=1}^{m} Xs_i\qquad\qquad(4—4)$$

3. 形状特征参数

微观不平度的形状特征参数用轮廓支承长度率 *Rmr*(*c*) 表示。参见图4—8，在评定长度 *ln* 内，一条平行于中线的水平截面高度 *c* 时，轮廓的实体材料长度 *Ml*(*c*) 与评定长度 *ln* 之比（用百分率表示），即

$$Rmr(c) = \frac{Ml(c)}{ln}\qquad\qquad(4—5)$$

$$Ml\ (c)\ = Ml_1 + Ml_2 + \cdots + Ml_n \qquad\qquad (4—6)$$

当选用轮廓支承长度率 $Rmr(c)$ 参数时，必须同时给出轮廓水平截距 c 值。c 值可用微米，或用其与轮廓最大高度 Rz 的比值（c/Rz）的百分数表示。

轮廓支承长度率 $Rmr(c)$ 与零件的实际轮廓形状有关，是反映零件表面耐磨性的指标。其他条件相同时，$Rmr(c)$ 越大，支承面积越大，接触刚度越高，耐磨性能越好。

标准规定，与高度特性有关的评定参数是基本评定参数，与间距和形状特性有关的参数是附加评定参数，在有特殊要求时才选用。

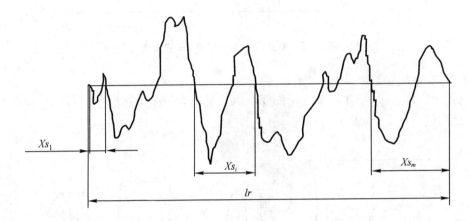

图 4—7　轮廓单元的宽度与轮廓单元的平均宽度

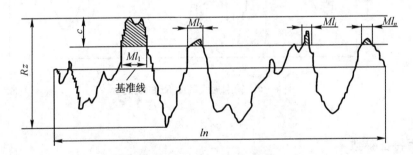

图 4—8　轮廓支承长度的确定

第三节　表面微观轮廓精度的标注方法

表面微观轮廓精度要求用表面粗糙度参数值表示，用表面粗糙度代号在图样上标注。表面粗糙度参数及其数值选用合理与否，直接影响到机器的使用性能和寿命，特别对运动速度快、装配精度高、密封要求严的产品，更具有重要的意义。如何在零件图中正确地标注出表面微观轮廓精度要求，对提高设计质量十分重要。GB/T 131—2006 规定了零件表面粗糙度符号、代号及其在图样上的标注方法。在图样上表示表面粗糙度的符号有三个，见图 4—9。图 4—9（a）表示零件表面可用任何工艺获得。当不加注粗糙度参数值或有关说明（例如表面处理、局部热处理状况等）时，基本符号仅适用于简化代号标注（见图 4—10）。图 4—9

（b）表示零件表面用去除材料的方法获得，例如车、铣、刨、磨、钻、抛光、剪切、腐蚀、电火花加工、气割等方法获得的表面。图4—9（c）表示零件表面用不去除材料的方法获得，例如铸、锻、冲压、热轧、冷轧、粉末冶金等方法获得的表面，或者是用于保持原供应状况的表面（包括保持上道工序的状况）。在报告、合同以及文本中，为便于用文字表达图形符号，国家标准规定用"APA"表示图4—9（a），用"MRR"表示图4—9（b），用"NRR"表示图4—9（c）。

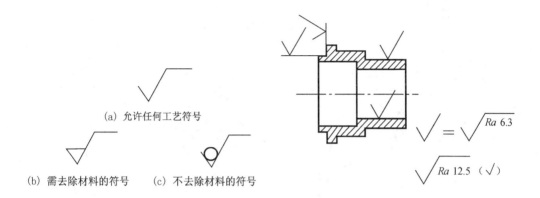

图4—9　表面粗糙度符号　　　　图4—10　基本符号的简化代号标注

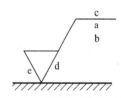

在上述三个符号的长边上均可加一横线，用于标注有关参数、加工要求和其他说明等。图4—11为表面粗糙度的各个特征参数及其数值和对零件表面的其他要求，以及其在表面粗糙度符号中标注的位置，它们和表面粗糙度符号构成表面粗糙度代号。

（1）a表示表面粗糙度特征参数及数值，高度特征参数的单位为μm。所有特征参数的数值前必须标注相应参数代号，Ra不得省略。

图4—11　表面粗糙度代号和各种要求的标注位置

在图样上通常只标注表面粗糙度高度特征参数值。如果有其他要求或特殊要求，则按具体要求分别采用下列的规定进行标注。为了避免误解，本参数代号和极限值间应插入空格。传输带或取样长度后应有一斜线"/"，之后是表面结构参数代号，最后是数值。示例：$0.0025 - 0.8/Rz6.3$（0.0025 mm代表短传输带；0.8 mm代表长传输带）。传输带是定义滤波器之间的波长范围（参见GB/T 18618）。

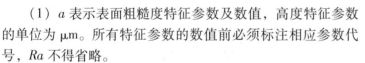

（2）b表示注写第2个或多个表面结构要求。例如 　　　　　　　　　。

（3）c注写加工方法、表面处理、涂层或其他加工工艺要求。

（4）d表示加工纹理方向。加工纹理方向的符号及注法见图4—12，倘若这些符号不能清楚地表明所要求的加工纹理方向，则应在图样上用文字说明。

（5）e表示加工余量，单位为mm。

表面粗糙度代号中各种要求和数值的标注方法及其含义参见表4—1所示。

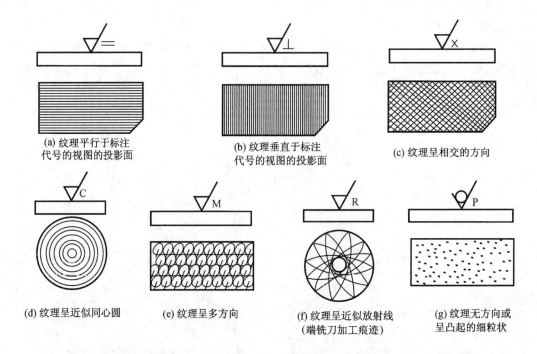

(a) 纹理平行于标注
代号的视图的投影面　　　(b) 纹理垂直于标注
代号的视图的投影面　　　(c) 纹理呈相交的方向

(d) 纹理呈近似同心圆　　　(e) 纹理呈多方向　　　(f) 纹理呈近似放射线
（端铣刀加工痕迹）　　　(g) 纹理无方向或
呈凸起的细粒状

图 4—12　加工纹理方向符号标注图例

表 4—1　表面粗糙度代号标注示例

旧标准代号	新标准代号	意　义
3.2max	√ Ramax 3.2	用任何方法获得的表面粗糙度 Ra 的最大值为 3.2 μm
3.2	√ Ra 3.2	用不去除材料的方法获得的表面粗糙度 Ra 的上限值为 3.2 μm
Rz 200max	√ Rzmax 200	用不去除材料的方法获得的表面粗糙度 Rz 的最大值为 200 μm
3.2max	√ Ramax 3.2	用不去除材料的方法获得的表面粗糙度 Ra 的最大值为 3.2 μm
3.2	√ Ra3 3.2	用去除材料的方法获得的表面粗糙度 Ra 的上限值为 3.2 μm，且 $ln = 3lr$
Rz 3.2	√ Rz 3.2	用去除材料的方法获得的表面粗糙度 Rz 的上限值为 3.2 μm
3.2	√ Ra 3.2	用任何方法获得的表面粗糙度 Ra 的上限值为 3.2 μm

续表

旧标准代号	新标准代号	意　义
$\sqrt{}\;\dfrac{3.2}{2.5}$	$\sqrt{}$ "2RC"−2.5/Ra 3.2	用去除材料的方法获得的表面粗糙度 Ra 的上限值为 3.2 μm，采用 2RC 滤波器滤波，传输带下限值为默认，上限值为 2.5 mm，取样长度为 2.5 mm，评定长度为 5 倍的取样长度
Rz 3.2 Rz 1.6 $\sqrt{}$	$\sqrt{}\begin{array}{l} URz\;\;3.2 \\ LRz\;\;1.6 \end{array}$	用去除材料的方法获得的表面粗糙度 Rz 的上限值为 3.2 μm，下限值为 1.6 μm。U、L 可省略
$\dfrac{3.2}{Rz\;12.5}\;\sqrt{}$	$\sqrt{}\begin{array}{l} URa\;\;3.2 \\ URz\;\;12.5 \end{array}$	用去除材料的方法获得的表面粗糙度 Ra 的上限值为 3.2 μm，Rz 的上限值为 12.5 μm

　　表面粗糙度参数上限值的要求是指：表面粗糙度参数的所有实测值中大于规定的上限值的个数少于总数的 16%，则该表面是合格的，称为"16%规则"。表面粗糙度参数下限值是指：表面粗糙度参数的所有实测值中小于规定的下限值的个数少于总数的 16%，则该表面是合格的。对于给定表面粗糙度参数最大值的要求是指：整个被测表面所有表面粗糙度参数实测值均不应超过图样上或技术文件中的规定值，称为"最大规则"。

　　在零件图样上标注表面粗糙度代号时，代号的尖端指向可见轮廓线、尺寸线、尺寸界线或它们的延长线上，要求必须从材料外指向零件表面。表面粗糙度代号在不同位置上的标注方法参见图 4—13。零件所有的未注表面或某些表面具有相同要求的表面粗糙度代号可统一标注在图样的标题栏附近。

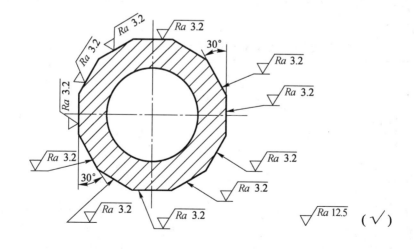

图 4—13　表面粗糙度代号标注示例

第四节　表面微观轮廓精度设计

一、表面微观轮廓的粗糙度参数的选用

对于高度参数的选用，一般情况下可以从 Ra、Rz 中任选一个。由于 Rz 反映出的信息具有局限性，不如 Ra 全面，所以优先选用 Ra。对测量部位小、峰谷少或有疲劳强度要求的零件表面，可采用 Rz 作为评定参数。

二、表面微观轮廓的粗糙度参数值的选用原则

一般情况下，只要选用高度特征参数即可。按零件表面微观轮廓精度要求确定表面粗糙度参数值时，一般应按零件表面的功能要求和加工经济性两者综合考虑来选择。查阅国标 GB/T 1031—2009 规定的数值时可查阅附表 4—2 ～ 附表 4—5。在生产实际中，对零件表面特征的控制，并不在于寻求最光滑的表面，而是为了获得符合使用要求的适当的表面粗糙度，而且要采取最经济的加工方法保证实现这个目的。因此，控制一个表面的粗糙度并不一定要求粗糙度的参数值很小，而是在满足使用性能要求的前提下，尽可能选用较大的粗糙度参数值，这样有利于降低制造成本和取得较好的经济效益。选用原则如下。

（1）在同一零件上，工作表面的粗糙度参数值通常比非工作表面（装饰性表面除外）小。

（2）摩擦表面比非摩擦表面的粗糙度参数值小，滚动摩擦表面的粗糙度参数值比滑动摩擦表面小。

（3）相对运动速度高，单位面积压力大，受交变应力作用的表面粗糙度参数值应取小些。

（4）对要求配合性质稳定的配合表面（如小间隙配合的配合表面），受重载荷作用的过盈配合表面，应选较小的表面粗糙度参数值。

（5）表面粗糙度参数值应与尺寸公差和几何公差协调，可参考表 4—2 所列按形状公差与尺寸公差的比值确定表面粗糙度参数值，尺寸公差等级越高，则表面粗糙度参数值应越小。

表 4—2　表面粗糙度参数值与尺寸公差值、形状公差值的一般关系　　　　　%

形状公差 t 占尺寸公差 T 的百分率 t/T	表面粗糙度轮廓幅度参数值占尺寸公差值的百分比	
	Ra/T	Rz/T
约 60	≤5	≤20
约 40	≤2.5	≤10
约 25	≤1.2	≤5

（6）凡有关标准已对表面粗糙度要求做出规定的（例如与滚动轴承配合的轴颈和外壳孔的表面粗糙度），应按该标准规定的表面粗糙度参数值的大小选取。

（7）同一公差等级的零件，小尺寸零件的表面粗糙度参数值比大尺寸零件小一些。

（8）相互配合的孔、轴，轴的粗糙度值比孔小一些。其他条件相同时，间隙配合的表面粗糙度值应比过盈配合的表面粗糙度值小些。

（9）对防腐蚀、密封性要求高的表面，粗糙度值应小些。

（10）对于机械设备上的操作手柄、食品用具及卫生设备等特殊用途的零件表面，因与其尺寸大小和公差等级无关，一般应选取较小的粗糙度参数值，以保证外观光滑、亮洁。

三、表面微观轮廓粗糙度参数值的应用场合

表4—3列出了各类零件表面粗糙度的应用举例；表4—4列出了表面粗糙度与孔、轴公差等级的对应关系；表4—5、表4—6、表4—7分别列出了不同类型表面的加工方法及其经济精度要求。实际设计时可以参考。

表4—3　表面粗糙度参数值与所适应的表面

$Ra/\mu m$	适应的零件表面
12.5	粗加工非配合表面。如轴端面、倒角、钻孔、键槽非工作面、垫圈接触面、不重要的安装支承面、螺钉孔表面等
6.3	半精加工表面。用于不重要的零件的非配合表面，如支柱、轴、支架、外壳、衬套、盖等的端面；螺钉、螺栓和螺母的自由表面；不要求定心和配合特性的表面，如螺栓孔、螺钉通孔、铆钉孔等；飞轮、皮带轮、离合器、联轴器、凸轮、偏心轮的侧面；平键及键槽上下面，花键非定心表面，齿顶圆表面；所有轴和孔的退刀槽；不重要的连接配合表面；犁铧、犁侧板、深耕铲等零件的摩擦工作面；插秧爪面等
3.2	半精加工表面。外壳、箱体、盖、套筒、支架等和其他零件连接而不形成配合的表面；不重要的紧固螺纹表面，非传动用梯形螺纹、锯齿螺纹表面；燕尾槽表面；键和键槽的工作面；需要发蓝的表面；需滚花的预加工表面；低速滑动轴承和轴的摩擦面；张紧链轮、导向滚轮与轴的配合表面；滑块及导向面（速度20～50 m/min）收割机械切割器的摩擦器动刀片、压力片的摩擦面，脱粒机格板工作面等，起轴向定位的孔肩、轴肩端面
1.6	要求有定心及配合特性的固定支承、衬套、轴承和定位销的压入孔表面；不要求定心及配合特性的活动支承面，活动关节及花键结合面；8级齿轮的齿面，齿条齿面；传动螺纹工作面；低速传动的轴颈；楔形键及键槽上、下面；轴承盖凸肩（对中心用），三角皮带轮槽表面，电镀前金属表面等
0.8	要求保证定心及配合特性的表面。锥销和圆柱销表面；与0和6级滚动轴承相配合的孔和轴颈表面；中速转动的轴颈，过盈配合的孔IT 7，间隙配合的孔IT 8，花键轴定心表面，滑动导轨面 不要求保证定心及配合特性的活动支承面；高精度的活动球状接头表面、支承垫圈、榨油机螺旋榨辊表面等
0.2	要求能长期保持配合特性的孔IT 6、IT 5，6级精度齿轮齿面，蜗杆齿面（6～7级），与5级滚动轴承配合的孔和轴颈表面；要求保证定心及配合特性的表面；滚动轴承轴瓦工作表面；分度盘表面；工作时受交变应力的重要零件表面；受力螺栓的圆柱表面，曲轴和凸轮轴工作表面，发动机气门圆锥面，与橡胶油封相配的轴表面等

续表

$Ra/\mu m$	适应的零件表面
0.1	工作时受较大交变应力的重要零件表面，保证疲劳强度、防腐蚀性及在活动接头工作中耐久性的一些表面；精密机床主轴箱与套筒配合的孔；活塞销的表面；液压传动用孔的表面，阀的工作表面，汽缸内表面，保证精确定心的锥体表面；仪器中承受摩擦的表面，如导轨、槽面等
0.05	滚动轴承套圈滚道、滚珠及滚柱表面，摩擦离合器的摩擦表面，工作量规的测量表面，精密刻度盘表面，精密机床主轴套筒外圆面等
0.025	特别精密的滚动轴承套圈滚道、滚珠及滚柱表面；量仪中较高精度间隙配合零件的工作表面；柴油机高压泵中柱塞副的配合表面；保证高度气密的接合表面等
0.012	仪器的测量面；量仪中高精度间隙配合零件的工作表面；尺寸超过 100 mm 量块的工作表面等
0.008	量块的工作表面；高精度测量仪器的测量面，光学测量仪器中金属镜面；高精度仪器摩擦机构的支撑面等

表4—4　表面粗糙度参数 Ra 值与所适应的表面公差等级

尺寸公差等级 IT	轴		孔	
	公称尺寸/mm	Ra 值	公称尺寸/mm	Ra 值
5	≤6	0.20	≤6	0.20
	>6~30	0.40	>6~30	0.40
	>30~180	0.80	>30~180	0.80
	>180~500	1.60	>180~500	1.60
6	≤10	0.40	≤50	0.80
	>10~80	0.80	>50~250	1.60
	>80~250	1.60	>250~500	3.2
	>250~500	3.2		
7	≤6	0.80	≤6	0.80
	>6~120	1.60	>6~80	1.60
	>120~500	3.2	>80~500	3.2
8	≤3	0.80	≤3	0.8
	>3~50	1.60	>3~30	1.60
	>50~500	3.2	>30~250	3.2
			>250~500	6.3
9	≤6	1.60	≤6	1.60
	>6~120	3.2	>6~120	3.2
	>120~400	6.3	>120~400	6.3
	>400~500	12.5	>400~500	12.5

续表

尺寸公差等级 IT	轴		孔	
	公称尺寸/mm	Ra 值	公称尺寸/mm	Ra 值
10	≤10	3.2	≤10	3.2
	>10 ~120	6.3	>10 ~180	6.3
	>120 ~500	12.5	>180 ~500	12.5
11	≤10	3.2	≤10	3.2
	>10 ~120	6.3	>10 ~120	6.3
	>120 ~500	12.5	>120 ~500	12.5
12	≤80	6.3	≤80	6.3
	>80 ~250	12.5	>80 ~250	12.5
	>250 ~500	25	>250 ~500	25
13	≤30	6.3	≤30	6.3
	>30 ~120	12.5	>30 ~120	12.5
	>120 ~500	25	>120 ~500	25

表 4—5　内孔表面加工方案及其经济精度

加工方案	经济精度公差等级	表面粗糙度/μm	适用范围
钻孔 └→扩孔 　└→铰孔 　　└→粗铰→精铰 　└→铰 　　└→粗铰→精铰	IT 11 ~13 IT 10 ~11 IT 8 ~9 IT 7 ~8 IT 8 ~9 IT 7 ~8	Rz 63 ~125 Rz 32 ~63 Ra 1.6 ~3.2 Ra 0.8 ~1.6 Ra 1.6 ~3.2 Ra 0.8 ~1.6	加工未淬火钢及铸铁的实心毛坯，也可用于加工有色金属（所得表面粗糙度 Ra 值稍大）
钻孔──→（扩）──→拉	IT 7 ~8	Ra 0.8 ~1.6	大批量生产（精度可由拉刀精度而定），如校正拉削后，Ra 可降低到 0.4 ~0.2
粗镗（或扩） └→半精镗（或精扩） 　└→精镗（或铰） 　　└→浮动镗	IT 11 ~13 IT 8 ~9 IT 7 ~8 IT 6 ~7	Ra 25 ~50 Ra 1.6 ~3.2 Ra 0.8 ~1.6 Ra 0.2 ~0.4	除淬火钢外的各种钢材，毛坯上已有铸出或锻的孔
粗镗（或扩）──→半精镗──→磨 　└→粗磨──→精磨	IT 7 ~8 IT 6 ~7	Ra 0.2 ~0.8 Ra 0.1 ~0.2	主要用于淬火钢，不宜用于有色金属

加工方案	经济精度 公差等级	表面粗糙度 /μm	适用范围
粗镗——半精镗——精镗——金钢镗	IT 6 ~ 7	Ra 0.05 ~ 0.2	主要用于精度要求高的有色金属
钻（扩）——粗铰——精铰——珩磨 　　　　└──拉——珩磨 粗镗——半精镗——精镗——珩磨	IT 6 ~ 7 IT 6 ~ 7 IT 6 ~ 7	Ra 0.025 ~ 0.2 Ra 0.025 ~ 0.2 Ra 0.025 ~ 0.2	精度要求很高的孔，若以研磨代替珩磨，精度可达 IT 6 以上，Ra 可降低到 0.1 ~ 0.01

表 4—6　外圆表面加工方案及其经济精度

加工方案	经济精度 公差等级	表面粗糙度 /μm	适用范围
粗车 　└──半精车 　　　└──精车 　　　　　└──滚压（或抛光）	IT 11 ~ 13 IT 8 ~ 9 IT 7 ~ 8 IT 6 ~ 7	Rz 63 ~ 125 Ra 3.2 ~ 6.3 Ra 0.8 ~ 1.6 Ra 0.08 ~ 0.20	适用于除淬火钢以外的金属材料
粗车——半精车——磨削 　　　　└──粗磨——精磨 　　　　　　　　└──超精磨	IT 6 ~ 7 IT 5 ~ 7 IT 5	Ra 0.4 ~ 0.8 Ra 0.1 ~ 0.4 Ra 0.012 ~ 0.1	除不宜用于有色金属外，主要用于淬火钢件的加工
粗车——半精车——精车——金刚石	IT 5 ~ 6	Ra 0.025 ~ 0.4	主要用于有色金属
粗车——半精车——粗磨——精磨——镜面磨 　　　　└──精车——精磨——研磨 　　　　　　　　└──粗研——抛光	IT 5 以上 IT 5 以上 IT 5 以上	Rz 0.04 ~ 0.5 Ra 0.05 ~ 0.1 Rz 0.04 ~ 1	主要用于高精度要求的钢件加工

表 4—7　平面加工方案及其经济精度

加工方案	经济精度 公差等级	表面粗糙度 /μm	适用范围
粗车 　└──半精车 　　　└──精车 　　　└──磨	IT 11 ~ 13 IT 8 ~ 9 IT 7 ~ 8 IT 6 ~ 7	Rz 63 ~ 125 Ra 3.2 ~ 6.3 Ra 0.8 ~ 1.6 Ra 0.2 ~ 0.8	适用于工件的端面加工

续表

加工方案	经济精度公差等级	表面粗糙度 /μm	适用范围
粗刨（或粗铣） →精刨（或精铣） →刮研	IT 11～13 IT 7～9 IT 5～6	Rz 63～125 Ra 1.6～6.3 Ra 0.1～0.8	适用于不淬硬的平面（用端铣加工，可得较粗的粗糙度）
粗刨（或粗铣） →精刨（或精铣）→宽刃精刨	IT 6～7	Ra 0.2～0.8	批量较大，宽刃精刨效率高
粗刨（粗铣）→精刨（精铣）→磨 →粗磨→精磨	IT 6～7 IT 5～6	Ra 0.2～0.8 Ra 0.025～0.4	适用于精度要求较高的平面加工
粗铣→拉削	IT 6～9	Ra 0.2～0.8	适用于大量生产中加工较小的不淬火平面
粗铣→精铣→磨→研磨 →抛光	IT 5～6 IT 5 以上	Rz 0.04～0.5 Rz 0.04～0.25	适用于高精度的平面加工

四、表面微观轮廓精度设计示例

图4—14为减速器的输出轴。为了保证输出轴的配合性质和使用性能，除了设计输出轴各几何部分的尺寸公差和几何公差外，还要进行相应轮廓表面的精度设计，即确定表面粗糙

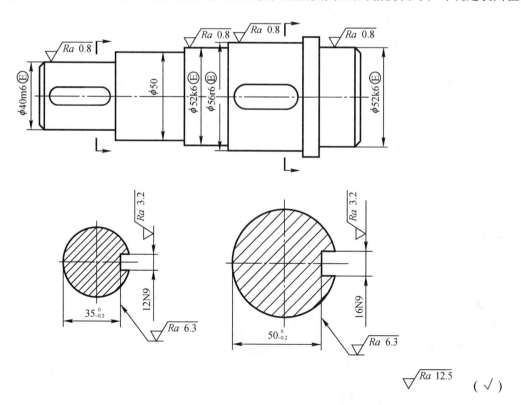

图4—14 减速器输出轴表面粗糙度参数值选择示例

度参数值，评定参数通常选择轮廓算术平均偏差 Ra 的上限值，可采用类比法确定。参照表
4—3、表4—4以及零件设计手册中相关的经验参考表格选取。该零件各要素尺寸公差标注
如图示，几何公差标注略。

解： （1）两个 $\phi52k6$ 轴颈分别与两个相同规格的 0 级滚动轴承内圈配合，则该表面的
粗糙度 Ra 值的确定可查阅表4—3，在表中，与 0 和 6 级滚动轴承相配合的孔和轴颈表面粗
糙度 Ra 值对应为 0.8 μm；在表4—4中，对应尺寸公差等级 IT 6、公称尺寸为 52 mm 的轴
颈表面粗糙度 Ra 值对应为 0.8 μm。也可进一步查阅与滚动轴承相配合的轴颈和外壳孔的表
面粗糙度的标准（见附表5—4）所给范围（0.8 μm，1.6 μm）。综合考虑后确定两个
$\phi52k6$ 轴颈表面粗糙度 Ra 值为 0.8 μm。

（2）$\phi56k6$ 的轴颈与齿轮孔为基孔制过渡配合，要求保证定心及配合特性，查阅表
4—3，要求保证定心及配合特性的表面粗糙度 Ra 值对应为 0.8 μm；在表4—4中，对应尺寸
公差等级 IT 6、公称尺寸为 56 mm 的轴颈表面粗糙度 Ra 值对应为 0.8 μm，因此，确定
$\phi56k6$ 轴颈表面粗糙度 Ra 值为 0.8 μm。

（3）$\phi40m6$ 的轴颈与联轴器或传动件的孔配合，为了使传动平稳，必须保证定心及配
合特性，通过查阅表4—3和表4—4，确定 $\phi40m6$ 轴颈表面粗糙度 Ra 值为 0.8 μm。

（4）$\phi50$ 的轴颈属于非配合表面，没有标注尺寸公差等级，其表面粗糙度参数 Ra 值可
放宽要求，通过查阅表4—3和表4—4，确定 $\phi50$ 轴颈表面粗糙度 Ra 值为 12.5 μm。

（5）$\phi40m6$ 轴颈上的键槽两侧面为工作面，尺寸及公差带代号为 12N9，按 GB/T
1095—2003 规定或通过查阅表4—3和表4—4，确定 12N9 键槽两侧面粗糙度 Ra 值为
3.2 μm；$\phi40m6$ 轴颈上的键槽深度表面为非工作面，查阅表4—3和表4—4，确定 12N9 键槽
深度表面粗糙度 Ra 值为 6.3 μm。

（6）$\phi56k6$ 轴颈上的键槽两侧面尺寸及公差带代号为 16N9，通过查阅表4—3和表
4—4，确定 16N9 键槽两侧面粗糙度 Ra 值为 3.2 μm；$\phi56k6$ 轴颈上的键槽深度表面为非工作
面，查阅表4—3和表4—4，确定 16N9 键槽深度表面粗糙度 Ra 值为 6.3 μm。

第五节　表面微观轮廓精度的检测

表面微观轮廓精度按测得的表面粗糙度参数值来验收。表面粗糙度的测量方法主要有比
较法、触针法、光切法和干涉法。

1. 比较法

比较法是指将被测零件表面与表面粗糙度样块直接进行比较，从而确定实际被测表面的
粗糙度是否在图样上规定的评定参数值范围内。

2. 触针法

触针法又称感触法或针描法，是一种接触测量表面粗糙度的方法。金刚石触针针尖与被
测表面相接触，当触针以一定速度沿着被测表面移动时，由于被测表面存在微观不平的痕
迹，使触针做垂直于轮廓方向的运动，从而产生电信号，经过处理后，可以获得表面粗糙度
的参数值。最常用的仪器是电动轮廓仪，可直接显示 Ra 值（0.025~5 μm）。

3. 光切法

光切法是应用光切原理测量表面粗糙度的方法。常用的仪器是光切显微镜（又称双管显微镜）。通常用于测量 Rz 值（$2 \sim 63 \ \mu m$）。

4. 干涉法

干涉法是利用光波干涉原理测量表面粗糙度的方法。常用的仪器是干涉显微镜。通常用于测量极光滑表面的 Rz 值（$0.063 \sim 1.0 \ \mu m$）。

习题四

4—1 表面微观轮廓精度的含义是什么？它对零件的使用性能有哪些影响？

4—2 测量或评定表面粗糙度参数值时，为什么要规定取样长度和评定长度？两者之间关系如何？

4—3 轮廓的最小二乘中线和轮廓的算术平均中线有何区别？

4—4 表面粗糙度评定参数有哪些？

4—5 选择表面粗糙度数值时主要应考虑哪些因素？

4—6 表面粗糙度的测量方法主要有哪些？各有何特点？

4—7 下列每组的两孔中，哪个孔的表面粗糙度高度特征的参数值应较小，并说明原因。

（1）$\phi 70H7$ 与 $\phi 30H7$；

（2）$\phi 50H7/k6$ 与 $\phi 50H7/g6$；

（3）圆柱度公差分别为 0.01 mm 和 0.02 mm 的两个 $\phi 30H7$ 孔；

（4）$\phi 30H7$ 与 $\phi 30H6$。

4—8 有一轴颈，其尺寸要求为 $\phi 40^{+0.018}_{+0.002}$ mm，圆柱度公差为 8 μm，试参照尺寸公差和几何公差的大小确定该轴的表面粗糙度 Ra 的上限值，并将其代号及数值标注在图样上。

4—9 试将下列的切削加工表面粗糙度要求标注在图习题 4—9 所示的零件图上。

（1）两个 ϕd_1 圆柱面的表面粗糙度参数 Ra 上限值为 3.2 μm；

（2）轴肩的表面粗糙度参数 Rz 最大值为 12.5 μm；

（3）ϕd_2 圆柱面的表面粗糙度参数 Ra 上限值为 6.3 μm，下限值为 3.2 μm；

（4）其余表面的表面粗糙度参数 Ra 上限值为 25 μm。

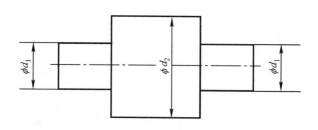

图习题 4—9

4—10 按照轴承座中各个表面的实际用途和要求，参阅表4—3或表4—4，试设计确定各个表面粗糙度参数 Ra 值，并标注在图习题4—10所示的零件图上。

（1）$\phi25J7$ 孔内压入滚动轴承，起支承轴颈的作用；

（2）支架下底面 A 与其他零件连接，但不形成配合；

（3）$\phi25J7$ 孔两端面与其他零件连接，但不形成配合；

（4）$2\times\phi12$ 孔是螺栓孔；

（5）$\phi40$ 圆柱表面、支撑板 B、肋板 C 及支架底板 D 的其他表面均为非加工表面。

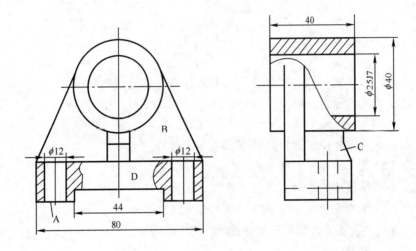

图习题 4—10

4—11 "16%规则"是如何规定的？"最大规则"是如何规定的？它们是如何标注的？

4—12 在生产实际当中用的最多的表面粗糙度符号是什么？叫什么？

4—13 实测一表面实际轮廓上的最大轮廓峰高至中线的距离为 9 μm，最大轮廓谷深至中线的距离为 5 μm，则轮廓的最大高度值为多少？

第五章
滚动轴承及其相配件精度

　　滚动轴承是由专门的滚动轴承制造厂生产的标准部件，在机器中起着支承作用，可以减小运动副的摩擦、磨损，提高机械的效率。滚动轴承相配件精度设计就是合理确定滚动轴承内圈与相配件轴颈的配合，外圈与相配件外壳孔的配合；轴颈和外壳孔的尺寸公差和几何公差以及表面粗糙度参数值，以保证滚动轴承的工作性能和使用寿命。

　　滚动轴承相配件精度设计涉及的国家标准有：GB/T 307.1—2005《滚动轴承 向心轴承公差》、GB/T 307.3—2005《滚动轴承　通用技术规则》、GB/T 275—1993《滚动轴承与轴和外壳的配合》和 GB/T 6391—2003《滚动轴承　额定动载荷和额定寿命》等。

第一节　滚动轴承的精度

一、滚动轴承的组成和分类

　　滚动轴承一般由外圈、内圈、滚动体和保持架组成，如图5—1所示。轴承内圈与轴颈配合，轴承外圈与外壳孔配合。通常，内圈与轴颈一起旋转，外圈与外壳固定不动。

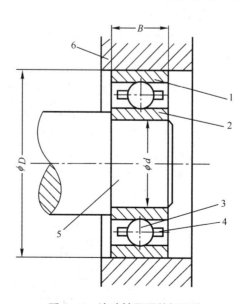

图5—1　滚动轴承及其相配件

1—轴承外圈；2—轴承内圈；3—滚动体；4—保持架；5—轴颈；6—外壳孔

按滚动体的形状不同，滚动轴承可分为球轴承和滚子轴承；按所能承受载荷的方向，滚动轴承可分为向心轴承、向心推力轴承和推力轴承。

二、滚动轴承的公差等级及应用

1. 滚动轴承的公差等级

滚动轴承的公差等级由轴承尺寸公差和旋转精度决定。前者是指轴承内径（内圈孔的直径）、外径（外圈外圆柱面的直径）和宽度等的尺寸公差；后者是指轴承内、外圈做相对转动时跳动的程度（包括成套轴承内、外圈的径向跳动，内、外圈端面对滚道的跳动，内圈基准端面对内孔轴线的跳动等）。

根据滚动轴承的尺寸公差和旋转精度，GB/T 307.3 把轴承的精度加以分级。其中，向心轴承（圆锥滚子轴承除外）的公差等级分为 2，4，5，6，0 五级，圆锥滚子轴承的公差等级分为 4，5，6x，0 四级。它们的精度依次由高到低，2 级精度最高，0 级精度最低。推力轴承的公差等级分为 4，5，6，0 四级。其中 0 级为常用级，代号省略不标。仅向心轴承有 2 级，而圆锥滚子轴承有 6x 级，而无 6 级。滚动轴承的各个公差等级的表示代号如表 5—1。

表 5—1　各公差等级滚动轴承的等级代号

精度代号	含　义	示　例	注　释
/P0	0 级，代号省略不标	6203	深沟球轴承轻系列 0 级精度
/P6	6 级	N1005/P6	单列圆柱滚子轴承 6 级精度
/P6x	6x 级	30210/P6x	圆锥滚子轴承 6x 级精度
/P5	5 级	7010C/P5	角接触球轴承 5 级精度
/P4	4 级	5203/P4	推力球轴承 4 级精度
/P2	2 级	6203/P2	深沟球轴承轻系列 2 级精度

2. 滚动轴承公差等级的应用示例

一般机械、通用机械、中低速减速器等，常用 0 级滚动轴承。高精度滚动轴承公差等级的应用范围如表 5—2，滚动轴承公差等级的应用示例如表 5—3。

表 5—2　高精度滚动轴承公差等级选用参考表

设备类型	轴承精度等级				
	深沟球轴承	圆柱滚子轴承	角接触球轴承	圆锥滚子轴承	推力轴承
普通车床主轴	—	P5，P4	P5	P5	P5，P4
精密车床主轴	—	P4	P5，P4	P5，P4	P5，P4
铣床主轴	—	P5，P4	P5	P5	P5，P4
镗床主轴	—	P5，P4	P5，P4	P5，P4	P5，P4
坐标镗床主轴	—	P5，P4	P4，P2	P4，P2	P4
机械磨头	—	—	P5，P4	P4	P5
高速磨头	—	—	P4	P2	P4，P2
精密仪表	P5，P4	—	P5，P4	—	—
增压器	P5	—	P5	—	—
航空发动机主轴	P5	P5	P5，P4	—	—

表5—3　滚动轴承公差等级的应用示例

公 差 等 级	应 用 示 例
0 级（普通级）	在旋转精度大于 10 μm 的一般轴系中应用十分广泛。例如，普通机床的变速机构、进给机构，汽车、拖拉机的变速机构，普通电机、水泵及农业机械等一般通用机械的旋转机构
6（6x）级（中级） 5 级（高级）	在旋转精度 5～10 μm 或转速较高的精密轴系中应用广泛。例如，普通机床主轴所用的轴承（前支承采用 5 级，后支承采用 6 级），较精密的仪器、仪表以及精密的仪器、仪表和精密机械的旋转机构
4 级（精密级） 2 级（超精级）	在旋转精度小于 5 μm 或转速要求很高的超精密轴系中应用。例如，精密坐标镗床、精密齿轮磨床的主轴系统，精密仪器、仪表以及高速摄影机等精密机械的轴系

第二节　滚动轴承及相配件的尺寸精度

一、滚动轴承的内、外径公差带

　　滚动轴承是标准部件，它的内、外径与轴颈和外壳孔的配合表面无需再加工。为了便于互换和大批量生产，轴承内径与轴颈的配合采用基孔制，轴承外径与外壳孔的配合采用基轴制配合。GB/T 307.1 对其内、外径公差带规定为：公差带在以轴承内圈孔、外圈圆柱面的公称尺寸为零线的下方，且基本偏差为上偏差等于零。内、外径公差值另有规定，其数值与内、外径的大小及轴承的公差等级有关。各公差等级轴的内、外径公差带如图5—2 所示。

　　由于滚动轴承内圈孔的公差带在零线的下方，这种特殊的基准孔公差带不同于 GB/T 1800.2 中基本偏差代号为 H 的基准孔公差带。因此，当轴承内圈与基本偏差代号为 k，m，n 等的轴颈配合时，形成了具有小过盈量的配合，而不是过渡配合。

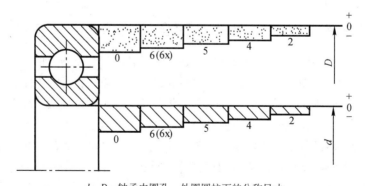

d、D—轴承内圈孔、外圈圆柱面的公称尺寸

图5—2　滚动轴承内、外径公差带示意图

二、滚动轴承相配件的公差带

由于制造滚动轴承时它的内圈孔和外圈圆柱面的公差带业已确定，因此，使用轴承时，

它与轴颈和外壳孔的配合面间所需的配合性质，要由轴颈和外壳孔的公差带确定。为了实现不同松紧程度的配合性质要求，GB/T 275 规定了与 0 级和 6 级滚动轴承相配合的轴颈和外壳孔的常用公差带。该项标准对轴颈规定了 17 种公差带，对外壳孔规定了 16 种公差带，如图 5—3 和图 5—4 所示。

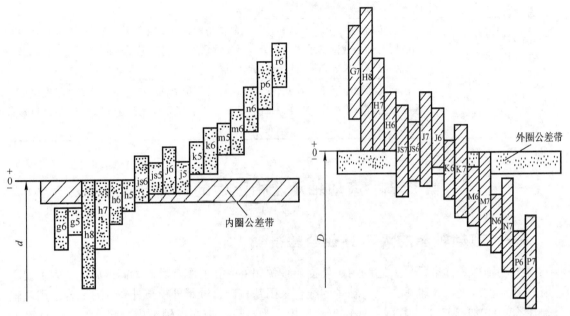

图 5—3　与滚动轴承相配合的轴颈的常用公差带　　　　图 5—4　与滚动轴承相配合的外壳孔的常用公差带

由图 5—3 可见，轴承内圈与轴颈的配合比 GB/T 1800.1—2009 中基孔制同名配合偏紧，h5，h6，h7，h8 轴颈与轴承内圈的配合已变成过渡配合，k5，k6，m6，n6 轴颈与轴承内圈的配合已变成小过盈量的过盈配合，其余配合也有所偏紧。

由图 5—4 可见，轴承外圈与外壳孔的配合与 GB/T 1800.1—2009 中基轴制同名配合相比较，配合性质基本相同。

三、滚动轴承与轴颈、外壳孔配合的选择

为了防止轴承内圈与轴以及外圈与外壳孔在机器运转时产生不应有的相对滑动，必须选择适当的配合。通常轴与内圈一起转动，采用适当的紧配合，以防止轴与内圈相对滑动，这是最简单而有效的方法。特别是轴承的内、外圈属于薄壁套圈，采用适当的紧配合，可使轴承套圈在运转时受力均匀，以使轴承的承载能力得到充分地发挥。但是，轴承的配合又不能太紧，因内圈的弹性膨胀和外圈的收缩会使轴承径向游隙减小以至完全消除，从而影响正常运转。

由于滚动轴承内圈孔和外圈外圆柱面的公差带是固定的，因此，轴承与轴颈及外壳孔配合的选择就是确定轴颈和外壳孔的公差带。选择滚动轴承与轴颈及外壳孔配合时应考虑的主要因素如下。

1. 轴承套圈相对于动载荷方向的运转状态

作用在轴承上的径向动载荷，可以是定向动载荷或旋转动载荷，或者是两者的合成动载荷。它的作用方向与轴承套圈（内圈或外圈）存在着以下三种关系。

（1）定向动载荷——套圈相对于动载荷方向固定

当轴承套圈相对于径向动载荷的作用线不旋转时，该径向动载荷始终作用在套圈滚道的某一局部区域上，这表示该套圈相对于动载荷方向固定。如图5—5（a）和图5—5（b）所示，轴承承受大小和方向均不变的径向动载荷。图（a）中的固定外圈和图（b）中的固定内圈皆相对于径向动载荷方向固定，前者称为固定的外圈动载荷，后者称为固定的内圈动载荷。诸如减速器转轴两端的滚动轴承的外圈，汽车、拖拉机车轮轮毂中滚动轴承的内圈，都是套圈相对于动载荷方向固定的实例。

（2）旋转动载荷——套圈相对于动载荷方向旋转

当轴承套圈相对于径向动载荷的作用线旋转时，该径向动载荷就依次作用在套圈整个滚道的各个部位上，这表示该套圈相对于动载荷方向旋转。例如，图5—5（a）中的旋转内圈和图5—5（b）中的旋转外圈皆相对于径向动载荷方向旋转，前者称为旋转的内圈动载荷，后者称为旋转的外圈动载荷。诸如减速器转轴两端的滚动轴承的内圈，汽车、拖拉机车轮轮毂中滚动轴承的外圈，都是套圈相对于动载荷方向旋转的实例。

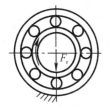   

(a) 旋转的内圈　　　(b) 固定的内圈动载荷　(c) 旋转的内圈动载荷　(d) 内圈承受摆动动载
动载荷和固定的外圈动载荷　和旋转的外圈动载荷　和外圈承受摆动动载荷　荷和旋转的外圈动载荷

图5—5　轴承套圈相对于动载荷方向的运转状态

为了保证套圈滚道的磨损均匀，相对于动载荷方向固定的套圈与轴颈或外壳孔的配合应稍松些，以便在摩擦力矩的带动下，它们可以做非常缓慢的相对滑动，从而避免套圈滚道局部磨损；相对于动载荷方向旋转的套圈与轴颈或外壳孔的配合应保证它们能固定成一体，以避免它们产生相对滑动，从而实现套圈滚道均匀磨损，以提高轴承的使用寿命。

（3）摆动动载荷——套圈相对于动载荷方向摆动

当大小和方向按一定规律变化的径向动载荷依次往复地作用在套圈滚道的一段区域上时，这表示该套圈相对于动载荷方向摆动。例如5—5（c）和图5—5（d）所示，轴承套圈承受一个大小和方向均不变的径向动载荷 F_r 和一个旋转的径向动载荷 F_e，利用力的平行四边形定理，其旋转到各位置的 F_e 与固定的 F_r，两者合成的向量 F 的大小将由小逐渐增大，再由大逐渐减小，其合成向量 F 的箭头端点的轨迹为一个圆，这样的径向动载荷称为摆动动载荷（如图5—6）。

总之，轴承套圈相对于动载荷方向的运转状态不同，该套圈与轴颈或外壳孔配合的松紧程度也应不同。

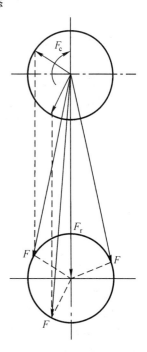

图5—6　摆动动载荷

当套圈相对于动载荷方向固定时，该套圈与轴颈或外壳孔的配合应稍松些，一般选用具有平均间隙较小的过渡配合或具有较小间隙的间隙配合。当套圈相对于动载荷方向旋转时，该套圈与轴颈或外壳孔的配合应较紧，一般选用小过盈量的过盈配合或过盈概率大的过渡配合。当套圈相对于动载荷方向摆动时，该套圈与轴颈或外壳孔配合的松紧程度，一般与套圈相对于动载荷方向旋转时选用的配合相同，或稍松一些。

2. 动载荷的大小

轴承与轴颈、外壳孔配合的松紧程度与动载荷的大小有关。对于向心轴承，GB/T 275按其径向当量动载荷 P_r 与径向基本额定动载荷 C_r 的比值，将动载荷状态分为轻动载荷、正常动载荷和重动载荷三类，见表5—4。

表5—4　向心轴承动载荷状态分类

F_r/C_r	≤0.07	>0.07 ~ 0.15	>0.15
动载荷状态	轻动载荷	正常动载荷	重动载荷

轴承在重动载荷作用下，套圈容易产生变形，会使该套圈与轴颈或外壳孔配合的实际过盈量减小而可能引起松动，影响轴承的工作性能。因此，承受轻动载荷、正常动载荷、重动载荷的轴承与轴颈或外壳孔的配合应依次越来越紧。

3. 滚动轴承的游隙选用和调整

轴承的游隙是指在无载荷的情况下，轴承内外环间所能移动的最大距离，做径向移动者称为径向游隙，做轴向移动者称为轴向游隙。

GB/T 4604《滚动轴承 径向游隙》规定，滚动轴承的径向游隙共分五组，即第2组，第0组，第3，4，5组。游隙的大小依次由小到大。其中，第0组为基本游隙组。

游隙过大，就会使转轴产生较大的径向跳动和轴向跳动，从而使轴承产生较大的振动和噪音。游隙过小，若轴承与轴颈、外壳孔的配合为过盈配合，则会使轴承中滚动体与套圈产生较大的接触应力，并增加轴承摩擦发热，以致降低轴承寿命。因此，游隙的大小应适当。

具有0组游隙的轴承与轴颈及外壳孔配合的过盈量应适中，尺寸公差带代号的选择可参考表5—5。游隙比0组大的轴承，配合的过盈量应增大；游隙比0组小的轴承，其配合的过盈量应减小。

表5—5　基本组游隙轴承的配合

轴 承 类 型	轴	外 壳
球轴承	j5，j6，k5，k6	J6
滚子轴承和滚针轴承	k5，k6，m5，m6	K6

4. 工作温度的影响

轴承工作时，由于摩擦发热和其他热源的影响，套圈的热膨胀会高于相配件的热膨胀。内圈的热膨胀会引起它与轴颈的配合变松，外圈的热膨胀则会引起它与外壳孔的配合变紧。因此，轴承工作温度高于100℃时，应对所选择的配合做适当的修正。

当轴承的转速较高，又在冲击负荷作用下工作时，轴承与轴颈、外壳孔的配合最好都具有过盈配合性质。

5. 轴承旋转精度

当对轴承有较高的旋转精度要求时（如电动机等），为了消除弹性变形和振动的影响，避免采用间隙配合，与轴承内圈配合的轴颈应采用公差等级 IT 5 制造，与外圈配合的外壳孔应采用公差等级 IT 6 制造。

6. 轴颈与外壳孔的结构和材料

轴承套圈与其相配件的配合，不应由于轴颈或外壳孔表面的不规则形状而导致轴承内、外圈的不正常变形。对于剖分式的外壳孔与轴承外圈的配合，不宜采用过盈配合，但也不应使外圈在外壳孔内转动。为了保证轴承有足够的支承面，当轴承安装于薄壁外壳、轻合金外壳或空心轴上时，应采用比厚壁壳、铸铁外壳或实体轴更紧的配合。

7. 安装与拆卸方便

在很多情况下，为了有利于安装和拆卸，特别是对于重型机械，为了缩短拆换轴承或修理机器所需的中间停歇时间，轴承采用间隙配合。当需要采用过盈配合时，常采用分离型轴承或内圈带锥孔和带紧定套或退卸套的轴承。

8. 游动轴承的轴向位移

当要求轴承的一个套圈在运转中能在轴向游动时，轴承外圈与外壳孔的配合应采用间隙配合。

第三节　滚动轴承相配件的精度设计

滚动轴承相配件精度设计包括确定轴颈和外壳孔尺寸的标准公差等级和基本偏差（即公差带）、几何公差以及表面粗糙度参数值。

一、轴颈和外壳孔的尺寸公差带代号的选择

对轴承的旋转精度和运动平稳性无特殊要求，轴承游隙为 0 组游隙，轴为实心或厚壁空心钢制轴，外壳（箱体）为铸钢或铸铁件，轴承的工作温度不超过 100℃时，确定轴颈和外壳孔的公差带代号应根据附表 5—1、5—2 进行选择。

二、轴颈和外壳孔的几何公差和表面粗糙度参数值的选择

轴颈和外壳孔的公差带代号确定以后，为了保证轴承的工作性能，还应对它们分别规定几何公差和表面粗糙度参数值。

为了保证滚动轴承与轴颈、外壳孔的配合性质，轴颈和外壳孔应采用包容要求。由于轴承套圈是薄壁零件，容易变形，轴颈和外壳孔的几何误差易引起滚道变形，导致轴承工作时产生振动和噪声。因此，对轴颈和外壳孔应规定比包容要求更严格的圆柱度公差。此外，轴肩和外壳孔肩是轴承的轴向定位面，为避免装配后轴承歪斜影响旋转精度，对轴肩和外壳孔肩应规定轴向圆跳动公差。轴颈和外壳孔与轴承的配合面以及轴肩和孔肩的几何公差值见附表 5—3，表面粗糙度参数值见附表 5—4。

通常滚动轴承成对使用，为了保证同一根轴上两个轴颈和外壳孔上支承同一根轴的两个

孔的同轴度要求，应规定这两个轴颈的轴线分别对它们的公共轴线的同轴度公差和这两个孔的轴线分别对它们的公共轴线的同轴度公差。为保证同轴度要求，上述两个孔也可以采用最大实体要求。

三、滚动轴承相配件精度设计示例

现以图5—7（a）所示一级直齿圆柱齿轮减速器输入轴上的深沟球轴承为例，说明滚动轴承相配件精度设计过程。

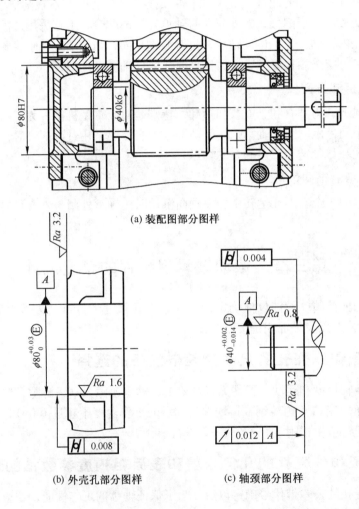

(a) 装配图部分图样

(b) 外壳孔部分图样　　　　　(c) 轴颈部分图样

图5—7　滚动轴承相配件公差在图样上标注示例

例5—1　已知减速器输入轴两端采用一对 6208 深沟球轴承（$d = 40$ mm，$D = 80$ mm），经计算轴的径向当量动载荷 $P_r = 2.9$ kN。试确定轴颈和外壳孔的公差带代号、几何公差值和表面粗糙度参数值，并将它们分别标注在装配图和零件图上。

解：（1）减速器属于一般机械，轴的转速不高，所以选用0级轴承。

（2）该轴承内圈与轴一起旋转，外圈安装在剖分式外壳孔中不旋转。因此，内圈相对于动载荷方向旋转，它与轴颈的配合应紧一些，外圈相对于动载荷方向固定，它与外壳孔的配合应松一些。

查机械设计手册,得6208深沟球轴承的额定动载荷 $C_r = 29.5\ kN$,所以 $P_r/C_r = 0.098$,查表5—4知该轴承动载荷大小属正常负荷。

因此,按轴承工作条件,从附表5—1、5—2中分别选取轴颈公差带为 $\phi40k6$(基孔制配合),外壳孔公差带为 $\phi80H7$(基轴制配合)。

(3)按附表5—3选取几何公差值:轴颈圆柱度公差为0.004 mm,轴肩端面圆跳动公差为0.012 mm;外壳孔圆柱度公差为0.008 mm。

(4)按附表5—4选取轴颈和外壳孔的表面粗糙度参数值:轴颈 Ra 的上限值为0.8 μm,轴肩端面 Ra 的上限值为3.2 μm;外壳孔 Ra 的上限值为1.6 μm。

(5)将确定好的上述各项公差标注在图5—8(b)、(c)上。

由于滚动轴承是外购的标准件,因此,在装配图上只需注出轴颈和外壳孔的公差带代号。

习题五

5—1　滚动轴承的公差等级是怎样划分的?公差等级的高低对滚动轴承所支承的轴系工作性能有何影响?应如何合理选择滚动轴承的公差等级?

5—2　滚动轴承内、外径公差带有何特点?选择滚动轴承相配件的公差带时应考虑哪些因素的影响?

5—3　向心轴承的动载荷状态有哪几类,将动载荷状态分类的目的是什么?

5—4　滚动轴承相配件精度设计的内容有哪些?

5—5　与6级深沟球轴承(代号为6309/p6,内径为 $45_{-0.010}^{\ 0}$ mm,外径为 $100_{-0.013}^{\ 0}$ mm)配合的轴颈公差带代号为j5,外壳孔的公差带代号为H6。试画出轴承内、外圈分别与轴颈、外壳孔配合的公差带示意图,并计算它们的极限过盈和间隙。

5—6　某单级斜齿圆柱齿轮减速器输入轴上,安装两个7208C角接触球轴承(内径为40 mm,外径为80 mm),其额定动载荷为26.8 kN,工作时内圈旋转,外圈固定,承受的当量动载荷为3.2 kN,试确定:(1)与内圈和外圈分别配合的轴颈和外壳孔的公差带代号;(2)轴颈和外壳孔的极限偏差、几何公差值和表面粗糙度参数值;(3)参照图5—7,把上述公差带和各项公差标注在装配图和零件图上。

5—7　滚动轴承内圈与轴颈、外圈与外壳孔的配合分别采用何种基准值?并分别写出基本偏差。

5—8　滚动轴承相配件的几何公差有何要求?

第六章

螺纹结合精度与检测

在机电产品和仪器仪表中，螺纹结合的应用颇广泛。按用途，螺纹可分为联接螺纹和传动螺纹。联接螺纹又分为普通螺纹和紧密螺纹；传动螺纹分为矩形螺纹、梯形螺纹和锯齿形螺纹。各种螺纹的使用要求不同，牙型也有所不同，它们的精度要求也不同。机械零件上螺纹的精度是影响零件功能的重要指标之一。本章介绍使用最广泛的普通螺纹的精度。

为了满足普通螺纹的使用要求和保证互换性，我国发布了一系列有关普通螺纹的国家标准：GB/T 14791—2013《螺纹 术语》、GB/T 197—2003《普通螺纹 公差》、GB/T 192—2003《普通螺纹 基本牙型》、GB/T 193—2003《普通螺纹 直径与螺距系列》等。

第一节 普通螺纹结合概述

一、 普通螺纹结合的使用要求

普通螺纹是指牙型角为 60° 的米制三角形螺纹，它常用于紧固和连接各种机械零件，其主要的使用要求是良好的旋合性和连接的可靠性。所谓良好的旋合性，是指内、外螺纹易于旋入和拧出，以便于装配与拆换。所谓连接的可靠性，是指具有一定的连接强度，螺纹牙齿不得过早损坏和不可自行松脱。

二、 普通螺纹的主要几何参数

普通螺纹的几何参数决定于螺纹轴向剖面内的基本牙型。基本牙型，是指在螺纹轴线平面内，由理论尺寸、角度和削平高度所形成的内、外螺纹共有的理论牙型。其中，原始三角形，是指由延长基本牙型的牙侧获得的三个连续交点所形成的三角形；削平高度，是指在螺纹牙型上，从牙顶或牙底到它所在原始三角形的最邻近顶点的径向距离。对于普通螺纹，原始三角形是高为 H 的等边三角形，牙顶削平高度为 $H/8$，牙底削平高度为 $H/4$。如图 6—1 所示。

普通螺纹的主要几何参数如下。

1. 大径

大径是指与内螺纹牙底或外螺纹牙顶相切的假想圆柱的直径。内、外螺纹大径分别用符号 D 和 d 表示，并且 $D = d$，如图 6—1 所示。国家标准规定，普通螺纹的大径为螺纹的公称直径，也是螺纹的基本大径。普通螺纹的尺寸系列是以大径与不同螺距的组合，普通螺纹基本尺寸见附表6—1。

2. 小径

小径是指与内螺纹牙顶或外螺纹牙底相切的假想圆柱的直径。内、外螺纹的小径分别用符号 D_1 和 d_1 表示，并且 $D_1 = d_1$，如图 6—1 所示。

内螺纹小径和外螺纹大径统称为顶径，内螺纹大径和外螺纹小径统称底径。

3. 中径（基本中径）

中径是指一个假想的圆柱的直径，该圆柱的母线通过牙型上沟槽和凸起宽度相等的地方，此假想圆柱的直径称为中径。若在基本牙型上，该圆柱的母线正好通过牙型上沟槽和凸起宽度相等，且等于螺距基本值一半（$P/2$），此时的中径称为基本中径。内、外螺纹基本中径分别用符号 D_2 和 d_2 表示，并且 $D_2 = d_2$，如图6—1所示。

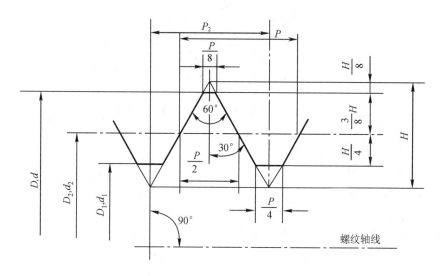

图 6—1　普通螺纹的基本牙型

4. 螺距和导程

螺距是指相邻两牙体上的对应牙侧与中径线相交两点间的轴向距离，螺距用符号 P 表示。如图 6—1 所示。

累积螺距，是指相距两个或两个以上螺距的两个牙体间的各个螺距之和，用符号 P_Σ 表示。

导程，是指最邻近的两同名牙侧与中径线相交两点间的轴向距离。同名牙侧是指处在同一螺旋面上的牙侧。实际上，导程就是一个点沿着在中径圆柱上的螺旋线旋转一周所对应的轴向位移，用符号 P_h 表示。

牙槽螺距，是指相邻两牙槽的对称线在中径线上对应两点间的轴向距离，用符号 P_2 表示。通常采用最佳量针或量球进行测量。

5. 单一中径

单一中径是指一个假想圆柱的直径，该圆柱的母线通过实际螺纹上牙槽宽度等于螺距基本值一半（$P/2$）的地方。单一中径可以用三针法测得，用来表示螺纹中径的实际尺寸。内、外螺纹的单一中径分别用符号 D_{2s} 和 d_{2s} 表示，如图 6—2，当螺距有误差时，单一中径和中径是不相等的。图 6—2 中：P 为基本螺距，ΔP 为螺距偏差，ΔP 为实际螺距与基本螺距之差，且有正、负号。

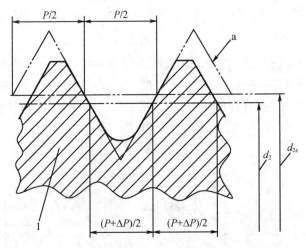

图 6—2　普通外螺纹中径与单一中径

注：a—理想螺纹；d_{2s}—单一中径；d_2—中径；1—带有螺距偏差的实际螺纹

6. 牙型角和牙侧角

牙型角是指螺纹牙型上，相邻牙侧间的夹角，用符号 α 表示。普通螺纹牙型角 α 的理论值为 60°，见图 6—1。

牙侧角是指在螺纹牙型上，牙侧与垂直于螺纹轴线平面间的夹角，左右牙侧角分别用符号 β_1 和 β_2 表示。普通螺纹牙侧角的理论值为 30°，见图 6—1。

7. 螺纹接触高度

螺纹接触高度是指在两个同轴配合螺纹的牙型上，外螺纹牙顶至内螺纹牙顶间的径向距离，即内、外螺纹的牙型重叠径向高度。普通螺纹接触高度的基本尺寸等于 $5H/8$，记为 H_0，见图 6—1。

8. 螺纹旋合长度

螺纹旋合长度是指两个相互配合的螺纹的有效螺纹相互接触的轴向长度。通常，被连接件为铁制品，取其长度近似等于 1.5 倍的螺纹大径；若被连接件为钢材制作，取其长度近似等于 1 倍的螺纹大径。

9. 螺纹的设计牙型

螺纹的设计牙型是指在基本牙型基础上，具有圆弧或平直形状牙顶和牙底的螺纹牙型。它是内、外螺纹极限偏差的起点。

第二节　影响普通螺纹结合精度的因素

实现普通螺纹的互换性，保证结合精度，则要求连接螺纹必须保证具有良好的旋合性和一定的连接强度。螺纹在加工过程中，其主要参数大径、中径、小径和螺距、牙侧角等，不可避免地会产生一定的加工误差，而这些加工误差对螺纹结合精度都会产生不同程度的影响。内、外螺纹大径间和小径间分别存在间隙，不会影响旋合性。对螺纹互换性影响较大的参数是中径、螺距和牙侧角，现分析如下。

一、中径偏差的影响

中径偏差是指实际中径（以单一中径体现）与中径之差。若仅考虑中径的影响，并假设其他参数具有理想状态，为保证内、外螺纹连接的旋合性，需满足内螺纹的中径偏差为正值，外螺纹的中径偏差为负值，就能保证内、外螺纹的旋合性；否则，内、外螺纹将会产生干涉而妨碍旋合性。但是，外螺纹的中径过小，内螺纹的中径过大，则连接强度受到削弱。由此可见，中径偏差的大小会影响螺纹的结合精度。

二、螺距偏差的影响

螺距偏差分单个螺距偏差和累积螺距偏差两种。前者是指螺距的实际尺寸与其公称尺寸之差；后者是指在规定的螺纹长度内，任意两同名牙侧与中径线交点间的实际轴向距离与其基本值之差的最大绝对值。后者对螺纹互换性的影响更为明显。

参见图 6—3，为便于分析，假设内螺纹具有基本牙型，与之相配合的外螺纹仅存在螺距偏差（即外螺纹中径和牙侧角都没有偏差），且其螺距 $P_{外}$ 稍大于理想螺纹的螺距 P，则在 n 个螺距的旋合长度内，外螺纹的轴向距离 $L_{外} = nP_{外}$，而内螺纹的轴向距离 $L_{内} = n\,P_{内}$。因此，外螺纹存在累积螺距偏差 $\Delta P_{\Sigma} = |\ nP_{外} - nP_{内}|$。

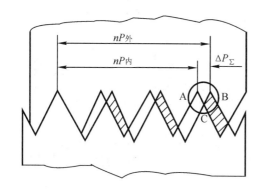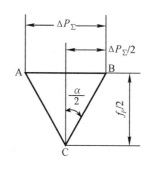

图 6—3　螺距累积误差对旋合性的影响

累积螺距偏差 ΔP_{Σ} 的存在，使内、外螺纹牙侧产生干涉而不能旋合。为了使具有累积螺距偏差 ΔP_{Σ} 的外螺纹能够旋入理想的内螺纹，就必须使外螺纹的中径减小一个数值 f_P（见图 6—3）。同理，在 n 个螺距的旋合长度内，内螺纹存在累积螺距偏差 ΔP_{Σ} 时，为了保证旋合性，就必须将内螺纹的中径增大一个数值 F_P。f_P（或 F_P）称为螺距偏差的中径当量。螺距偏差中径当量就是将螺距偏差换算成中径上的数值，由图 6—3 中的 $\triangle ABC$ 可得出 f_P 值与 ΔP_{Σ} 的关系如下。

$$f_P（或\ F_P） = 1.732 \Delta P_{\Sigma} \tag{6—1}$$

三、牙侧角偏差的影响

牙侧角偏差是指牙侧角的实际值与其基本值之差。它是螺纹牙侧相对于螺纹轴线的位置误差，对螺纹的旋合性和连接强度均有影响。

参看图6—4，假设内螺纹1具有基本牙型，外螺纹的中径及螺距均没有偏差，仅存在牙侧角偏差。左牙侧角偏差 $\Delta\beta_1$ 为负值，右牙侧角偏差 $\Delta\beta_2$ 为正值时，就会在内、外螺纹中径上面的左侧和中径下面的右侧产生干涉而不能旋入。为了消除干涉，保证旋合性，就必须将外螺纹的牙形沿垂直于螺纹轴线的方向下移至虚线3处，从而使外螺纹的中径减小一个数值 f_β。同理，内螺纹存在牙侧角偏差时，为了保证旋合性，就必须将内螺纹的中径增大一个数值 F_β。f_β（或 F_β）称为牙侧角偏差的中径当量。牙侧角偏差中径当量是指将牙侧角偏差换算成中径的数值。

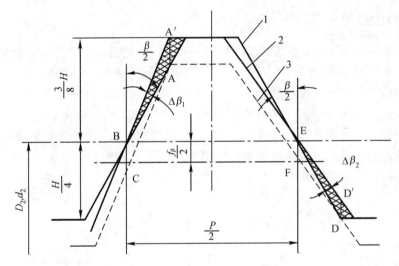

图6—4　牙侧角偏差对旋合性的影响
1—具有基本牙形的内螺纹；2—实际外螺纹；3—具有基本牙形的外螺纹

由 $\triangle ABC$ 和 $\triangle DEF$ 可看出，左、右牙侧角偏差不同，两侧干涉区的最大径向干涉量 AA' 和 DD' 也不同。由于 $AA' = BC$，$DD' = EF$，通常取它们的平均值作为牙侧角偏差中径当量，即

$$\frac{f_\beta}{2} = \frac{1}{2}\ (\overline{BC} + \overline{EF})$$

根据任意三角形的正弦定理可导出

$$f_\beta\ (\text{或}\ F_\beta) = 0.073\,P(K_1|\Delta\beta_1| + K_2|\Delta\beta_2|) \tag{6—2}$$

式中，螺距基本尺寸 P 的单位为 mm；$\Delta\beta_1$ 和 $\Delta\beta_2$ 为左、右牙侧角偏差，单位为分（'）；计算结果 f_α 的单位为 μm。

对于外螺纹，当 $\Delta\beta_1$ 或 $\Delta\beta_2$ 为正值时，即在中径至小径部分实际牙型大于基本牙型而产生干涉，系数 K_1 和 K_2 值取为2；当 $\Delta\beta_1$ 或 $\triangle\beta_2$ 为负值时，即在中径至大径部分实际牙型小于基本牙型而产生干涉，系数 K_1 和 K_2 值取为3。

对于内螺纹，当 $\Delta\beta_1$ 或 $\triangle\beta_2$ 为正值时，即在中径至大径部分实际牙型小于基本牙型而产生干涉，系数 K_1 和 K_2 值取为 3；当 $\triangle\beta_1$ 或 $\triangle\beta_2$ 为负值时，即在中径至小径部分实际牙型大于基本牙型而产生干涉，系数 K_1 和 K_2 值取为 2。

四、作用中径

1. 作用中径与中径（综合）公差

实际生产中，螺纹的中径偏差、螺距偏差、牙侧角偏差是同时存在的。按理应对它们分别进行单项检验，但测量起来很困难，也很费时。因此，通常采用作用中径表示螺纹加工后的综合偏差。作用中径是指在规定的旋合长度内，恰好包容实际螺纹牙侧的一个假想螺纹的中径。该理想螺纹具有基本牙型，并且包容时与实际螺纹在牙顶和牙底处不发生干涉。当外螺纹存在螺距偏差和牙侧角偏差时，其作用中径比实际中径要增大 f_P 与 f_β 值，在规定长度内，这个正好包容变大了的实际外螺纹的一个假想的具有基本牙型的内螺纹的中径，就称为外螺纹的作用中径，代号为 d_{2fe}，见图 6—5。同理，实际内螺纹存在螺距偏差和牙侧角偏差，也相当于实际内螺纹的中径减小了 F_P 与 F_β 值。在规定的旋合长度内，具有基本牙型，正好包容实际内螺纹的假想外螺纹的中径，就成为内螺纹的作用中径，代号为 D_{2fe}。

作用中径可按下式计算

对外螺纹
$$d_{2fe} = d_{2a} + (f_P + f_\beta) \tag{6—3}$$
对内螺纹
$$D_{2fe} = D_{2a} - (F_P + F_\beta) \tag{6—4}$$

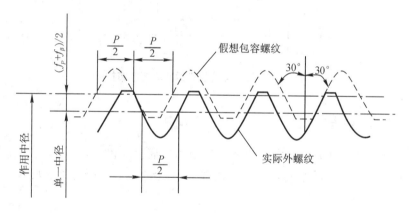

图 6—5　外螺纹作用中径

对于普通螺纹零件，为了加工和检测的方便，在标准中只规定了一个中径（综合）公差，用这个中径（综合）公差同时控制中径、螺距及牙侧角三项参数的偏差。即
$$T_{d2} \geq f_{d2} + f_P + f_\beta \tag{6—5}$$
$$T_{D2} \geq F_{D2} + F_P + F_\beta \tag{6—6}$$
式中，T_{d2}、T_{D2} 为外、内螺纹中径（综合）公差；f_{d2}、F_{D2} 为外、内螺纹中径本身偏差。

2. 中径的合格条件

中径为螺纹的配合直径，与圆柱体相似，为保证可旋入性和螺纹件本身的强度及连接强度，实际螺纹的作用中径应不超越最大实体牙型的中径，所谓最大实体牙型，是指由设计牙型和各直径的基本偏差所决定的最大实体状态下的螺纹牙型。实际螺纹的单一中径不超越最小实体中径，用公式表示普通螺纹中径合格条件为

| 对外螺纹 | $d_{2fe} \leq d_{2M}(d_{2max})$; $d_{2a} \geq d_{2L}(d_{2min})$ | (6—7) |
| 对内螺纹 | $D_{2fe} \geq D_{2M}(D_{2min})$; $D_{2a} \leq D_{2L}(D_{2max})$ | (6—8) |

第三节　普通螺纹精度设计

一、螺纹公差标准的基本结构

在 GB/T 197—2003《普通螺纹　公差》中，只对中径和顶径规定了公差，而对底径（内螺纹大径和外螺纹小径）没给公差，要求由加工的刀具控制。

在螺纹加工过程中，由于旋合长度的不同，加工难易程度也不同。通常短旋合长度容易加工和装配；长旋合长度加工较难保证精度，在装配时由于弯曲和螺距偏差的影响，也较难保证配合性质。因此，螺纹公差精度由公差带（公差大小和位置）及旋合长度构成，如图6—6所示。

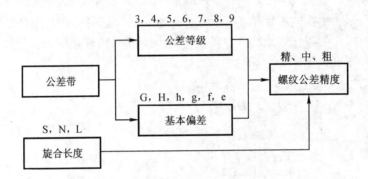

图6—6　普通螺纹公差标准的基本结构

二、螺纹公差带

普通螺纹公差带是沿基本牙型的牙侧、牙顶和牙底分布的，由公差（公差带大小）和基本偏差（公差带位置）两个要素构成，在垂直于螺纹轴线方向上计量其基本大、中、小径的极限偏差和公差。

1. 普通螺纹公差

普通螺纹公差带大小由公差值确定，而公差值大小取决于公差等级和公称直径。内、外螺纹的中径和顶径的公差等级如表6—1所示，其中6级为基本级。各级中径公差和顶径公差的数值见附表6—2和附表6—3。

表6—1　螺纹公差等级（摘自 GB/T 197—2003）

种　别	螺纹直径		公差等级
内螺纹	中径	D_2	4, 5, 6, 7, 8
	小径（顶径）	D_1	
外螺纹	中径	d_2	3, 4, 5, 6, 7, 8, 9
	大径（顶径）	d	4, 6, 8

2. 普通螺纹的基本偏差

普通螺纹公差带的位置由基本偏差确定。标准对内螺纹只规定有 H、G 两种基本偏差，基本偏差代号 G 的基本偏差（EI）为正值；H 的基本偏差（EI）为零，见图 6—7；而对外螺纹规定有 h，g，f 和 e 四种基本偏差，其中 e，f，g 的基本偏差（es）为负值；h 的基本偏差（es）为零，见图 6—8（图中 d_{3max} 为外螺纹实际小径的最大允许值）。GB/T 197 规定内、外螺纹的中径、顶径和底径基本偏差采用的数值相同，见附表 6—5。

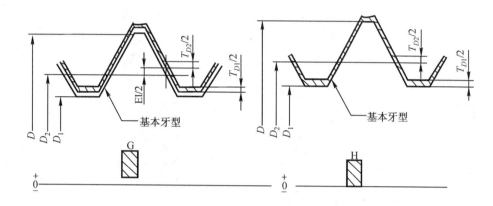

图 6—7　内螺纹的公差带位置

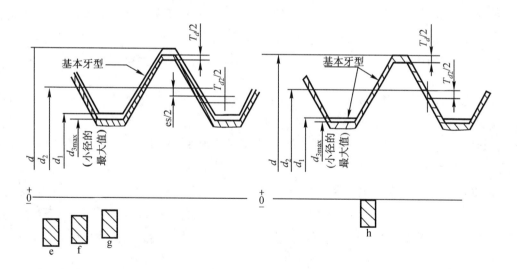

图 6—8　外螺纹的公差带位置

三、螺纹的旋合长度与公差精度等级

国标中对螺纹旋合长度规定了短旋合长度（S）、中等旋合长度（N）和长旋合长度（L）三组。

按螺纹公差带和旋合长度形成了三种公差精度等级，从高到低分别为精密级、中等级和粗糙级。普通螺纹的推荐公差带如附表 6—4。附表 6—6 为从标准中摘出的仅三个尺寸段的旋合长度值。

四、保证配合性质的其他技术要求

对于普通螺纹一般不规定几何公差，其几何误差不得超出螺纹轮廓公差带所限定的极限区域。仅对高精度螺纹规定了在旋合长度内的圆柱度、同轴度和垂直度等几何公差。它们的公差值一般不大于中径公差的 50%，并按包容要求控制。

螺纹牙侧表面的粗糙度，主要按用途和公差等级确定，可参考表 6—2。

表 6—2　螺纹牙侧表面粗糙度（Ra 的上限值）　　　　　μm

螺纹工作表面	螺纹公差等级		
	4，5	6，7	8～9
螺栓，螺钉，螺母	1.6	3.2	3.2～6.3
轴及套上的螺纹	0.8～1.6	1.6	3.2

五、螺纹公差与配合的选用

1. 螺纹公差精度与旋合长度的选用

螺纹公差精度的选用主要取决于螺纹的用途。精密级用于精密连接螺纹，即要求配合性质稳定、配合间隙小，需保证一定的定心精度的螺纹连接；中等级用于一般用途的螺纹连接；粗糙级用于不重要的螺纹连接，以及制造比较困难（如长盲孔的攻丝）或热轧棒上和深盲孔加工的螺纹。

旋合长度的选择，通常选用中等旋合长度（N），对于调整用的螺纹，可根据调整行程的长短选取旋合长度；对于铝合金等强度较低的零件上螺纹，为了保证螺牙的强度，可选用长旋合长度（L）；对于受力不大且受空间位置限制的螺纹，如锁紧用的特薄螺母的螺纹，可选用短旋合长度（S）。

2. 螺纹公差带与配合的选用

在设计螺纹零件时，为了减少螺纹刀具和螺纹量规的品种、规格，提高经济效益，应从附表 6—4 中选取螺纹公差带。对于大量生产的精制紧固螺纹，推荐采用带方框的粗体字公差带。例如，内螺纹选用 6H，外螺纹选用 6g。表中粗体字公差带应优先选用，其次选用一般字体公差带，加括号的公差带尽量不用。表中只有一个公差带代号（6H、6g）表示中径和顶径公差带相同；有两个公差带代号（如 5g6g）表示外螺纹中径公差带（前者）和顶径公差带（后者）不相同。

配合的选择，从保证足够的接触高度出发，完工后的螺纹最好组成 H/g，H/h，G/h 配合。对于公称直径≤1.4 mm 的螺纹，应选用 5H/6h、4H/6h 或更精密的配合。对于需要涂镀的外螺纹，当镀层厚度为 10 μm 时，可选用 g；当镀层厚度为 20 μm 时，可选用 f；当镀层厚度为 30 μm 时，可选用 e。当内、外螺纹均需涂镀时，可选用 G/e 或 G/f 配合。

六、螺纹的标记

普通螺纹的完整标记由螺纹特征代号、尺寸代号、公差带代号、旋合长度代号和旋向代号组成（如图6—9）。

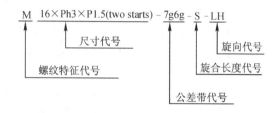

图6—9　螺纹的标记方法

1. 特征代号

普通螺纹特征代号用字母 M 表示。

2. 尺寸代号

尺寸代号包括公称直径（D, d）、导程（Ph）和螺距（P）的代号。对粗牙螺纹，可省略标注其螺距项，其数值单位均为 mm。

（1）单线螺纹的尺寸代号为"公称直径×螺距"。

（2）多线螺纹的尺寸代号为"公称直径×Ph 导程×P 螺距"。如需要说明螺纹线数时，可在螺距 P 的数值后加括号用英语说明，如，双线为 two starts；三线为 three starts；四线为 four starts。

3. 公差带代号

公差带代号是指中径和顶径公差带代号。中径公差带代号在前，顶径在后。如果中径和顶径公差带代号相同，只标一个公差带代号。螺纹尺寸代号与公差带代号间用半字线"–"分开。

（1）标准规定，在下列情况下，最常用的中等公差精度的螺纹可省略标注公差带代号。①公称直径 $D \leqslant 1.4$ mm 的 5H、$D \geqslant 1.6$ mm 的 6H 和螺距 P = 0.2 mm 其公差等级为 4 级的内螺纹；②公称直径 $d \leqslant 1.4$ mm 的 6h 和 $d \geqslant 1.6$ mm 的 6 g 的外螺纹。

（2）内外螺纹配合时，它们的公差带中间用斜线分开，左边为内螺纹公差带，右边为外螺纹公差带。例如 M20 – 6H/5g6g，则表示内螺纹的中径和顶径公差带相同为 6H，外螺纹的中径公差带为 5 g，顶径公差带为 6 g。

4. 旋合长度代号

对短旋合和长旋合组，要求在公差带代号后分别标注 S 和 L，与公差带代号间用半字线"–"分开。中等旋合长度可省略标注 N。

5. 旋向代号

对于左旋螺纹，要在旋合长度代号后标注 LH 代号，与旋合长度代号间用半字线"–"

分开。右旋螺纹省略旋向代号。

七、螺纹精度设计示例

例 6—1　螺纹副在装配图纸上标注如图 6—10（a），其中 M16 表示粗牙普通螺纹的螺纹大径为 16 mm，7H/6 h 表示螺纹副配合公差代号，L 表示长旋合长度右旋螺纹；外螺纹在零件图上标注如 6—10（b），其中 6 h 表示外螺纹的中径和大径的公差带代号相同，40 表示螺纹的实际长度为 40 mm，因为 M16 螺钉长度大于 24 mm 都为长旋合长度，为便于选择，应标出实际长度；内螺纹在零件图上标注如图 6—10（c），其中 7H 表示内螺纹的中径和小径的公差带代号相同，20 表示螺纹的实际有效长度为 20 mm。螺纹牙侧表面粗糙度标在大径上，粗糙度数值选取参考表 6—2。

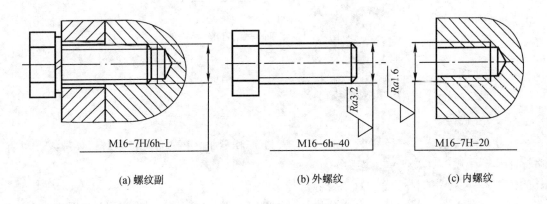

M16—7H/6h—L	M16—6h—40	M16—7H—20
(a) 螺纹副	(b) 外螺纹	(c) 内螺纹

图 6—10　螺纹标注示例

例 6—2　M6 × 0.75 − 5h6h − S − LH

M6 表示普通螺纹公称直径为 6 mm，螺距为 0.75 mm 细牙单线，外螺纹中径公差带代号为 5 h，顶径公差带代号为 6 h，S 表示短旋合长度，LH 表示左旋。

例 6—3　M14 × Ph6 × P2 − 7H − L − LH 或 M14 × Ph6 × P2（three starts）− 7H − L − LH；表示公称直径为 14 mm，导程为 6 mm，螺距为 2 mm，内螺纹中经和顶径公差带为 7H，长旋合，左旋三线普通内螺纹。

例 6—4　今实测一个 M20 − 5h6h 外螺纹制件得：实际大径 $d_a = 19.850$ mm，实际中径 $d_{2s} = 18.250$ mm，累积螺距偏差为 $\Delta P_\Sigma = |+0.05|$ mm。牙侧角偏差为 $\Delta\beta_2 = +45'$，$\Delta\beta_1 = -35'$，试判断该螺纹中径和顶径是否合格。

解：（1）由普通螺纹基本尺寸附表 6—1 查得 M20 粗牙螺纹：

螺距 $P = 2.5$，螺纹基本中径 $d_2 = 18.376$ mm。

由附表 6−2，附表 6−3，附表 6−4 查得：

中径基本偏差　es = 0，中径公差值 $T_{d2} = 132$ μm；

大径基本偏差　es = 0，大径公差值 $T_d = 335$ μm。

（2）判断中径合格性

$$d_{2\max} = d_2 + es = 18.376 + 0 = 18.376 \ mm$$
$$d_{2\min} = d_2 - T_{d2} = 18.376 - 0.132 = 18.244 \ mm$$

又因为 $f_P = 1.732 \Delta P_\Sigma = 1.732 \times 0.05 = 87 \ \mu m$

$f_\beta = 0.073P \left[K_1 \mid \Delta \beta_1 \mid + K_2 \mid \Delta \beta_2 \mid \right]$

　　 $= 0.073 \times 2.5 \left[3 \times 35 + 2 \times 45 \right]$

　　 $= 36 \ \mu m \approx 0.036 \ mm$

（注：由第 2 节内容可知，外螺纹牙侧角偏差为正，在中径至小径部分实际牙型大于基本牙型产生干涉，系数 K_1 和 K_2 值取为 2；牙侧角偏差为负值时，在中径至大径部分实际牙型小于基本牙型而产生干涉，系数 K_1 和 K_2 值取为 3。）

所以作用中径　 $d_{2fe} = d_{2s} + \left(f_P + f_\beta \right) = 18.373 \ mm$。

又因为 $d_{2fe} = 18.373 < d_{2\max} = 18.376$，

$d_{2s} = 18.250 > d_{2\min} = 18.244$，

所以该螺纹中径合格，见图 6—11（a）。

（3）判断大径合格性

$$d_{\max} = d + es = 20 + 0 = 20 \ mm$$
$$d_{\min} = d_{\max} - T_d = 20 - 0.335 = 19.665 \ mm$$

所以 $d_{\min} < d_a < d_{\max}$。

故大径合格，见图 6—11（b）。

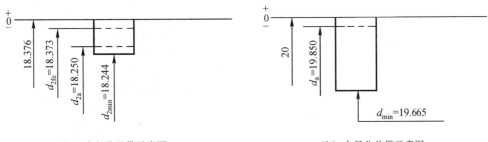

　　　　（a）中径公差带示意图　　　　　　　　　　（b）大径公差带示意图

图 6—11　外螺纹尺寸公差带示意图

第四节　普通螺纹精度检测

一、单项测量

螺纹的单项测量是指分别测量螺纹的各个几何参数。单项测量用于螺纹工件的工艺分析以及螺纹量规、螺纹刀具和精密螺纹。

单项测量螺纹参数的方法中，三针法和影像法的应用最为广泛。

1. 三针法

三针法用于测量精密外螺纹的单一中径。参看图 6—12，三根直径相同的量针，将其中一根放在被测螺纹的牙槽中，另外两根放在对边相邻的两牙槽中，然后用指示式量仪测出针

距 M，并根据已知被测螺纹的螺距基本尺寸 P、牙侧角基本值 β 和量针直径 d_0 计算出被测螺纹的单一中径 d_{2s}。

$$d_{2s} = M - d_0 \left(1 + \frac{1}{\sin\beta}\right) + \frac{P}{2}\cot\beta \qquad (6—9)$$

由式（6—9）分析可知，在影响三针法测量精度的诸因素中，除了所选量仪的示值误差和量针本身的误差以外，还有被测螺纹的螺距偏差和牙侧角偏差，而牙侧角偏差的影响又与量针直径 d_0 有关。为了避免牙侧角偏差影响测量结果，就必须选择量针的最佳直径，使量针与被测螺纹牙槽接触的两个切点间的轴向距离等于 $P/2$，如图 6—12（b）所示。量针最佳直径 d_m 用式（6—10）计算。

$$d_m = \frac{P}{2\cos\beta} \qquad (6—10)$$

使用最佳直径的量针测量螺纹时，由式（6—9）得：

$$d_{2s} = M - d_m(1 + \sin\beta) \qquad (6—11)$$

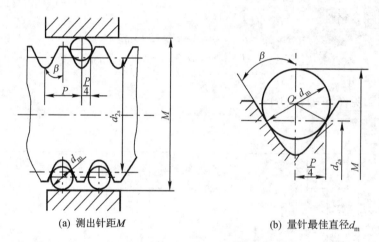

(a) 测出针距 M　　　　　　　(b) 量针最佳直径 d_m

图 6—12　三针法测量外螺纹的单一中径

2. 影像法

如图 6—13 所示，影像法测量螺纹是指用工具显微镜将被测螺纹的牙型轮廓放大成像，按被测螺纹的影像测出其螺距、牙侧角和中径的实际值。

（a）测量中径

测量前，先将立柱倾斜一个等于被测螺纹升角的角度，并利用测量显微镜中的分划板上的米字线中线和其中点使与被测螺纹牙形轮廓影像的一边和其中点重合后进行读数，移动横向滑架（或坐标工作台）再使米字线中线和其中点与对面牙形轮廓线影像相应边和其中点重合后进行第二次读数。两次读数值之差即是被测螺纹中径的量值。为了减小因牙侧角误差和安装误差等引起的测量误差，常沿左右牙形轮廓各测一次，取其算术平均值作为中径的量值。

（b）测量牙侧角

用影像法测量普通螺纹牙侧角时，先使测角目镜对准零位，并使米字线中点与牙形轮廓影像一边的中点重合，然后转动测角目镜的手轮使米字线的中心虚线与此边重合，即可从测角目镜中读出牙侧角的量值。

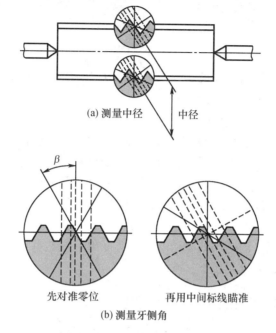

(a) 测量中径　　　中径

先对准零位　　　　再用中间标线瞄准

(b) 测量牙侧角

图 6—13　用影像法测量螺纹

3. 螺纹样板测量法

采用螺纹样板测量螺纹加工误差如图 6—14 所示，即将螺纹样板组中齿形钢片的样板，卡在被测螺纹工件上，如果不密合，就另换一片，直到密合为止，这时该螺纹样板上标记的尺寸即为被测螺纹工件的螺距。但是，须注意把螺纹样板卡在螺纹牙廓上时，应尽可能利用螺纹工作部分长度，使测量结果较为正确。

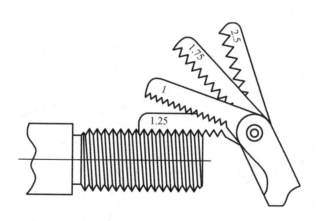

图 6—14　用螺纹样板测量螺纹

测量牙形角时，把螺距与被测螺纹工件相同的螺纹样板放在被测螺纹上面，然后检查两者的接触情况。如果没有间隙透光，被测螺纹的牙形角是正确的。如果有不均匀间隙透光现象，那就说明被测螺纹的牙形不准确。但是，这种测量方法是很粗略的，只能判断牙形角偏差的大概情况，不能确定牙形角偏差的数值。

二、综合检验

螺纹的综合检验是指使用螺纹量规检验被测螺纹某些几何参数偏差的综合结果。螺纹量规按泰勒原则设计，分通规和止规，如图 6—15 和 6—16 所示。螺纹通规用来检验被测螺纹的作用中径，因此它应模拟被测螺纹的最大实体牙型，并具有完全的牙型。其长度等于被测螺纹的旋合长度。此外，螺纹通规还用来检验被测螺纹的底径。螺纹止规用来检验被测螺纹的单一中径，因此它采用截短的牙型，其螺纹圈数很少，旋合量不得超过两个螺距，以尽量避免被测螺纹螺距偏差和牙侧角偏差对检验结果的影响。螺纹止规只允许与被测螺纹的两端旋合。

螺纹通规应与被测螺纹旋合通过，螺纹止规应与被测螺纹旋合通不过。这样就表示被测螺纹的作用中径合格。

对于被测螺纹的顶径，内螺纹的小径可用光滑极限塞规检验（见图 6—15），外螺纹的大径可用光滑极限卡规检验（见图 6—16）。

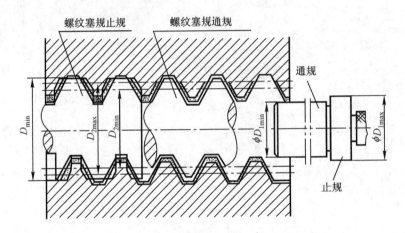

图 6—15　用螺纹塞规和光滑极限塞规检验内螺纹

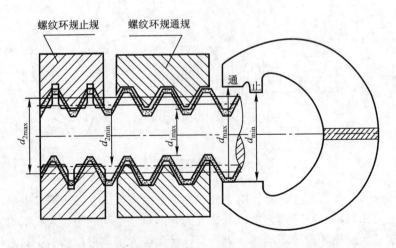

图 6—16　用螺纹环规和光滑极限卡规检验外螺纹

习题六

6—1　螺纹作用中径的含义是什么？

6—2　为什么说普通螺纹的中径公差是一种综合公差？

6—3　为满足普通螺纹的使用要求，螺纹中径的合格条件是什么？

6—4　普通螺纹公差带的选用包括哪些内容？选用时应注意哪些问题？

6—5　试说明下列螺纹标注中各代号的含义。

（1）M10 - 6H　　　　　　（2）M15 × 1.5 - 5g6g - 20

（3）M18 × 2 - 6H/5h6h　　（4）M20 - 7H - L - LH

6—6　试查表确定 M24 × 2 - 6H /5g 6g 的内螺纹中径、小径和外螺纹中径、大径的极限偏差。

6—7　有一个 M24 × 2 - 6H 内螺纹，加工后测得数据为：$D_{2s} = 22.785$ mm，$\Delta P_\Sigma = +0.03$ mm，$\Delta\beta_1 = -35'$，$\Delta\beta_2 = -25'$。试计算该内螺纹的作用中径，并判断此螺纹是否合格？说明理由。（中经公称尺寸为 22.701 mm）

6—8　螺纹公差精度由哪些部分构成？一共有几种螺纹公差等级，请分别写出。

6—9　影响普通螺纹结合精度的因素有哪些？

第七章
圆柱齿轮精度与检测

渐开线圆柱齿轮是一种重要的传动零件，被广泛地应用于各种领域，诸如：汽车、农机、机床、矿山机械、军事工程、仪器和家电等的机器设备中。齿轮精度设计的目的是为了保证齿轮传动的精度和互换性。齿轮的制造精度等级相差一级，其承载能力相差 20% ~ 30%，噪音相差 2.5 ~ 3 分贝，制造成本相差 60% ~ 80%。齿轮的设计、工艺、制造、检验以及销售和采购，都以齿轮精度标准为重要的依据。

目前，我国颁布的有关渐开线圆柱齿轮精度的国家标准有 GB/T 10095.1—2008《圆柱齿轮　精度制　第 1 部分：轮齿同侧齿面偏差的定义和允许值》、GB/T 10095.2—2008《圆柱齿轮　精度制　第 2 部分：径向综合偏差与径向跳动的定义和允许值》、GB/Z 18620.1—2008《圆柱齿轮 检验实施规范 第 1 部分：轮齿同侧齿面的检验》、GB/Z 18620.2—2008《圆柱齿轮 检验实施规范 第 2 部分：径向综合偏差、径向跳动、齿厚和侧隙的检验》、GB/Z 18620.3—2008《圆柱齿轮 检验实施规范 第 3 部分：齿轮坯、轴中心距和轴线平行度》、GB/Z 18620.4—2008《圆柱齿轮 检验实施规范 第 4 部分：表面结构和轮齿接触斑点的检验》等。

齿轮精度的标准随着生产力的发展而更新。现行的圆柱齿轮公差标准仅对未经装配的单个齿轮的精度制作给出了规定。每一个齿轮精度指标都对应着具体的检测方法。圆柱齿轮公差标准适用于直齿圆柱齿轮和斜齿圆柱齿轮，其适用范围：法面模数 $m_n \leqslant 0.5 ~ 70$ mm；分度圆直径 $d \geqslant 5 ~ 10\,000$ mm；齿宽 $b \geqslant 5 ~ 1000$ mm；齿轮精度等级分为 0 ~ 12 级共 13 个精度等级，0 级精度最高，精度依次降低，12 级精度最低。

齿轮用来传递运动和动力。传递运动，应保证传递运动准确、平稳；传递动力，则应保证传动可靠、承载能力高和运动灵活。因此，一般对齿轮及其传动应提出以下四个方面的使用要求。

1. 传递运动的准确性

传递运动的准确性是指要求齿轮在转一转（360°）范围内，瞬时传动比变化不超过一定的限度。它可以用一转过程中产生的最大转角误差来表示。如图 7—1（a）所示的一对齿轮，若主动轮的齿距没有偏差，而从动轮的齿距分布不均匀时（各齿的实际位置对理想位置的偏差如图 7—1（a）所示），则在从动齿轮一转过程中形成的最大转角误差为 $\triangle\varphi_\Sigma$ ［图 7—1（b）］，从而使传动比相应产生最大变动量，传递运动不准确。

2. 传动的平稳性

传动的平稳性是指要求齿轮在转一齿的范围内（即转过一齿距角 360°/z），瞬时传动比变动不超过一定的限度。这种变动将会引起冲击、振动和噪声。它可以用转一齿的过程中的最大转角误差 $\Delta\varphi_i$ 来表示，如图 7—1（b）所示。与传递运动的准确性比较，它是转角误差曲线上多次重复变化（一齿转角变化）的最大幅值。

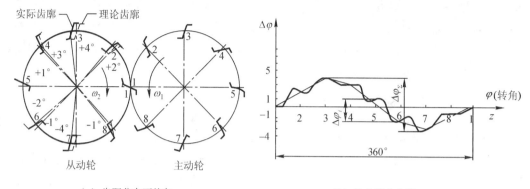

(a) 齿距分布不均匀   (b) 转角误差曲线

图 7—1　齿轮传动平稳性分析

z—从动齿轮的齿数；φ—从动齿轮转角；$\Delta\varphi$—转角偏差

3. 载荷分布的均匀性

载荷分布的均匀性是指要求一对齿轮啮合时，工作齿面要保证一定的接触面积，从而避免载荷局部集中，以减少轮齿损坏和齿面磨损，提高轮齿强度和寿命。这一项要求可用在齿长和齿高方向上保证一定的接触区域来表示。

4. 齿侧间隙

齿侧间隙（简称侧隙）是指一对齿轮啮合时，在非工作齿面间留有适当的间隙。这个间隙是为了使传动灵活，用以贮存润滑油、补偿热变形以及制造误差和装配误差等所需要的。

对于不同用途的齿轮及其传动，这四方面要求的程度并不完全一致。如分度齿轮和读数齿轮，突出的要求是分度正确和示值正确，因此要求较高的传递运动准确性，而其他方面精度可相应低些。对于高速重载齿轮，如涡轮机减速器中的齿轮，其特点是转速很高，传动功率也较大，因此要求较高的传动平稳性，使振动、冲击和噪声尽量小些；同时，对齿面接触均匀性也应有较高的要求。对于低速重载齿轮，如轧钢机、矿山机械以及起重机用的齿轮，其特点是传动功率相当大，转速比较低，这时主要的要求是齿面接触均匀、承载能力高，而对传递运动的准确性、传动平稳性要求均可低些。至于齿轮副侧隙，无论任何齿轮，为保证其传动灵活，都必须留有一定的侧隙。

第一节　圆柱齿轮同侧齿面的精度指标及检测

圆柱齿轮同侧齿面的精度适用于通用机械和重型机械所用的单个渐开线齿轮，包括外齿轮、内齿轮、直齿轮、斜齿轮等。

通常齿轮精度的检验项目主要是从齿距、齿形和齿向等三个方面加以检测，必检的基本参数有单个齿距偏差 f_{pt}、齿距累积总偏差 F_p、齿廓总偏差 F_α 和螺旋线总偏差 F_β。

一、单个齿距偏差 f_{pt}

单个齿距偏差是指在端平面上，在接近齿高中部的一个与齿轮轴线同心的圆上，实际齿距与理论齿距的代数差（见图 7—2）。在齿距用相对法测量时，理论齿距通常采用所有实际齿距的平均值来代替。测量中，采用齿距弦长替代齿距弧长，某些实际齿距可能大于理论齿距，也可能小于理论齿距，所以单个齿距偏差有"＋""－"之分，单个齿距极限偏差用 $\pm f_{pt}$ 来评定齿轮精度。单个齿距偏差反映的是齿轮在转过一个齿距角（$360°/z$）内的角度变化误差，它将影响齿轮传动的平稳性。

二、齿距累积偏差

1. 齿距累积总偏差 F_p

齿距累积总偏差是指同侧齿面任意弧段（$k = 1$ 至 $k = z$，k 代表 k 个齿距）内的实际弧长与理论弧长的代数差中的最大绝对值（见图 7—2），它表现为测齿一周齿距累积偏差曲线的总幅值（见图 7—3）。齿距累积总偏差是 $k = 1$ 时的齿距累积总偏差，是一齿的最大齿距累积偏差。由于齿轮在加工时，存在加工误差，使得齿轮的实际齿距与理论齿距不等，由齿轮的啮合原理可知，在传动时就将产生瞬时传动比的变化。齿距累积总偏差反映的是齿轮转一周时的角度变化最大误差，它将影响齿轮传递运动的准确性。

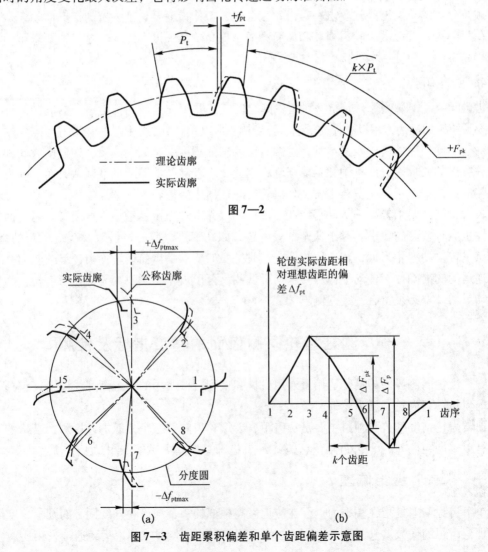

图 7—2

图 7—3　齿距累积偏差和单个齿距偏差示意图

齿距偏差的测量采用齿距比较仪，其实际单个齿距偏差 Δf_{pt} 和实际齿距累积总偏差 ΔF_p 的数据处理如表 7—1 所示，此例被测齿轮有 18 个齿。

表 7—1　齿距偏差计算方法示例

N	1	2	3	4	5	6	7	8	9
A	25	23	26	24	19	19	22	19	20
B	22.0								
C	+3	+1	+4	+2	-3	-3	0	-3	-2
D	+3	+4	+8	+10	+7	+4	+4	+1	-1
N	10	11	12	13	14	15	16	17	18
A	10	11	12	13	14	15	16	17	18
B	22.0								
C	-4	+1	-1	-3	-1	+2	+3	+5	-1
D	-5	-4	-5	-8	-9	-7	-4	+1	0

其中，N 为齿距号；A 为用齿距比较仪测得的每个齿的齿距偏差数值（单位：μm）；B 为所有 A 值的算术平均值，将该值设定为理论齿距偏差；C 为各齿的实际齿距偏差，即等于 A 的各个数值与算术平均值 B 之差；D 为各齿的齿距累积偏差，等于齿距偏差的代数相加减（即 C 值的累加值）。

由 C 栏数据可知，单个齿距偏差 Δf_{pti} 的最大绝对值 $|\Delta f_{pti}|_{max} = 5\mu$，即 $\Delta f_{pt} = +5\mu m$ 为单个齿距偏差，在第 17 齿处；由 D 栏数据可知，齿距累积总偏差 $\Delta F_p = |+10 - (-9)| = 19\ \mu m$，在第 4 齿和第 14 齿之间。

2. k 个齿距累积偏差 F_{pk}

齿距累积偏差 F_{pk} 是指任间 k 个实际弧长与理论弧长的代数差（见图 7—2），等于这 k 个齿距的单个齿距偏差的代数和。当被测齿轮的齿数超过 60 个齿时，k 个齿距累积偏差 F_{pk} 与实际齿距累积总偏差 F_p 相差不大。测齿一周的 k 个齿距累积偏差 F_{pk} 的总幅值见图 7—3 (b)，它反映的是对传递运动准确性的影响。

在生产实际中，测量齿距累积总偏差 F_p 较多；齿距累积偏差 F_{pk} 常用于小模数齿轮。

三、齿廓总偏差 F_α

齿廓总偏差是指在齿轮的端平面上，其计值范围内，包容实际齿廓曲线的两条设计齿廓曲线间的距离（见图 7—4）。齿廓总偏差评价实际齿廓偏离设计齿廓的量值，该量值是在端平面内渐开线齿廓的法线方向计值。

齿廓总偏差的检测仪器为渐开线测量仪。GB/T 10095.1 规定齿廓计值范围，可用齿高长度中的一部分，即与配对齿轮齿根部分相啮合点算起，至与配对齿轮的齿顶部分啮合的终了点的工作齿廓部分。通常按所具有的齿根圆计起为有效法线齿廓长度的 92% 的齿廓距离。齿廓的有效长度是指齿顶圆到啮合终了圆之间的齿廓法向距离。这样做的目的是为了排除在切削过程中非有意而多切掉的顶部，其做法并不损害齿轮的功能。在测量时，如果不知道与之配对齿轮有效啮合的终了点，可用与基本齿条相啮合的有效齿廓的起始点代替。实际齿廓总偏差 ΔF_α 影响齿轮传动平稳性。

四、螺旋线总偏差 F_β

螺旋线总偏差是指在计值范围内，即齿宽工作部分，包容实际轮廓线的两条设计轮廓线迹线间的距离（见图7—5）。即在分度圆柱面上，齿宽有效部分范围内（端部倒角部分除外），包容实际迹线且距离为最小的两条设计迹线之间的端面距离。所谓迹线是指齿面与分度圆柱面的交线。该设计迹线可以是直线（直齿轮）、螺旋线（斜齿轮），轮齿可以制成鼓形齿或把两端修薄。测量螺旋线总偏差时，在齿轮端面基圆切线方向（即齿廓法线方向）测量。

齿轮检验规定其测量通常应在邻近齿高的中部和（或）齿宽的中间进行，如果齿宽大于250 mm时，应在距齿宽每侧约15%的齿宽处增加两个齿廓测量部位，齿廓偏差和螺旋线偏差应至少在3个以上均布的位置同侧的齿面上测量。螺旋线总偏差 ΔF_β 影响齿轮载荷分布均匀性。

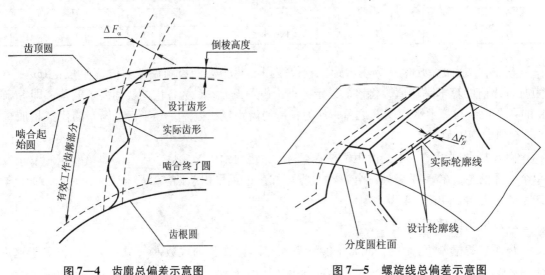

图7—4　齿廓总偏差示意图　　　　　　　图7—5　螺旋线总偏差示意图

五、标准公差值的计算

GB/T 10095.1规定齿距累积总偏差、单个齿距偏差、齿廓总偏差和螺旋线总偏差为13个精度等级，记为0，1，2，…，12。其中，0级是最高的精度等级，依次降低，12级的精度最低。两相邻精度等级的公比等于 $\sqrt{2}$，5级精度的极限偏差或公差值为基本值，乘以 $\sqrt{2}$ 为精度低一级允许值，除以 $\sqrt{2}$ 为精度高一级允许值。

5级精度的齿轮偏差公差值的计算式如下。

①单个齿距偏差的极限偏差 $\pm f_{pt}$（见附表7—1）

$$f_{pt}=0.3\ (m_n+0.4\sqrt{d})\ +4$$

②齿距累积偏差的公差 F_{pk}

$$F_{pk}=f_{pt}+1.6\ \sqrt{(k-1)\ m_n}$$

③齿距累积总偏差的公差 F_p（见附表7—1）

$$F_p=0.3\ m_n+1.25\sqrt{d}+7$$

④齿廓总偏差的公差值 F_α（见附表7—1）

$$F_\alpha = 3.2 \sqrt{m_n} + 0.22 \sqrt{d} + 0.7$$

⑤螺旋线总偏差的公差值 F_β（见附表7—2）

$$F_\beta = 0.1 \sqrt{d} + 0.63 \sqrt{b} + 4.2$$

公式中的参数 m_n，d 和 b 均按参数的分段范围取各分段界限值的几何平均值。

参数分段的限定范围如下（单位：mm）。

①分度圆直径 d

5/20/50/125/280/560/1000/1600/2500/4000/6000/8000/10 000

②模数（法向模数）m_n

0.5/2/3.5/5/6/10/16/25/40/70

③齿宽 b

4/10/20/40/80/160/250/400/650/1000

在计算公差值时，应取该分段界限值的几何平均值。例如，实际模数为 7 mm，分段界限值为 $m_n = 6$ mm 和 $m_n = 10$ mm，计算公差值用 $m_n = \sqrt{6 \times 10} = 7.746$ mm 代入计算。

评定实际单个齿距偏差 Δf_{pt}、实际齿距累积总偏差 ΔF_p、实际齿廓总偏差 ΔF_α 以及实际螺旋线总偏差 ΔF_β 的合格条件如下。

$$-f_{pt} \leqslant \Delta f_{pt} \leqslant +f_{pt} \tag{7—1}$$

$$\Delta F_p \leqslant F_p \tag{7—2}$$

$$\Delta F_\alpha \leqslant F_\alpha \tag{7—3}$$

$$\Delta F_\beta \leqslant F_\beta \tag{7—4}$$

第二节　圆柱齿轮径向综合偏差的精度指标及检测

齿轮在加工时存在齿坯在机床上的定位误差、刀具的径向圆跳动，以及齿坯轴与刀具轴位置做周期性变化，必将产生轮齿的径向加工误差。齿轮径向综合偏差的精度指标有径向综合总偏差 F_i'' 和一齿径向综合偏差 f_i''，径向跳动 F_r。

对于大批量生产的齿轮，通常利用齿轮双啮综合测量仪（见图7—6）检验轮齿的实际

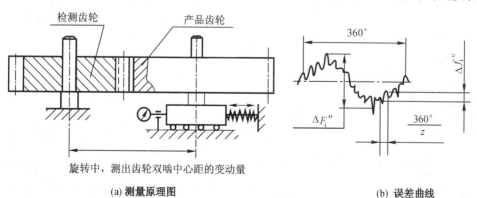

图7—6　径向综合偏差的测量

径向综合总偏差 $\Delta F_i''$ 和实际一齿径向综合偏差 $\Delta f_i''$。径向综合偏差包含了左、右侧齿面综合偏差的成分，其最大的优点是检测效率高，并可迅速提供加工机床、工具或产品齿轮（即被测量或评定的齿轮）装夹而产生的质量信息。

一、径向综合总偏差 F_i''

径向综合总偏差是指在径向（双面啮合）综合检验时，产品齿轮的左右面同时与检测齿轮接触，转过一周时出现的双啮中心距最大值与最小值之差［见图 7—6（b）］。实际径向综合总偏差 $\Delta F_i''$ 影响齿轮传递运动准确性。

二、一齿径向综合偏差 f_i''

一齿径向综合偏差是指当产品齿轮与测量齿轮双面啮合一周内，对应一个齿距角内（ $360°/z$ ）的径向综合偏差值［见图 7—6（b）］。取其中的最大值为一齿径向综合偏差 $\Delta f_i''$，它影响齿轮传动平稳性。

径向综合偏差的测量齿轮应具有足够的精度，应在有效长度上与产品齿轮啮合，测量齿轮的精度至少比产品齿轮高 2~4 个等级，否则要考虑测量齿轮的不精确性对测量结果的影响。

GB/T 10095.2 给出的径向综合偏差的公差值仅适用于产品齿轮与检测齿轮的啮合检验，而不适用于两个产品齿轮啮合的检验。

径向综合偏差的精度等级分为 9 级，记为 4，5，…，12 级。4 级精度最高，依次降低，12 级精度最低。两相邻精度等级的公比等于 $\sqrt{2}$，5 级精度的公差值为基本值，乘以 $\sqrt{2}$ 为精度低一级允许值，除以 $\sqrt{2}$ 为精度高一级允许值。

径向综合偏差的 5 级精度公差的计算式如下。

①径向综合总偏差 F_i''（见附表 7—3）

$$F_i'' = 3.2m_n + 1.01\sqrt{d} + 6.4$$

②一齿径向综合偏差 f_i''（见附表 7—3）

$$f_i'' = 2.96m_n + 0.01\sqrt{d} + 0.8$$

公式中模数 m_n 和分度圆直径 d 采用分段界限值的几何平均值，其参数分段限定范围如下（单位：mm）。

①分度圆直径 d
5/20/50/125/280/560/1000

②模数（法向模数） m_n
0.2/0.5/0.8/1.0/1.5/2/2.5/4/6/10

三、径向跳动 F_r

对于高精度齿轮或小模数齿轮有时采用检测径向跳动 F_r 比较简便易行。在进行齿厚计算时，也将用到径向跳动公差值。当齿轮参数不在齿轮双啮综合测量仪给定的范围内时，经供需双方同意，也可采用径向跳动 F_r 评价齿轮的径向加工误差。如果没有其他要求时，以上精度参数均可按同一精度等级计算。也可按协议对工作齿面和非工作齿面规定不同精度等级，或者不同偏差项目可规定不同精度等级。

测径向跳动是指测头（球形、锥形或砧形）依次置于每个齿槽内时，测头相对于齿轮基准轴线的最大与最小径向距离之差（见图7—7）。当所有齿槽宽度相等，而存在齿距偏差时，可用砧形测头测量径向跳动。

径向跳动精度等级分为13级，记为0，1，…，12级。0级精度最高，依次降低，12级精度最低。两相邻精度等级的公比等于$\sqrt{2}$，5级精度的公差值为基本值。乘以$\sqrt{2}$为精度低一级允许值，除以$\sqrt{2}$为精度高一级允许值。

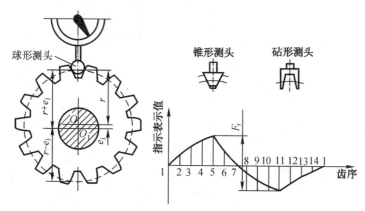

球形测头　　　　　　　　　　　锥形测头　　砧形测头

图7—7　轮齿径向跳动

e_j—几何偏心，r—齿轮分度圆半径

5级精度的径向跳动公差F_r（见附表7—1）的计算式为

$$F_r = 0.8F_P = 0.24m_n + 1.0\sqrt{d} + 5.6$$

公式中模数m_n和分度圆直径d采用分段界限值的几何平均值，其参数分段限定范围如下（单位：mm）。

①分度圆直径d

5/20/50/125/280/560/1000/1600/2500/4000/8000/10 000

②模数（法向模数）m_n

0.5/2.0/3.5/6/10/16/25/40/70

评定实际径向综合总偏差$\Delta F_i''$和实际一齿径向综合偏差$\Delta f_i''$以及实际径向跳动ΔF_r的合格条件为

$$\Delta F_i'' \leqslant F_i'' \tag{7—5}$$

$$\Delta f_i'' \leqslant f_i'' \tag{7—6}$$

$$\Delta F_r \leqslant F_r \tag{7—7}$$

第三节　齿轮的侧隙和接触斑点的检验

一、齿轮副最小侧隙

两个相配的齿轮工作齿面相接触时（即主动轮推动从动轮运转时的接触面），在两个非工作齿面之间所形成的间隙叫做侧隙。侧隙可用于贮存润滑油和补偿热变形、制造误差和装

配误差。GB/Z 18620.2—2008 在附录中列出齿轮副的最小法向侧隙数值计算公式为

$$j_{bnmin} = \frac{2}{3}\ (0.06 + 0.0005a\ + 0.03m_n)\ (mm) \tag{7—8}$$

式中，a 为齿轮中心距公称值。

二、齿厚的评价指标

侧隙的大小取决于齿轮安装的中心距和齿厚的大小。在制造齿轮时，主要控制齿厚的削薄量来保证适当的侧隙。齿厚的定义为在分度圆柱上法向平面的齿厚为理论齿厚，也称公称齿厚 S_n。实际测量分度圆弦齿厚，即限定最大齿厚极限 S_{ns} 和最小齿厚极限 S_{ni}，齿厚的实际尺寸应在两个极限齿厚之间或等于极限齿厚。最大齿厚极限与公称齿厚之差称为齿厚上偏差 E_{sns}，最小齿厚极限与公称齿厚之差称为齿厚下偏差 E_{sni}，而齿厚公差是指齿厚上偏差与下偏差之差 T_{sn}，它们相互之间的关系如图 7—8 所示。

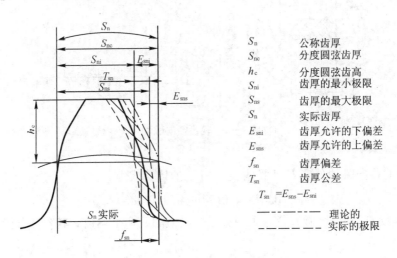

S_n	公称齿厚
S_{nc}	分度圆弦齿厚
h_c	分度圆弦齿高
S_{ni}	齿厚的最小极限
S_{ns}	齿厚的最大极限
S_n	实际齿厚
E_{sni}	齿厚允许的下偏差
E_{sns}	齿厚允许的上偏差
f_{sn}	齿厚偏差
T_{sn}	齿厚公差

$$T_{sn} = E_{sns} - E_{sni}$$

—————　理论的
— — — —　实际的极限

图 7—8　齿厚的允许偏差

通过测量得到的齿厚称为实际齿厚 $S_{n实际}$，实际齿厚与公称齿厚之差称为齿厚偏差。齿厚偏差应在齿厚上、下偏差之间或与其相等。

齿厚上偏差根据齿轮副所需的最小保证侧隙，还要考虑齿轮和齿轮副的加工和安装误差，可采用计算法或类比法确定。

齿厚下偏差则按齿轮精度等级和齿厚公差确定。齿轮和齿轮副精度及齿厚极限偏差确定后，齿轮副的最大侧隙就自然形成，一般不必校验。

由机械原理定义可知，齿轮分度圆的齿厚为弧长。而弧长不好检测，在实际检测时，如图 7—8 所示，齿厚的各项指标是用弦长来替代的。

齿厚上偏差 E_{sns} 和齿厚下偏差 E_{sni} 的确定方法有几种，下面介绍一种常用的计算方法。

（1）齿厚上偏差的计算

为了保证传动的灵活性，主、从齿轮副的非工作面之间，必须具有一定的最小侧隙，齿厚上偏差 E_{sns} 的计算公式如下（设齿轮副中两齿轮的齿厚上偏差相等）。

$$E_{sns} = -\left[|f_a|\tan\alpha_n + (j_{bnmin} + j_n)/(2\cos\alpha_n) \right] \tag{7—9}$$

式中　j_{bnmin}——齿轮副的最小法向保证侧隙，可利用公式（7—8）求出；

　　　j_n——补偿制造和安装误差引起的侧隙减少量；

　　　f_a——齿轮副中心距极限偏差可查附表7—4；

　　　α_n——分度圆法面压力角。

j_n 按齿面法线方向计值，各影响因素按随机误差合成，

$$j_n = \sqrt{0.88(f_{pt1}^2 + f_{pt2}^2) + [2 + 0.34(L/b)^2]F_\beta^2} \tag{7—10}$$

式中　f_{pt1}，f_{pt2}——齿轮的单个齿距极限偏差，查附表7—1；

　　　L——齿轮支撑轴承之间跨距；

　　　b——齿宽；

　　　F_β——螺旋线总公差，见附表7—2。

（2）齿厚下偏差的计算

齿厚下偏差 E_{sni} 由齿厚上偏差 E_{sns} 和齿厚公差 T_{sn} 求得。

$$E_{sni} = E_{sns} - T_{sn} \tag{7—11}$$

T_{sn} 的大小主要取决于齿轮加工时径向进刀公差 b_r 和齿轮径向跳动公差 F_r 的大小，按下式计算。

$$T_{sn} = 2\tan\alpha_n \cdot \sqrt{F_r^2 + b_r^2}$$

径向进刀公差 b_r 可由表7—2确定。

表7—2　径向进刀公差 b_r 值

齿轮的精度等级	4	5	6	7	8	9
b_r 值	1.26IT 7	IT 8	1.26IT 8	IT 9	1.26IT 9	IT 10

注：标准公差值 IT 按齿轮分度圆直径尺寸由标准公差数值表查取。

（3）分度圆弦齿高公称值与弦齿厚公称值

分度圆弦齿高公称值为

$$h_c = m_n\left\{1 + \frac{z}{2}\left[1 - \cos\left(\frac{\pi + 4x\tan\alpha_n}{2z}\right)\right]\right\}$$

分度圆弦齿厚公称值为

$$S_{nc} = m_n z \sin\left(\frac{\pi + 4x\tan\alpha_n}{2z}\right) \tag{7—12}$$

齿厚偏差合格条件为

$$S_{nc} + E_{sni} \leqslant S_{nc实际} \leqslant S_{nc} + E_{sns} \tag{7—13}$$

三、公法线长度偏差

齿厚偏差还可以通过测量公法线长度偏差来实现。公法线长度的测量可用卡尺或者公法线千分尺，所以测量起来方便。公法线公称长度定义为跨 k 个齿且检测仪器测量面与分度圆相切，通常采用切于齿高中部附近，见图7—9，由机械原理可知渐开线的公法线与基圆相切。

所跨齿数 k 按 $k = \frac{z'}{9} + 0.5$ 计算，再圆整到最近的整数。

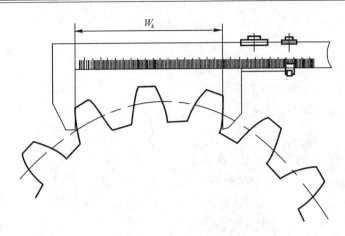

图7—9　公法线测量

式中，假想齿数 $z' = z\dfrac{\mathrm{inv}\alpha_t}{\mathrm{inv}\alpha_n}$，渐开线函数 $\mathrm{inv}\alpha = \tan\alpha - \alpha$；

　　法面压力角和端面压力角关系为　　$\tan\alpha_n = \cos\beta \cdot \tan\alpha_t$；

　　公法线的公称长度为

$$W_k = m_n\cos\alpha_n\left[\pi(k - 0.5) + z'\mathrm{inv}\alpha_n\right] \tag{7—14}$$

　　公法线长度的上、下偏差为　　$E_{bns} = E_{sns}\cos\alpha_n$

$$E_{bni} = E_{sni}\cos\alpha_n \tag{7—15}$$

　　实际公法线长度 W_i 的合格条件为

$$W_k + E_{bni} \leqslant W_i \leqslant W_k + E_{bns} \tag{7—16}$$

四、轮齿的接触斑点

　　轮齿的接触斑点是指加工好的一对齿轮装在箱体内或者装在配对啮合试验台上，在轻微受载下，运转后齿面的接触痕迹。接触斑点用沿齿高方向和沿齿宽方向的百分数来表示。b_{c1} 为接触斑痕左端至齿宽中点距离，b_{c2} 为接触斑痕右端至齿宽中点距离（见图7—10）。轮

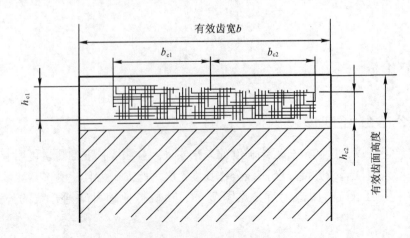

图7—10　轮齿的接触斑点

齿的接触斑点可以评价齿轮的载荷分布情况，即可用以控制沿齿宽方向的配合精度。当没有齿向测量仪时，可用轮齿的接触斑点来代替实际螺旋线总偏差 ΔF_β。

斜齿轮装配后的接触斑点要求可参考表7—3。

直齿轮装配后的接触斑点要求可参考表7—4。

表7—3　斜齿轮装配后的接触斑点（摘自 GB/Z　18620.4—2008）

齿轮精度等级（按 GB/T　10095）	占齿宽的百分比 $b_{c1}/(\%)$	占有效齿面高度的百分比 $h_{c1}/(\%)$	占齿宽的百分比 $b_{c2}/(\%)$	占有效齿面高度的百分比 $h_{c2}/(\%)$
4 级及更高	50	50	40	30
5 和 6	45	40	35	20
7 和 8	35	40	35	20
9 至 12	25	40	25	20

表7—4　直齿轮装配后的接触斑点（摘自 GB/Z　18620.4—2008）

齿轮精度等级（按 GB/T　10095）	占齿宽的百分比 $b_{c1}/(\%)$	占有效齿面高度的百分比 $h_{c1}/(\%)$	占齿宽的百分比 $b_{c2}/(\%)$	占有效齿面高度的百分比 $h_{c2}/(\%)$
4 级及更高	50	70	40	50
5 和 6	45	50	35	30
7 和 8	35	50	35	30
9 至 12	25	50	25	30

五、测量跨球（圆柱）距离计算

对于中小模数齿轮或者内齿轮，利用测量球（或测量柱）之间的距离（俗称跨棒距）控制齿厚偏差。由于其检测量具易于加工，便于检测，所以在生产实际中被大量的应用，测量方法如图7—11所示。图中，D_M 为测量柱或者测量球直径；M_d 为测量柱距离（跨棒距）。

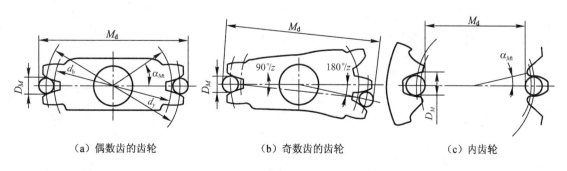

　　（a）偶数齿的齿轮　　　　　（b）奇数齿的齿轮　　　　　（c）内齿轮

图7—11　真齿轮的跨球（圆柱）尺寸 M_d

1. 计算测量柱直径 D_M

测量柱尺寸计算如图 7—12，图中 d_y 为测量柱与齿廓相切点圆直径；α_{yt} 为测量柱与齿廓相切点压力角；β_b 为基圆螺旋角；d_b 为基圆直径；d 为分度圆直径；$D_{M计算}$ 为测量柱计算直径；η_{yt} 为测量柱圆心径向线与齿廓相切点径向线夹角。

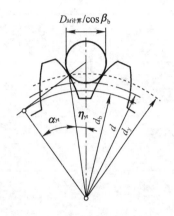

图 7—12　测量柱尺寸计算

$$D_{M计算} = \frac{d_y \sin\eta_{yt}}{\cos(\alpha_{yt} \pm \eta_{yt})}\cos\beta_b \qquad (7—17)$$

$$d_y = d + 2m_n x \qquad (7—18)$$

$$\cos\alpha_{yt} = \frac{d\cos\alpha_t}{d_y} \qquad (7—19)$$

$$\eta_{yt} = \frac{180}{\pi}\left(\frac{\pi}{Z} - \frac{S_{yt}}{d_y}\right) \qquad (7—20)$$

$$S_{yt} = d_y\left(\frac{S_t}{d} + inv\alpha_t - inv\alpha_{yt}\right) \qquad (7—21)$$

$$S_t = \frac{m_n}{\cos\beta}\left(\frac{\pi}{2} + 2x\tan\alpha_n\right) \qquad (7—22)$$

公式（7—17）中，"+"用于外齿轮，"–"用于内齿轮。

计算出测量柱计算直径 $D_{M计算}$ 后，测量柱直径 D_M 应根据 $D_{M计算}$ 值取稍大点的直径，或选自可提供给齿轮制造商的柱销直径，标准柱销尺寸选取可参考表 7—5。

表 7—5　标准圆柱销的直径（摘自 GB/Z　18620.2—2008）　　　　　　mm

2	2.25	2.5	2.75	3	3.25	3.5	3.75	4	4.25	4.5	5	5.25
5.5	6	6.5	7	7.5	8	9	10	10.5	11	12	14	15
16	18	20	22	25	28	30	35	40	45	50	—	—

2. 测量柱跨距尺寸 M_d 计算

偶数齿的齿轮

$$M_d = \frac{m_n z\cos\alpha_t}{\cos\beta\cos\alpha_{Mt}} \pm D_M \qquad (7—23)$$

奇数齿的齿轮

$$M_d = \frac{m_n z\cos\alpha_t}{\cos\beta\cos\alpha_{Mt}}\cos\left(\frac{90}{z}\right) \pm D_M \qquad (7—24)$$

外齿轮代入"+"号；内齿轮代入"–"号。

其中

$$inv\alpha_{Mt} = inv\alpha_t + \frac{D_M}{m_n z\cos\alpha_n} + \frac{2x\tan\alpha_n}{z} - \frac{\pi}{2z} \qquad (7—25)$$

3. 计算测量棒距离尺寸极限偏差

偶数齿时：

$$E_{yn\binom{s}{i}} \approx E_{sn\binom{s}{i}}\frac{\cos\alpha_t}{\sin\alpha_{Mt}\cos\beta_b} \qquad (7—26)$$

奇数齿时：

$$E_{yn\binom{s}{i}} \approx E_{sn\binom{s}{i}} \frac{\cos\alpha_t}{\sin\alpha_{Mt}\cos\beta_b}\cos\left(\frac{90}{z}\right) \tag{7—27}$$

式中：E_{sns}——齿厚上偏差，按式（7—9）计算。

E_{sni}——齿厚下偏差，按式（7—11）计算。

齿轮的合格条件：

$$M_d + E_{yni} \leqslant M_{d测量} \leqslant M_d + E_{yns}$$

4. 计算示例

已知一外直齿轮：模数 $m = 2$ mm，采用高度变位传动中心距 $a = 61$ mm，压力角 $\alpha = 20°$，正常齿制齿顶高系数 $h_a^* = 1$，顶隙系数 $c^* = 0.25$，齿数 $z = 55$（配对齿轮齿数为 6），变位系数 $x = -0.5$，齿轮精度为 9 级，计算：

① 齿顶圆 d_a、齿根圆 d_f

$$d_a = d + 2 (h_a^* + x) m = 110 + 2 (1 - 0.5) \times 2 = 112 \text{ mm}$$

齿顶圆、齿根圆尺寸公差按 h9 计算极限尺寸，查附表 2—2，IT 9 = 87 μm，

$$d_{amax} = 112 \text{ mm}, \quad d_{amin} = 111.913 \text{ mm}$$

$$d_f = d - 2 (h_a^* + c^* - x) m$$
$$= 110 - 2 (1 + 0.25 + 0.5) \times 2 = 103 \text{ mm}$$

$$d_{fmax} = 103 \text{ mm}, \quad d_{fmin} = 102.913 \text{ mm}$$

齿顶圆极限尺寸，用于加工齿坯；齿根圆极限尺寸用于控制切齿深度，保证齿全高。

② 计算测量棒直径 D_M

根据式（7—17）

$$D_{M计算} = \frac{d_y \sin\eta_{yt}}{\cos (\alpha_{yt} + \eta_{yt})}\cos\beta_b$$

其中
$$d_y = d + 2mx = 110 - 2 \times 2 \times 0.5 = 108 \text{ mm}$$

$$\cos\alpha_{yt} = \frac{d\cos\alpha_t}{d_y}$$

$$\alpha_{yt} = 16.844\,577\,1° = 160°50'40''$$

$$S_t = \frac{m_n}{\cos\beta}\left(\frac{\pi}{2} + 2x\tan\alpha_n\right)$$

$$S_t = 2\left(\frac{\pi}{2} - 2 \times 0.5\tan20°\right) = 2.413\,652$$

$$S_{yt} = d_y\left(\frac{S_t}{d} + \text{inv}\alpha_t - \text{inv}\alpha_{yt}\right)$$

$$S_{yt} = 108 \times \left(\frac{2.413\,652\,1}{110} + \text{inv}20° - \text{inv}16°50'40''\right)$$

$$= 108 \times (0.021\,942 + 0.014\,904 - 0.008\,773)$$

$$= 3.031\,915$$

$$\eta_{yt} = \frac{180}{\pi}\left(\frac{\pi}{z} - \frac{S_{yt}}{d_y}\right)$$

$$\eta_{yt} = \frac{180}{55} - \frac{180}{\pi} \times \frac{3.031\,915\,3}{108} = 1.664\,246°$$

代入得

$$D_{M计算} = \frac{108\sin 1.664\,246°}{\cos\,(16.844\,577 + 1.664\,246)} = 3.307\,679 \text{ mm}$$

查表7—5，取标准值：$D_M = 3.5$ mm。

③跨棒距尺寸 M_d 的计算

该齿轮为奇数齿：

$$M_d = \frac{m_n z \cos\alpha_t}{\cos\beta\cos\alpha_{Mt}}\cos\left(\frac{90}{z}\right) + D_M$$

根据式（7—24）

其中

$$\text{inv}\alpha_{Mt} = \text{inv}\alpha_t + \frac{D_M}{m_n z \cos\alpha_n} + \frac{2x\tan\alpha_n}{z} - \frac{\pi}{2z}$$

$$\text{inv}\alpha_{Mt} = \text{inv}20° + \frac{3.5}{2 \times 55\cos 20°} - \frac{2 \times 0.5\tan 20°}{55} - \frac{\pi}{2 \times 55}$$

$$= 0.014\,904 + 0.033\,860\,2 - 0.006\,617\,64 - 0.028\,559\,9$$

$$= 0.013\,586\,7$$

$$\alpha_{Mt} = 19°25' = 19.416\,666°$$

$$M_d = \frac{2 \times 55 \times \cos 20°}{\cos 19.416\,666°}\cos\left(\frac{90}{55}\right) + 3.5 = 113.0548 \text{ mm}$$

④齿厚上、下偏差的计算

（1）齿厚上偏差的计算

根据式（7—8）、（7—9）、（7—10）

$$E_{sns} = -\left[\,|\,f_a\,|\,\tan\alpha_n + (j_{bnmin} + j_n)\,/\,(2\cos\alpha_n)\right]$$

$$j_{bnmin} = \frac{2}{3} \times 0.06 + 0.000\,5a + 0.03m_n \text{ (mm)}$$

$$j_{bnmin} = \frac{2}{3} \times (0.06 + 0.0005 \times 61 + 0.03 \times 2) = 0.1003 \text{ mm}$$

其中

$$j_n = \sqrt{0.88\,(f_{Pt1}^2 + f_{Pt2}^2) + \left[2 + 0.34\left(\frac{L}{b}\right)^2\right]F_\beta^2}$$

$$j_n = \sqrt{0.88 \times (19^2 + 21^2) + \left[2 + 0.34 \times \left(\frac{8}{4}\right)^2\right] \times 27^2} = 56 \text{ μm}$$

$$E_{sns} = -\left[37 \times \tan 20° + (100 + 56) \div (2 \times \cos 20°)\right] = -96 \text{ μm}$$

（2）齿厚下偏差的计算

根据式（7—11）

$$E_{sni} = E_{sns} - T_{sn}$$

$$T_{sn} = 2\tan\alpha \cdot \sqrt{F_r^2 + b_r^2}$$

式中，b_r——切齿径向进刀公差，查表7—2 为 IT 10；

$$b_r = 140 \text{ (μm)}$$

F_r——径向跳动公差，查附表7—1 为 59 μm。

$$T_{sn} = 2\tan 20\sqrt{59^2 + 140^2} = 44 \text{ μm}$$

$$E_{sni} = -96 - 44 = -140 \text{ μm}$$

⑤计算跨棒距尺寸的极限偏差

根据式（7—27）

$$E_{yn(_{i}^{s})} \approx E_{sn(_{i}^{s})} \frac{\cos\alpha_{t}}{\sin\alpha_{Mt}\cos\beta_{b}}\cos\left(\frac{90}{z}\right)$$

$$E_{yns} = -96 \times \frac{\cos20°}{\sin19.416\,666}\cos\left(\frac{90}{55}\right) = -271\ \mu m$$

$$E_{yni} = -140 \times \frac{\cos20°}{\sin19.416\,666}\cos\left(\frac{90}{55}\right) = -396\ \mu m$$

第四节　齿轮坯、齿轮轴中心距和轴线平行度的精度

一、齿轮坯精度

为了使加工的轮齿达到齿轮精度要求,并在测量轮齿的各项偏差时有足够的精度,很重要的一点就是在制造和检测齿轮的过程中,使其实际的旋转轴线和图纸上设计的基准轴线越接近越好,这就需要对齿轮坯(简称齿坯)的制造基准面、安装基准面、找正点等规定必要的几何公差,公差值的选取可参考表7—6的推荐值。

表7—6　基准面与安装面的形状公差(摘自 GB/Z　18620.3—2008)

确定轴线的基准面	公差项目		
	圆度	圆柱度	平面度
基准为两个短圆柱 或圆锥形基准面	0.04 $(L/b)F_{\beta}$ 或 0.1F_{p} 取两者中之小值		
基准为一个长圆柱 或圆锥形基准面		0.04 $(L/b)F_{\beta}$ 或 0.1F_{p} 取两者中之小值	
基准为一个短圆柱 和一个端面	0.06F_{p}		0.06 $(D_{d}/b)F_{\beta}$

注:(a) 齿轮坯的公差应减至能经济地制造的最小值;

　(b) L:为轴承间跨度(两轴承宽度中间距离),b:为齿宽,F_{β}:为螺旋线总偏差,F_{p}:为齿距累积总偏差,D_{d}:为基准面直径。

齿坯主要分为以下两种形式。

①齿轮轴(见图7—13)

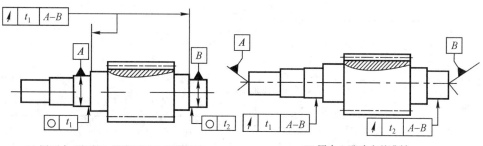

(a) 用两个"短的"基准面确定基准轴线　　　　(b) 用中心孔确定基准轴

注:基准 A 和 B 是预定的轴承安装表面

图7—13　齿轮轴形位公差要求

②带孔盘形齿轮（见图 7—14）

设计时，应适当选择齿顶圆柱面的公差，以保证最小重合度，同时又要具有足够的顶隙。测量齿轮弦齿厚时，齿顶圆柱面作为测量基准面，可标注齿顶圆径向圆跳动公差，齿坯安装面的跳动公差值按表 7—7 选取。

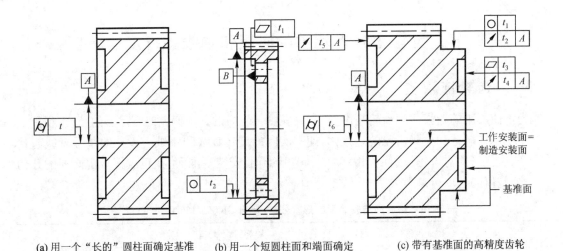

(a) 用一个"长的"圆柱面确定基准　　(b) 用一个短圆柱面和端面确定　　(c) 带有基准面的高精度齿轮
　　　　　　　　　　　　　　　　　基准轴线

图 7—14　带孔齿轮形位公差要求

表 7—7　安装面的跳动公差（摘自 GB/Z 18620.3—2008）

确定轴线的基准面	跳动量	
	径向	轴向
仅为圆柱或锥形基准面	$0.15 (L/b) F_\beta$ 或 $0.3 F_p$ 取两者中之大值	
基准面为一个短圆柱和一个端面	$0.3 F_p$	$0.2 (D_d/b) F_\beta$

齿坯的尺寸公差可参考表 7—8。

表 7—8　齿坯尺寸公差

齿轮精度等级	1	2	3	4	5	6	7	8	9	10	11	12
孔尺寸公差	IT 4	IT 4	IT 4	IT 5	IT 5	IT 6	IT 7		IT 8		IT 9	
轴尺寸公差	IT 4	IT 4	IT 4	IT 5	IT 5	IT 5	IT 6		IT 7		IT 8	
齿顶圆直径	IT 6	IT 6	IT 7	IT 7	IT 7	IT 8	IT 8		IT 9		IT 11	

注:(a) 当轮齿的检测参数精度等级不同时，按其中的最高精度等级确定齿坯公差;
　　(b) 当齿顶圆不作测量基准时，其尺寸公差按 IT 11 给定，但不得大于 $0.1 m_n$ 法向模数。

二、齿轮中心距精度

齿轮中心距的精度用齿轮中心距允许偏差来评价。齿轮中心距允许偏差（见图 7—15）

是指当设计者给出公称中心距（即设计中心距），在考虑了最小侧隙以及两轮齿的啮合顶隙和其相啮的非渐开线齿廓齿根部分的干涉后，确定的齿轮中心距允许偏差。齿轮中心距允许偏差太大将使重合度下降。对于经常换向啮合的齿轮、高速传动的齿轮以及周转轮系中的一个中心轮带动若干个行星轮时，为了控制正确的工作条件，适当地分配负荷，需要限制中心距允许偏差。中心距极限偏差参考附表7—4。在实际生产中，可采用齿轮轴线的位置度替代中心距极限偏差。设计时，注意齿轮轴线的位置度应小于或等于中心距极限偏差。否则，将降低齿轮啮合的重合度，导致啮合换齿时，出现主动轮空转现象。

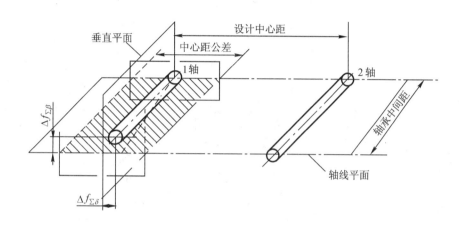

图7—15　实际中心距与轴线平行度误差

三、齿轮轴线平行度公差

齿轮轴的平行度偏差（见图7—15）将影响齿轮啮合的螺旋线偏差，导致承载能力的下降。轴线平行度偏差与其轴线的方向有关，所以对"轴线平面内的偏差 $f_{\Sigma\delta}$"和"轴线垂直平面上的偏差 $f_{\Sigma\beta}$"做了不同的规定。

垂直面上偏差 $f_{\Sigma\beta}$ 的推荐最大值为

$$f_{\Sigma\beta} = 0.5 \ (L/b) \ F_\beta \qquad\qquad (7—28)$$

轴线平行面内偏差 $f_{\Sigma\delta}$ 的推荐最大值为

$$f_{\Sigma\delta} = 2f_{\Sigma\beta} \qquad\qquad (7—29)$$

轴线平面内的平行度偏差 $\Delta f_{\Sigma\delta}$ 是在两轴线的公共平面上测量的，这个公共平面是用两轴承跨距中，较长的一个 L 和另一根轴上的一个轴承来确定的。如果两个轴承的跨距相同，则用小齿轮轴的跨距为基准和大齿轮轴的一个轴承来确定。

垂直平面上的平行度误差 $\Delta f_{\Sigma\beta}$ 是在与轴线公共平面垂直的"交错轴平面"上测量的。

四、齿轮表面粗糙度的确定

轮齿表面的粗糙度将对轮齿的传动精度（噪声、振动）、表面承载能力（表面点蚀、胶合和磨损）以及弯曲强度（齿根过渡曲面状况）产生影响。

根据用户要求以及齿轮传动要求，设计时可在图纸上标出完工状态轮齿表面粗糙度的适当数值。轮齿表面粗糙度标注在齿轮的分度圆上。

GB/Z 18620.4 分别推荐了算术平均偏差 Ra 的极限值和轮廓最大高度 Rz 的极限值。鉴于 GB/T 3505—2009《产品几何技术规范　表面结构　轮廓法　表面结构的术语、定义及参数》的实施，建议采用算术平均偏差 Ra 的推荐值进行齿轮的表面轮廓精度设计。

齿轮各面的表面粗糙度选择可参考表 7—9。

有的企业按齿面软、硬程度选择齿面粗糙度极限值，选取数值可参考表 7—10。

表 7—9　算术平均偏差 Ra 的推荐值（摘自 GB/Z 18620.4—2008）　　　μm

| 等　级 | Ra | | |
| | 模数/mm | | |
	$m \leqslant 6$	$6 < m \leqslant 25$	$m > 25$
1		0.04	
2		0.08	
3		0.16	
4		0.32	
5	0.5	0.63	0.80
6	0.8	1.00	1.25
7	1.25	1.6	2.0
8	2.0	2.5	3.2
9	3.2	4.0	5.0
10	5.0	6.3	8.0
11	10.0	12.5	16
12	20	25	32

注：表 7—9 中的 Ra 等级与齿轮的精度等级之间没有直接的关系。

表 7—10　齿面粗糙度 Ra 参考值　　　μm

精度等级	4		5		6		7		8		9	
齿面	硬	软	硬	软	硬	软	硬	软	硬	软	硬	软
Ra	≤0.4	≤0.8	≤0.8	≤1.6	≤0.8	≤1.6	≤1.6	≤3.2	≤3.2	≤6.3	≤3.2	≤6.3

注：齿面硬度≤350 HBS 为软齿面；齿面硬度 >350 HBS 为硬齿面。

第五节　圆柱齿轮的精度设计

圆柱齿轮的精度设计可分为轮齿的精度设计，即选择轮齿的精度等级和检测项目；齿坯的精度设计，即齿坯的尺寸公差、几何公差和表面粗糙度的选择；箱体的精度设计。

一、齿轮精度等级的标注

当齿轮所有检测项目的公差等级为同一等级时，可标注齿轮精度等级和标准号。例如：7 GB/T 10095.1；8 GB/T 10095.2；9 GB/T 10095.1～10095.2。

当齿轮的检测项目的公差等级不同时，可标注齿轮精度等级以及检测项目和标准号。例如：8（F_p）7（f_{pt}、F_α、F_β）GB/T 10095.1。

二、齿轮精度等级的选择

圆柱齿轮其轮齿的精度等级的选取可参考表7—11、表7—12。

表7—11　齿轮精度等级的应用范围

产品类型	精度等级	产品类型	精度等级	产品类型	精度等级	产品类型	精度等级
测量齿轮	2～4	汽车底盘	5～8	拖拉机	6～9	矿用绞车	8～10
金属切削机床	3～8	通用减速器	6～9	航空发动机	4～8	起重机械	7～10
内燃机车	6～7	载重汽车	6～9	轻型汽车	5～8	农业机械	8～11

表7—12　齿轮精度等级的适用范围

精度等级	圆周速度/（m/s）		齿面的终加工	工作条件
	直齿	斜齿		
3级	到40	到75	特精密磨齿和研齿；精密滚齿或单边剃齿的不淬火的齿轮	要求特别精密的或在要求最平稳且无噪声的特别高速下工作的齿轮传动；特别精密机构中的齿轮；特别高速传动（涡轮机传动）；检测5～6级齿轮用的测量齿轮
4级	到35	到70	精密磨齿；精密滚齿和挤齿或单边剃齿的齿轮	特别精密分度机构中或在要求最平稳、且无噪声的极高速下工作的齿轮传动；特别精密分度机构中的齿轮；高速涡轮机传动；检测7级齿轮用的测量齿轮
5级	到20	到44	精密磨齿；精密滚齿，进而挤齿或剃齿的齿轮	精密分度机构中或要求极平稳且无噪声的高速工作的齿轮传动；精密机构用齿轮；涡轮机齿轮；检测8级和9级齿轮用测量齿轮
6级	到16	到30	磨齿或剃齿	要求最高效率且无噪声的高速下平稳工作的齿轮转动或分度机构的齿轮传动；特别重要的航空、汽车齿轮；读数装置用特别精密传动的齿轮

精度等级	圆周速度/（m/s）		齿面的终加工	工作条件
	直齿	斜齿		
7 级	到 10	到 15	用精确刀具加工的不淬火齿轮；对于淬火齿轮必需精整加工（磨齿、挤齿、珩齿等）	增速和减速用齿轮传动；金属切削机床进给机构用齿轮；减速器用齿轮；航空、汽车用齿轮；读数装置用齿轮
8 级	到 6	到 10	必要时精整加工	一般机械制造用齿轮；机床传动齿轮；飞机、汽车制造业中的不重要齿轮；起重机构用齿轮；农业机械中的重要齿轮；通用减速器齿轮
9 级	到 2	到 4	无需精整加工	用于其他齿轮

三、齿轮精度设计示例

下面我们介绍带孔的齿轮和齿轮轴的精度设计应用实例，箱体的精度设计请参考第十一章。

1. 带孔齿轮精度设计示例

我们以减速器中的一对斜齿圆柱齿轮的大齿轮为例。已知设计条件为：两轮齿数 $z_1 = 27$，$z_2 = 103$，法面模数 $m_n = 2.5$ mm，法面压力角 $\alpha_n = 20°$，轴承间跨距 $L = 150$ mm，分度圆螺旋角 $\beta = 14°42'11''$，分度圆直径 $d_1 = 69.784$ mm，$d_2 = 266.215$ mm，齿宽 $b_2 = 64$ mm，转速 $n_2 = 379$ r/min，齿轮内孔直径 $d = 56$ mm，大齿轮齿面硬度为 200HBS，齿轮材料为 45 号钢正火处理。

（1）齿轮的精度设计

①选取齿轮精度等级

求大齿轮的圆周速度

$$v_2 = \frac{\pi D n_2}{60 \times 1000} = \frac{3.14 \times 266 \times 379}{60 \times 1000} = 5.28 < 10 \text{ m/s}$$

根据表 7—12、表 7—13 选取齿轮运动准确性、传动平稳性和载荷分布均匀性精度等级都为 8 级。

②选择齿轮精度检测指标

选择齿轮精度检测指标为：单个齿距极限偏差 f_{pt}、齿距累积总公差 F_p、齿廓总公差 F_α 和螺旋线总公差 F_β 以及齿厚极限偏差。

查齿轮公差附表 7—1、附表 7—2 可得：$\pm f_{pt} = \pm 18$ μm，$F_p = 70$ μm，$F_\alpha = 25$ μm，$F_\beta = 29$ μm。齿厚偏差采用公法线长度 $W_{k\,E_{bni}}^{E_{bns}}$，所跨齿数 k。

③计算齿厚极限偏差

齿厚上偏差 $E_{sns} = -[\,|f_a|\tan\alpha_n + (j_{bnmin} + j_n)/(2\cos\alpha_n)\,]$

$$= -[\,0.0315 \times \tan20° + (0.15 + 0.062)/(2 \times \cos20°)\,]$$

$$= -0.124 \text{ mm}$$

式中，公称中心距 $a = 168$ mm，中心距极限偏差 $f_a = \pm 31.5$ μm（查附表7—4）。

由式7—8可得，$j_{bnmin} = \dfrac{2}{3}$ $(0.06 + 0.0005a + 0.03m_n)$ $= 0.15$ mm

$$j_n = \sqrt{0.88(f_{Pt1}^2 + f_{Pt2}^2) + [2 + 0.34(L/b)^2]F_\beta^2}$$

$$= \sqrt{0.88 \times (17^2 + 18^2) + [2 + 0.34 \times (150 \div 64)^2] \times 29^2} = 61.58 \text{ μm} \approx 62 \text{ μm}$$

齿厚下偏差 $E_{sni} = E_{sns} - T_{sn} = -0.124 - 0.126 = -0.250$ mm

其中，$T_{sn} = 2\tan\alpha \cdot \sqrt{F_r^2 + b_r^2} = 2 \times \tan20° \times \sqrt{56^2 + (1.26 \times 130)^2} \approx 126$ μm

F_r 查附表7—1，b_r 查表7—2。

④公法线长度计算

所跨齿数 $k = \dfrac{z'}{9} + 0.5 = \dfrac{113.26}{9} + 0.5 = 13.08$，圆整到 $k = 13$。

式中：假想齿数 $z' = z\dfrac{\mathrm{inv}\alpha_t}{\mathrm{inv}\alpha_n} = 103 \times \dfrac{0.016\,389}{0.014\,904} = 113.26$。

由 $\tan\alpha_n = \cos\beta \cdot \tan\alpha_t$ 算出端面压力角 $\alpha_t = 20°37'15''$。

公法线的公称长度为 $W_k = m_n\cos\alpha_n[\pi(k - 0.5) + z'\mathrm{inv}\alpha_n]$

$$= 2.5 \times 0.939\,69[3.141\,59 \times (13 - 0.5) + 113.26 \times 0.014\,904]$$

$$= 96.219 \text{ mm}$$

公法线长度的上、下偏差为

$$E_{bns} = E_{sns}\cos\alpha_n = -0.124 \times \cos20° = -0.117 \text{ mm}$$

$$E_{bni} = E_{sni}\cos\alpha_n = -0.250 \times \cos20° = -0.235 \text{ mm}$$

公法线的长度为　　　　　　　　　$W_k = 96.219^{-0.117}_{-0.235}$

（2）齿坯的精度设计

由于大齿轮的齿顶圆直径超过160 mm，所以齿轮采用腹板式结构。按带有基准面的齿轮设计。

①尺寸公差设计（查表7—8）

因为测量公法线检测齿厚偏差，齿顶圆不作为测量基准取尺寸公差带代号为 $\phi271.215$h11，不满足小于 $0.1m_n$，故选择 $\phi271.215^{0}_{-0.25}$；齿轮内孔为安装基准面，取为 $\phi56$H7；平键槽按平键联结公差标准设计，取正常联结，键槽宽度为 16JS9，槽深为 $(d + t_2)^{+0.20}_{0} = (56 + 4.3)^{+0.20}_{0} = 60.3^{+0.20}_{0}$。

②几何公差设计（查表7—6、表7—7）

内孔圆柱度公差取 $0.1F_p = 0.1 \times 70 = 7$ μm 或 $0.04(L/b)F_\beta = 3$ μm 两者之中的小值；齿轮两端面为轴向定位基准，标注轴向圆跳动公差 $0.2(D_d/b)F_\beta$，取轴向定位尺寸 D_d 为齿根圆 $d_f = d - 2h_f = 259.965 \cong 260$ mm，带入轴向圆跳动公差计算公式，$t = 0.2 \times 260 \div 64 \times 29 = 23.56$ μm，圆整为标准值得 22 μm；键宽中心面按平键联结公差标准标注对称度公差，以键宽为主参数查附表3—4，取8级或9级。本例取9级为 40 μm。

③表面粗糙度设计

因齿面硬度小于350HBS为软齿面，查表7—10取 $Ra = 6.3$ μm；齿顶圆按附表7—5选取

$Ra = 6.3$ μm；内孔安装定位需磨削取 $Ra = 1.6$ μm；齿轮轴向两个定位的端面取 $Ra = 3.2$ μm；键宽侧面取常用值 $Ra = 3.2$ μm；键槽底面取常用值 $Ra = 6.3$ μm；其余取 $Ra = 12.5$ μm。

齿轮设计图纸如图7—16。

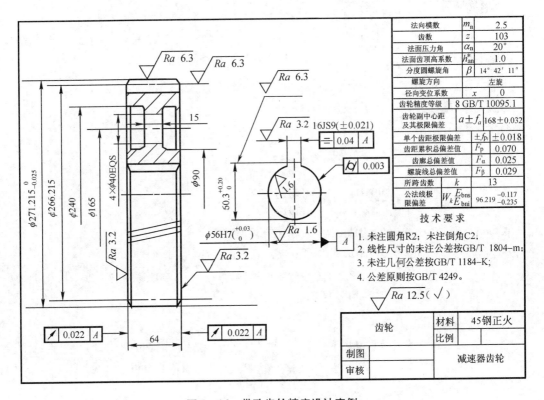

法向模数	m_n	2.5
齿数	z	103
法面压力角	α_n	20°
法面齿顶高系数	h_{an}^*	1.0
分度圆螺旋角	β	14° 42′ 11″
螺旋方向		左旋
径向变位系数	x	0
齿轮精度等级		8 GB/T 10095.1
齿轮副中心距及其极限偏差	$a \pm f_a$	168±0.032
单个齿距极限偏差	$\pm f_{pt}$	±0.018
齿距累积总偏差值	F_p	0.070
齿廓总偏差值	F_α	0.025
螺旋线总偏差值	F_β	0.029
所跨齿数	k	13
公法线极限偏差	$W_k \begin{matrix} E_{bns} \\ E_{bni} \end{matrix}$	$96.219 \begin{matrix} -0.117 \\ -0.235 \end{matrix}$

技术要求

1. 未注圆角R2；未注倒角C2；
2. 线性尺寸的未注公差按GB/T 1804—m；
3. 未注几何公差按GB/T 1184—K；
4. 公差原则按GB/T 4249。

$\sqrt{Ra\ 12.5}\ (\sqrt{\ })$

齿轮	材料	45钢正火
	比例	
制图		减速器齿轮
审核		

图7—16　带孔齿轮精度设计实例

2. 齿轮轴精度设计示例

已知设计条件为：一个通用设备中的一对直齿外啮合高度变位传动齿轮，两轮齿数 $z_1 = 32$，$z_2 = 89$，模数 $m = 3$ mm，分度圆压力角 $\alpha = 20°$，正常齿制，变位系数 $x_1 = +0.2$，$x_2 = -0.2$，轴承间跨距 $L = 130$ mm，齿宽 $b_1 = 80$ mm，转速 $n_1 = 325$ r/min，小齿轮齿面硬度为235HBS，齿轮材料为45号钢调质处理，为大批量生产。要求设计齿轮1。

（1）小齿轮轴的精度设计

①选取齿轮精度等级

计算小齿轮圆周速度

$$v_1 = \frac{\pi d n_1}{60 \times 1000} = \frac{3.14 \times 96 \times 325}{60 \times 1000} = 1.63 < 2 \text{ m/s}$$

根据表7—13、表7—14选取齿轮精度等级为9级。

②选择齿轮精度检测指标

因为大批量生产，为提高检测效率，采用双啮综合测量仪检测齿轮精度，故此选择齿轮精度检测指标为：一齿径向综合偏差 f_i''、齿轮径向综合总偏差 F_i''、齿面接触斑点以及齿厚偏差。

查齿轮公差附表 7—3 可得：$f_i'' = 41$ μm，$F_i'' = 102$ μm。

查表 7—4 得齿面接触斑点：$b_{c1} \geqslant 25\%$，$h_{c1} \geqslant 50\%$，$b_{c2} \geqslant 25\%$，$h_{c2} \geqslant 30\%$。

齿厚偏差采用分度圆弦齿高 h_c、弦齿厚 $S_{nc}{}_{E_{sni}}^{E_{sns}}$。

③计算齿厚极限偏差

齿厚上偏差 $E_{sns} = -\left[\, |f_\alpha| \tan\alpha_n + (j_{bnmin} + j_n)/(2\cos\alpha_n) \,\right]$

$$= -\left[\, 0.0575 \times \tan 20° + (0.16 + 0.074) \div (2 \times \cos 20°) \,\right] = -0.22 \text{ mm}$$

式中，中心距 $a = m\,(z_1 + z_2)\ \div 2 = 181.5$ mm，中心距极限偏差 $\pm f_a = \pm 57.5$ μm（查附表 7—4）；

由公式 7—8 可求最小法向侧隙，$j_{bnmin} = \dfrac{2}{3}(0.06 + 0.000\,5a + 0.03m_n) = 0.16$ mm。

$$j_n = \sqrt{0.88(f_{Pt1}^2 + f_{Pt2}^2) + [2 + 0.34(L/b)^2]F_\beta^2}$$

$$= \sqrt{0.88 \times (23^2 + 26^2) + [2 + 0.34 \times (130 \div 80)^2] \times 39^2} = 74 \text{ μm}$$

式中，$f_{Pt1} = 23$ μm；$f_{Pt2} = 26$ μm（查附表 7—1）；$F_\beta = 39$ μm（查附表 7—2）。

齿厚下偏差 $E_{sni} = E_{sns} - T_{sn} = -0.22 - 0.111 = -0.331$ mm。

其中，$T_{sn} = 2\tan\alpha \cdot \sqrt{F_r^2 + b_r^2} = 2 \times \tan 20° \times \sqrt{61^2 \times 140^2} \approx 111$ μm。

F_r 查附表 7—1，b_r 查表 7—2。

分度圆弦齿高公称值 h_c、弦齿厚公称值 S_{nc}。

$$h_c = m\left\{ 1 + \frac{z}{2}\left[1 - \cos\left(\frac{\pi + 4x\tan\alpha}{2z_1} \right) \right] \right\} = 3\left\{ 1 + \frac{32}{2}\left[1 - \cos\left(\frac{\pi + 4 \times 0.2\tan 20°}{2 \times 32} \right) \right] \right\} = 3.210 \text{ mm}$$

$$S_{nc} = mz_1 \sin\left(\frac{\pi + 4x\tan\alpha}{2z_1} \right) = 3 \times 32 \ \sin\left(\frac{\pi + 4 \times 0.2\ \tan 20°}{2 \times 32} \right) = 4.771 \text{ mm}$$

（2）齿坯公差精度

由于小齿轮的齿顶圆直径小于 160 mm，且大批量生产，采用锻造毛坯，所以齿轮采用整体式结构，按中心孔为定位基准的齿轮设计。

①尺寸公差设计（查表 7—8）

齿顶圆因为是测量齿厚的基准，所以取齿顶圆直径尺寸公差带代号为 φ103.2h8；开平键槽段轴径采用 φ30m6 平键槽按平键联结公差标准设计，考虑平键联接的强度，选取平键尺寸为 10×8，取正常联结，键槽宽度为 8N9（$_{-0.036}^{\ \ 0}$），槽深为 25 $_{-0.2}^{\ \ 0}$；装轴承内圈的两段直径根据轴承公差标准设计采用 φ40k6。其他采用未注尺寸公差 GB/T 1804 - m。

②几何公差设计

装轴承内圈的两段直径根据轴承公差标准标注圆柱度公差，轴肩标注轴向圆跳动公差；齿顶圆是测量齿厚的基准，标注径向圆跳动公差；键宽中心面按平键联结公差标准要标对称度公差，以键宽为主参数查附表 3—4，取 8 级或 9 级。本例取 8 级为 15 μm。

③表面粗糙度设计

因齿面硬度小于 350HBS 为软齿面，查表 7—10 取 $Ra = 6.3$ μm；齿顶圆取 $Ra = 3.2$ μm；装轴承内圈的两段直径取为 $Ra = 0.8$ μm；轴承两个轴向定位的轴肩取 $Ra = 3.2$ μm；键宽侧面取常用值 $Ra = 3.2$ μm；键槽底面取常用值 $Ra = 6.3$ μm；其余取 $Ra = 12.5$ μm。

齿轮设计图纸如图 7—17。

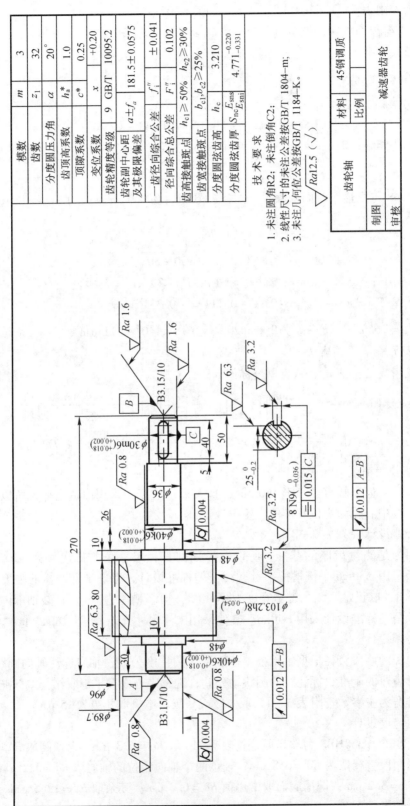

图 7—17　齿轮轴精度设计实例

习题七

7—1　圆柱齿轮的精度公差标准有哪些? 它们彼此之间有何区别和联系?

7—2　齿轮精度分几级? 齿厚有几种评价方法? 在图样上如何表示对齿轮的精度要求?

7—3　评价齿轮精度的主要指标有哪些?

7—4　为什么要规定齿轮啮合时最小侧隙? 用什么指标评价侧隙?

7—5　影响载荷分布均匀性的主要因素是什么? 接触斑点在什么情况下采用, 才能准确地评定载荷分布均匀性?

7—6　齿轮啮合副的最小法向侧隙 j_{nmin} 与哪些因素有关? 与什么因素无关?

7—7　齿坯精度要求有几项? 它对齿轮加工精度有何影响?

7—8　一渐开线直齿圆柱齿轮, 齿数 $z = 47$, 模数 $m = 4$ mm, 齿宽 $b = 30$ mm。分度圆压力角 $\alpha = 20°$。其齿轮精度等级选为 7 级, 齿轮公差的检验项目分别选 ΔF_p, Δf_{pt}, ΔF_α 和 ΔF_β, 试查表或计算求出相应的公差值。

7—9　已知直齿圆柱标准齿轮的 $m = 3$ mm, $z = 30$ (配对齿轮齿数为 60), $\alpha = 20°$, 按均布方位测得公法线长度分别为 (单位为 mm) 32. 130, 32. 124, 32. 095, 32. 133, 32. 106 和 32. 120。试计算齿轮的公法线公称长度 W_k 和所跨齿数 k, 公法线长度的上、下偏差, 并判断该齿轮公法线长度是否合格?

7—10　某一通用减速器中的一对直齿轮副。已知齿轮模数 $m = 5$ mm, 分度圆压力角 $\alpha = 20°$, 两轮齿数 $z_1 = 19$, $z_2 = 60$, 齿宽 $b = 50$, 齿轮线速度 $v_1 = 15$ m/s, 试确定齿轮的精度等级和检测项目。

7—11　一通用机器中有一对直齿圆柱齿轮副。模数 $m = 3$ mm, 小齿轮齿数 $z_1 = 30$, 大齿轮齿数 $z_2 = 97$, 压力角 $\alpha = 20°$, 齿宽 $b = 40$ mm, 两齿轮材料为 45 钢。采用喷油润滑, 传递最大功率为 7. 5 kW, 小齿轮转速为 $n = 800$ r/min。小批量生产。试确定小齿轮的精度等级、检验项目及公差、有关侧隙的指标及齿坯公差, 并绘制小齿轮工作图 (小齿轮内孔 $D = 45$ mm)。

7—12　有一直齿圆柱齿轮, 已知设计参数要求为 $m = 4$, $\alpha = 20°$, $z = 10$, 7 级精度。加工后采用相对法测量, 得齿距的相对误差如下 (单位为 μm): 0, +3, −7, 0, +6, +10, +2, −7, +1, +2, 试判断该齿轮的齿距累积总偏差及单个齿距偏差是否满足要求。

7—13　一直齿圆柱齿轮, 已知模数 $m = 4$ mm, 齿数 $z = 20$, 压力角 $\alpha = 20°$, 齿顶高系数 $h_a^* = 1.0$, 顶隙系数 $c^* = 0.25$, 变位系数 $x = 0.5$。试计算齿轮的测量柱直径 D_M, 测量柱跨距尺寸 M_d。

7—14　已知一对外啮合直齿圆柱齿轮传动, 正常齿制, $m = 2$mm, $\alpha = 20°$, $z_1 = 23$, $z_2 = 80$, 小齿轮采用整体式, 大齿轮采用盘形齿坯, 内孔 $d_2 = 25$ mm, 齿轮精度等级为 7 级。

(1) 按 GB/T 10095. 1 ~ 10095. 2—2008 求得两轮的 F''、f''、F_α、F_β 的偏差值;

(2) 试确定两齿轮的齿顶圆的尺寸公差和径向圆跳动公差, 大齿轮 z_2 两侧轴向定位基准端面的轴向圆跳动公差;

(3) 确定两齿轮齿面的粗糙度数值, 以及齿坯表面的粗糙度数值。

第八章

键和花键联结的精度与检测

键和花键联结广泛用作轴和轴上传动件（如齿轮、带轮、联轴器等）之间的切向定位，以传递转矩。当轴和传动件之间有轴向相对运动要求时，键和花键联结还能起导向作用。

键分为平键、半圆键和楔键等几种，它们统称为单键。平键联结制造简单，装拆方便，因此应用颇广。花键分为矩形花键、渐开线花键和三角形花键等。花键联结比单键联结的强度高、承载能力大。矩形花键联结在机床和一般机械中，应用较广。

为了满足普通平键联结和矩形花键联结的使用要求和保证其互换性，我国颁布了 GB/T 1095—2003《平键 键槽的剖面尺寸》、GB/T 1144—2001《矩形花键尺寸、公差和检验》等国家标准。

第一节 平键联结的精度

一、平键和键槽的尺寸

平键联结见图 8—1 所示，由键、轴键槽和轮毂键槽等三部分组成，通过键的侧面和轴键槽及轮毂键槽的侧面相互接触来传递转矩，而键的顶部表面与轮毂键槽底部表面留有一定

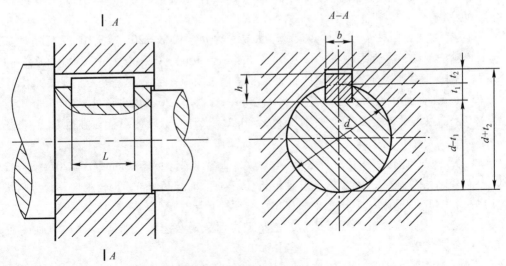

图 8—1 平键联结及其主要尺寸

L—键长；h—键高；b—键宽；d—轴与毂的结合直径；t_1—轴槽深；t_2—轮毂槽深

的间隙。因此，键和键槽的宽度 b 是配合尺寸，应规定较严格的公差；而键的高度 h 和长度 L 以及轴键槽的深度 t_1、轮毂键槽的深度 t_2 和长度 L 皆是非配合尺寸，给予较大的公差。

二、 平键联结的精度

平键联结中，平键由型钢制成，是标准件。键宽和槽宽 b 是配合尺寸，因此键和键槽宽度的配合采用基轴制。GB/T 1095—2003 规定的键和键槽尺寸公差带从 GB/T 1801—2009 中选取，对键宽规定一种公差带（h8），对轴和轮毂的键槽宽各规定三种公差带，构成三类配合，即松联结、正常联结和紧密联结。它们的公差带见图 8—2 所示，三类配合的选择和应用可参考表 8—1。该国家标准对键宽 b 的公称尺寸和非配合尺寸（t_1，t_2，$d-t_1$，$d+t_2$）及它们的极限偏差也做了规定，见附表 8—1。平键高度 h 的公差带一般采用 h11；平键长度 L 的公差带采用 h14；键槽长度 L 的公差带采用 H14。

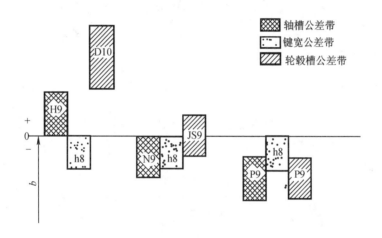

图 8 - 2　平键宽度和键槽宽度 b 的公差带示意图

表 8—1　平键联结的三类配合及其应用

配合种类	配合尺寸 b 的公差带			应用
	键	轴键槽	轮毂键槽	
松联结	h8	H9	D10	用于导向平键，轮毂在轴上移动
正常联结		N9	JS9	键在轴槽中和轮毂槽中均固定，用于载荷不大的场合，或经常拆卸
紧密联结		P9	P9	键在轴槽中和轮毂槽中均牢固地固定，用于载荷较大、有冲击和双向转矩的场合

应当指出，键与键槽配合的松紧程度不仅取决于它们配合尺寸 b 的公差带，而且与它们的配合表面的形状误差和位置误差有关。因此，还须规定轴和轮毂键槽对轴和轮毂轴线的对称度公差。根据不同的功能要求，该对称度公差与键宽尺寸 b 的关系可以采用独立原则 ［见图 8—3（a）］，或者采用最大实体要求 ［见图 8—3（b）］。对称度公差等级可按 GB/T 1184—1996 取为 7~9 级。当键长与键宽之比（L/b）大于或等于 8 时，应规定键槽宽

两侧面的平行度公差，其等级可按 GB/T 1184—1996 选取：当 $b < 6$ mm 时，取 7 级；当 $b > 8 \sim 36$ mm 时，取 6 级；当 $b > 40$ mm 时，取 5 级。

键和键槽配合表面的表面粗糙度参数 Ra 的上限值一般取为 $1.6 \sim 3.2$ μm，通常取 $Ra\ 3.2$ μm，非配合表面取上限值为 $Ra\ 6.3$ μm。

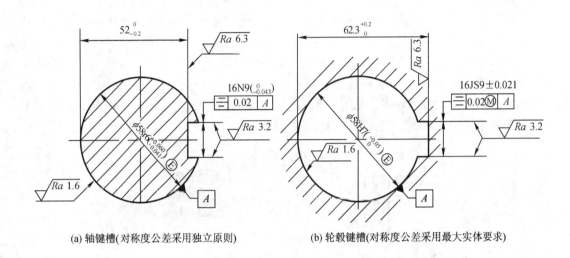

（a）轴键槽(对称度公差采用独立原则)　　　（b）轮毂键槽(对称度公差采用最大实体要求)

图 8—3　键槽尺寸和公差的标注

三、图样标注

轴键槽和轮毂键槽的剖面尺寸及其上、下偏差和键槽的几何公差、表面粗糙度参数值在图样上的标注示例见图 8—3。

四、键和键槽的检测

1. 键和键槽尺寸的检测

键和键槽的尺寸检测比较简单，可用各种普通计量器具测量，大批大量生产时也可用专用的极限量规来检验。键槽对其轴线的对称度比较重要，当工艺不能确保其精度时，应进行检测。

2. 单键槽对称度误差的测量

参看图 8—4（a），轴键槽对基准轴线的对称度公差采用独立原则，这时键槽对称度误差可按图 8—4（b）所示的方法来测量。该方法是以平板 4 作为测量基准，用 V 形支承座 1 体现轴的基准轴线，它平行于平板。用定位块 3（或量块）模拟体现键槽中心平面。将置于平板上的指示器的测头与定位块的顶面接触，沿定位块的一个横截面移动，并稍微转动被测轴，使定位块在这个横截面内的素线平行于平板。然后用指示器对定位块长度两端的 I 和 II 部位的测点分别进行测量，测得的示值分别为 M_I 和 M_{II}。

将被测轴在 V 形支承座上转 180°，然后按上述方法进行调整和测量，测得示值分别为 M_I' 和 M_{II}'。因此，键槽实际被测中心平面的两端相对于基准轴线和平板的工作平面的偏离

量 Δ_1 和 Δ_2 分别为

$$\Delta_1 = (M_{\mathrm{I}} - M_{\mathrm{I}}')/2 \tag{8—1}$$

$$\Delta_2 = (M_{\mathrm{II}} - M_{\mathrm{II}}')/2 \tag{8—2}$$

轴键槽对称度误差值 f 由 Δ_1 和 Δ_2 以及轴的直径 d 和键槽深度 t_1 按式（8—3）计算。

$$f = \left| \frac{t_1 \ (\Delta_1 + \Delta_2)}{d - t_1} + (\Delta_1 - \Delta_2) \right| \tag{8—3}$$

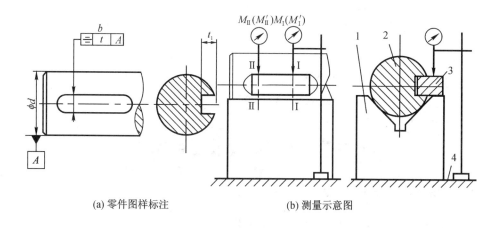

(a) 零件图样标注　　　　　　(b) 测量示意图

图8—4　轴键槽对称度误差的测量

1—V形支承座；2—带平键槽的轴；3—定位块（量块）；4—平板

3. 单键槽对称度误差的检验

参看图8—5（a），当轴键槽对称度公差与键槽宽度的尺寸公差的关系采用最大实体要求，而该对称度公差与轴径的尺寸公差的关系采用独立原则时，键槽对称度误差可用图8—5（b）所示的量规检验。当量规的 V 型表面与轴表面接触，且量杆能够进入被测键槽，则为合格。参看图8—6（a），当轮毂键槽对称度公差与键槽宽度的尺寸公差及基准孔的尺寸公差关系皆采用最大实体要求时，键槽对称度误差可用图8—6（b）所示的量规检验。如果它能够同时自由通过轮毂的基准孔和被测键槽，则表示合格。

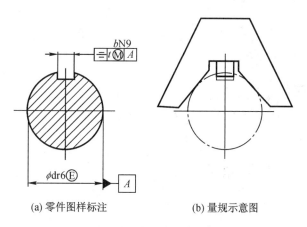

(a) 零件图样标注　　　　　　(b) 量规示意图

图8—5　轴键槽对称度量规

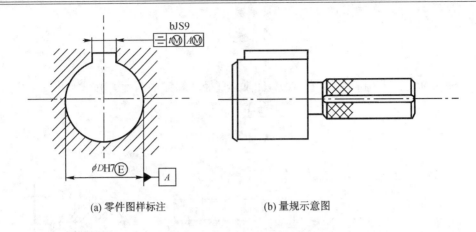

(a) 零件图样标注　　　　　　　　(b) 量规示意图

图 8—6　轮毂键槽对称度量规

第二节　矩形花键联结的精度

一、矩形花键联结的配合尺寸和定心方式

矩形花键联结（见图 8—7）由内花键和外花键构成，GB/T 1144 — 2001 规定矩形花键的主要尺寸为大径 D、小径 d 和键宽（键槽宽）B。矩形花键键数 N 取偶数，有 6，8，10 三种，以便于加工和检测。按承载能力，对公称尺寸分为轻系列和中系列两种规格，同一小径的轻系列和中系列的键数相同，键宽（键槽宽）也相同，仅在于大径不相同，见附表 8—2。花键规格按 $N \times d \times D \times B$ 的方法表示，如 $8 \times 52 \times 58 \times 10$ 依次表示键数为 8，小径公称尺寸为 52 mm，大径公称尺寸为 58 mm，键宽（键槽宽）公称尺寸为 10 mm。

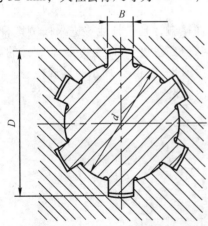

图 8—7　矩形花键联结的主要尺寸

矩形花键联结的主要使用要求是保证内、外花键的同轴度、联结强度、传递转矩的可靠性以及轴向滑动联结的导向精度。因此，矩形花键可以有三种定心方式：即大径 D 定心、小径 d 定心和键侧（键槽侧）B 定心。由于花键结合面的硬度通常要求较高（滑动频繁的内花键要求硬度为 56 ~ 60HRC），需淬火处理，为保证定心表面的尺寸精度和形状精度，淬火后需进行磨削加工。从加工工艺性看，内花键小径表面便于磨削，通过磨削键槽顶圆得到较高的定心精度，并能保证和提高花键表面质量，因此 GB/T 1144—2001 规定矩形花键联结采用小径定心。

二、矩形花键联结的精度

1. 尺寸公差带与装配型式

GB/T 1144—2001 规定矩形花键装配型式分为滑动、紧滑动、固定三种，按精度高低，这三种装配型式各分为一般用途和精密传动使用两种。内、外花键的定心小径、非定心大径和键宽（键槽宽）的尺寸公差带与装配型式见表 8—2，这些尺寸公差带均取自 GB/T 1801—2009。为减少花键拉刀和花键塞规的规格，花键联结采用基孔制配合。由于花键几何误差的影响，三类装配型式配合性质皆分别比各自的配合代号所表示的配合性质紧些。另外，大径为非定心直径，所以采用较大的间隙配合。

表 8—2　矩形花键的尺寸公差带与装配型式（摘自 GB/T 1144—2001）

内花键				外花键			装配型式
d	D	B		d	D	B	
		拉削后不热处理	拉削后热处理				
一般用途							
H7 Ⓔ	H10	H9	H11	f7 Ⓔ		d10	滑动
				g7 Ⓔ	a11	f9	紧滑动
				h7 Ⓔ		h10	固定
精密传动用							
H5 Ⓔ	H10	H7，H9		f5 Ⓔ	a11	d8	滑动
				g5 Ⓔ		f7	紧滑动
				h5 Ⓔ		h8	固定
H6 Ⓔ				f6 Ⓔ		d8	滑动
				g6 Ⓔ		f7	紧滑动
				h6 Ⓔ		h8	固定

注：①精密传动用的内花键，当需要控制键侧配合间隙时，键槽宽 B 可选用 H7，一般情况下可选用 H9；
②小径 d 的公差带为 H6 或 H7 的内花键，允许与提高一级的外花键配合。

2. 几何公差和表面粗糙度要求

矩形花键的几何误差对花键联结有很大影响，如图 8—8 所示。花键联结采用小径定心，假设内、外花键各部分的实际尺寸合格，内花键定心表面和键槽侧面的形状和位置都正确，而外花键定心表面各部分不同轴，各键不等分或不对称，造成它与内花键干涉（交叉线部分），从而使花键联结时不一定能获得预定的配合要求，甚至可能无法装配，并且使键（键槽）侧面受力不均。因此，对内、外花键必须分别规定几何公差，以保证装配精度的要求。

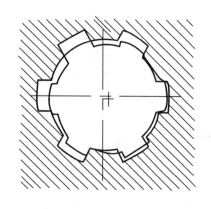

图 8—8　花键位置误差对配合的影响

　　为了保证内、外花键小径定心表面装配后的配合性质，它们各自的几何公差与尺寸公差的关系采用包容要求Ⓔ。

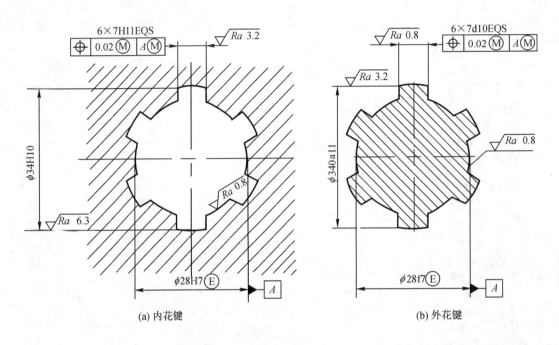

(a) 内花键　　　　　　　　　　　(b) 外花键

图 8—9　花键位置度公差标注

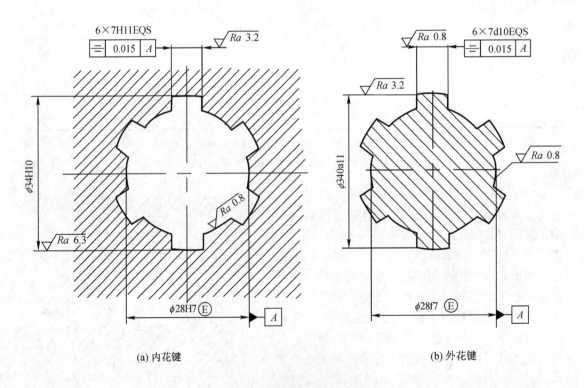

(a) 内花键　　　　　　　　　　　(b) 外花键

图 8—10　花键对称度公差标注

　　键和键槽的几何误差包括它们各自的中心平面对小径定心表面轴线的对称度误差、等分度误差及键（键槽）侧面对小径定心表面轴线的平行度误差，可规定位置度公差予以控制（如图8—9所示），并采用最大实体要求。位置度公差值见附表8—3。

　　在单件小批生产时，采用单项测量，则规定键（键槽）两侧面的中心平面对小径定心表面轴线的对称度公差和等分度公差。对称度公差值见附表8—3。该对称度公差与键（键槽）宽度公差及小径定心表面，与尺寸公差的关系，皆采用独立原则，图样标注如图8—10所示，花键等分度公差的概念与对称度公差相同，故前者不必注出。

　　对于较长的花键，可根据产品性能自行规定键（键槽）侧面对小径定心表面轴线的平行度公差。

　　应当指出，由于矩形花键位置误差的影响，内、外花键的配合性质比内、外花键尺寸公差带代号所表示的配合性质紧。

　　矩形花键的表面粗糙度参数 Ra 可参考附表8—4选用，一般 Ra 的上限值推荐如下。

　　①内花键：小径表面不大于 $0.8\ \mu m$，键槽侧面不大于 $3.2\ \mu m$，大径表面不大于 $6.3\ \mu m$。

　　②外花键：小径表面不大于 $0.8\ \mu m$，键侧面不大于 $0.8\ \mu m$，大径表面不大于 $3.2\ \mu m$。

三、图样标注

　　矩形花键的配合按花键规格所规定的顺序标注，在装配图上标注花键的配合代号，在零件图上标注花键公差代号。图8—11（a）为一个花键副，其标注代号表示键数为6，小径配合为28H7/f7，大径配合为34H10/a11，键宽与键槽宽的配合为7H11/d10。在零件图样上，花键小径、大径和键宽（键槽宽）的公差带可按花键规格的顺序注出，如图8—11（b）和（c）所示，也可按图8—9或图8—10，将各尺寸公差带分别注出。

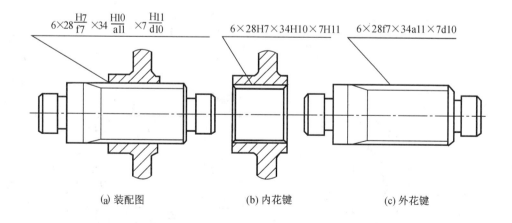

(a) 装配图　　　　　　　　(b) 内花键　　　　　　　　(c) 外花键

图8—11　花键配合及公差带代号的图样标注

四、矩形花键的检测

在单件小批生产中，没有现成的花键量规可使用时，可用普通计量器具分别对各尺寸（d、D 和 B）进行单项测量，并测量键（键槽）的对称度误差。

对大批量生产，一般都采用花键量规进行检测。例如，按图 8—9 所示标注要求。为了保证花键装配型式的要求，验收内、外花键应该首先使用花键塞规和环规（均系全形通规），分别检验内、外花键的实际尺寸和几何误差的综合结果，即同时检验花键的小径、大径、键宽（键槽宽）表面的实际尺寸和几何误差以及各键（键槽）的位置度误差，大径表面轴线对小径定心表面轴线的同轴度误差等的综合结果。花键量规能自由通过被测花键，则表示合格。被测花键用量规检验合格后，还要分别检验其小径、大径和键宽（键槽宽）的实际尺寸是否超出各自的最小实体尺寸。即按内花键小径、大径及键槽宽的最大极限尺寸和外花键小径、大径及键宽的最小极限尺寸，分别用单项止端塞规和单项止端卡规检验它们的实际尺寸，或者使用普通计量器具测量它们的实际尺寸。单项止端量规不能通过，则表示合格。

图 8—12 为花键塞规，其前端的圆柱面用来引导塞规进入内花键，其后端的花键则用来检测内花键各部位。图 8—13 为花键环规，其前端的圆柱孔用来引导环规进入外花键，其后端的花键则用来检验外花键各部位。

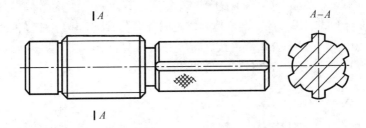

图 8—12　矩形花键塞规

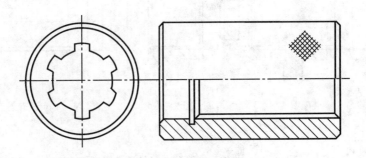

图 8—13　矩形花键环规

第三节　键联结的精度设计

一、平键联结的精度设计

在平键联结中，键宽和键槽宽采用基轴制配合。平键联结的精度设计首先是尺寸公差的选用，要根据平键的使用要求和应用场合确定其配合代号。

对于导向平键应选用松联结。在这种方式中，平键宽（h8）与轴槽宽（H9）为零间隙配合。为防止平键在轴键槽内移动，可利用沉头螺钉将平键紧固在轴键槽上。而平键与轮毂槽（D10）的配合间隙较大，因此，轮毂可以往返移动。

平键在承受重载荷、冲击载荷或双向扭矩的场合，应选用紧密联结，以保证工作可靠性。这时平键宽（h8）和轴、毂键槽宽（P9）配合较紧，为小过盈配合，需用木槌装配，以保证结合得更紧密、可靠。

平键若承受一般载荷，为了拆装方便，应选用正常联结。

平键联结的尺寸公差查附表 8—1。

平键联结配合表面的几何公差和表面粗糙度的选用按第一节要求进行。键槽宽的对称度公差值查附表 3—4。

二、矩形花键联结的精度设计

在矩形花键联结中，内花键和外花键采用基孔制配合。矩形花键联结的精度设计首先是确定联结精度和装配型式。

联结精度的选择，主要是根据定心精度的要求和传递扭矩的大小来确定。当定心精度高，传递扭矩大时，为使工作表面各部位接触均匀，应选用精密传动使用的公差带，如精密机械、精密机床主轴变速箱等。对一般机械则选用一般使用的公差带。

装配型式的选用，首先要确定内、外花键除传递扭矩外，是否还有轴向移动。若内、外花键间要求有相对移动，且移动距离较长、移动频率高，应选用配合间隙较大的滑动联结，如变速用的滑动齿轮；若内、外花键要求定心精度高，传递扭矩大或经常有反向转动的情况，应选用配合间隙较小的紧滑动联结；若内、外花键只用来传递扭矩、不需在轴向移动，应选用固定联结，如固定常用啮合齿轮等。

进行矩形花键联结精度设计，除联结精度和装配形式的选用外，还要进行其配合表面的几何公差和表面粗糙度的选用。几何公差值查附表 8—3，表面粗糙度数值查附表 8—4。

三、键联结精度设计示例

例 8—1　如图 8—14 所示的减速器，其工作原理是：动力经齿轮 4 传到齿轮轴 3，再经双联齿轮 6 将动力经花键轴 1 输出。为了能起离合作用，滑动齿轮 2 可沿花键轴做轴向滑动（虚线为分离时位置，此时花键轴不转动）。工作时，中间齿轮轴 7 固定，不得转动，双联齿轮则在其上滑动旋转。此减速器属一般精度，小批量生产。

解：（1）平键联结精度设计

主动齿轮 4 和齿轮轴 3 用 C 型平键联结，已知结合面直径为 $\phi25$ mm，查附表 8—1 选取

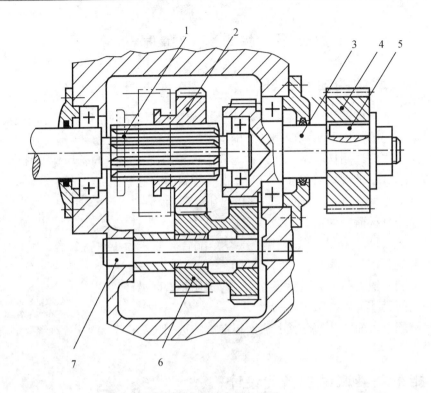

图 8—14　减速器结构图

1—花键轴；2—滑动齿轮；3—齿轮轴；4—主动齿轮；5—平键；6—双联齿轮；7—中间轴

平键尺寸为 $b \times h = 8 \times 7$，平键长度根据联结件的长度选取，应短于被联结件的长度。

①尺寸公差的选择

选择平键正常联结，查表 8—1 可知键和键槽宽度公差带代号，查附表 8—1 选取其公差值。

轴键槽宽为 8N9（ $^{0}_{-0.036}$ ），轴槽深尺寸公差为 $d - t_1 = 25 - 4 = 21\ ^{0}_{-0.2}$ ；

毂键槽宽为 8JS9（ ± 0.018 ），毂键槽尺寸公差为 $d + t_2 = 25 + 3.3 = 28.3\ ^{+0.2}_{0}$ 。

②几何公差的选择

键槽宽度相对于轴线的对称度公差取 6、7 级都可以，考虑该机械精度要求一般取 7 级，查附表 3—4 为 0.01 mm。

③表面粗糙度的选择

键宽侧面工作面 Ra 的上限值一般取为 $1.6 \sim 3.2$ μm，通常取 3.2 μm；非配合表面的 Ra 的上限值取为 6.3 μm。

设计结果标注参见图 8—15。

（2）矩形花键联结精度设计

滑动齿轮 2 与花键轴 1 用矩形花键联结，轴的小径基本尺寸为 $\phi 42$ mm，查附表 8—2，取轻系列，基本尺寸为 $N \times d \times D \times B = 8 \times 42 \times 46 \times 8$。根据工作要求，齿面需淬火处理，花键轴进行表面淬火，在中型机械厂制造。

①尺寸公差的选择

矩形花键采用基孔制配合，查表 8—2 确定：

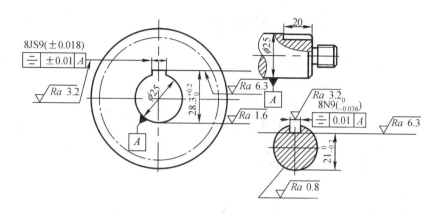

图 8—15　平键联结标注

内花键为　　8 × 42H7 × 46H10 × 8H11

外花键为　　8 × 42f7 × 46a11 × 8d10

②几何公差的选择

由于该产品为小批量生产，键的分布位置精度取对称度公差，查附表 8—3 为 0.015 mm。

内、外花键的小径，为保证定心精度，采用包容要求。

③表面粗糙度的选择

根据国标推荐，内花键：小径表面不大于 0.8 μm，键槽侧面不大于 3.2 μm，大径表面不大于 6.3 μm；外花键：小径表面不大于 0.8 μm，键侧面不大于 0.8 μm，大径表面不大于 3.2 μm。

设计结果标注参见图 8—16。

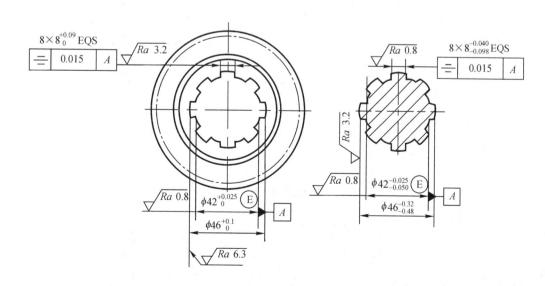

图 8—16　花键联结标注

习题八

8—1　平键与轴槽和轮毂槽的配合为何采用基轴制？平键与键槽的配合有哪几种？各适用于何种场合？

8—2　矩形花键采用小径定心有何优点？

8—3　某齿轮与轴的配合为 $\phi45H7/m6$，采用平键联结传递转矩，负荷为中等。试查表确定轴、孔的极限偏差，轴键槽和轮毂键槽的剖面尺寸及极限偏差，轴键槽和轮毂键槽的对称度公差及表面粗糙度参数 Ra 的上限值，应遵守的公差原则，并将它们按图8—3的形式标注在图样上。

8—4　某矩形花键联结的规格和尺寸为 $N \times d \times D \times B = 6 \times 26 \times 30 \times 6$，它是一般用途的紧滑动联结，试确定该花键副的配合代号，并将内、外花键的各尺寸公差带、位置度公差和表面粗糙度参数 Ra 的上限值按图8—9或图8—10的形式标注在图样上。

8—5　矩形外花键图样上的标注为 $6 \times 28f7 \times 34a11 \times 7d10$，那么 6、28f7、34a11、7d10 分别代表什么意思？

第九章

圆锥和棱体斜度的精度与检测

圆锥配合在机器结构中应用广泛，且多用于较重要的机械连接结构中。例如，精密车床上轴的外圆锥与圆锥滑动轴承的配合，以及铣刀、钻头、铰刀等刀具的刀柄外圆锥与机床主轴的内圆锥的配合等，都是采用圆锥连接结构。圆锥配合与圆柱配合相比，圆锥配合具有可自动定心，配合自锁性好，密封性好，间隙及过盈可以自由调整等优点。此外，对间隙或过盈要求较高，并且需要经常调节的角度连接，例如棱、楔、榫等，在工业生产中也得到一定的应用。

圆锥配合和斜度配合虽然优点很突出，但是由于其几何参数较圆柱体复杂，加工和检测都有一定的困难。

为了满足圆锥配合的使用要求，保证圆锥配合的互换性，我国制定的有关圆锥公差与配合的国家标准有：GB/T 157—2001《产品几何量技术规范(GPS) 圆锥的锥度与角度系列》；GB/T 4096—2001《产品几何量技术规范(GPS) 棱体的角度与斜度系列》；GB/T 11334—2005《产品几何量技术规范(GPS)圆锥公差》；GB/T 12360—2005《产品几何量技术规范(GPS)圆锥配合》；GB/T 15754—1995《技术制图 圆锥的尺寸和公差注法》；GB/T 15755—1995《圆锥过盈配合的计算和选用》；机械加工未注角度尺寸公差执行 GB/T 1804—2000《一般公差 未注公差的线性和角度尺寸的公差》等。

第一节 圆锥体配合的主要参数

在圆锥体配合中，影响互换性的因素很多，为了分析其互换性，必须熟悉圆锥体配合的常用术语及主要参数。

一、常用术语及定义

1. 圆锥表面

圆锥表面与轴线成一定角度。圆锥表面是一端与轴线相交的一条直线（称为素线或母线），围绕该轴线旋转一周形成的表面，如图 9 - 1 所示。

2. 圆锥

由圆锥表面与一定尺寸所限定的几何体。圆锥分为外圆锥（圆锥轴）如图 9—2(a)所示，即外部为圆锥表面的几何体；内圆锥（圆锥孔）如图9—2(b)所示，即内部为圆锥表面的几何体。

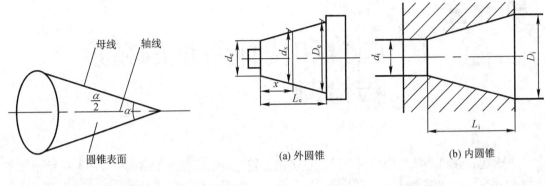

图9—1　圆锥要素　　　　　图9—2　内、外圆锥

二、圆锥配合的主要参数

1. 圆锥角（锥角 α）

在通过圆锥轴线的截面内，两条素线间的夹角称为圆锥角。圆锥角用符号 α 表示，内圆锥角用 α_i 表示，外圆锥角用 α_e 表示，斜角（锥角半角）的符号为 $\alpha/2$。如图9—3、9—4所示。

2. 圆锥直径

圆锥在垂直于轴线截面上的直径，如图9—2所示。常用的圆锥直径如下。

（1）最大圆锥直径 D，内圆锥最大直径为 D_i，外圆锥最大直径为 D_e；

（2）最小圆锥直径 d，内圆锥最小直径为 d_i，外圆锥最小直径为 d_e；

（3）任意给定截面圆锥直径 d_x。

3. 圆锥长度 L

最大圆锥直径与最小圆锥直径之间的轴向距离称为圆锥长度，如图9—2、图9—3、图9—4所示，内圆锥长度为 L_i，外圆锥长度为 L_e。

4. 锥度 C

两个垂直于圆锥轴线截面上的圆锥直径差与该两截面之间的轴向距离之比称为锥度。若最大圆锥直径为 D，最小圆锥直径为 d，圆锥长度为 L，则锥度为

$$C = (D - d)/L \tag{9—1}$$

锥度 C 与圆锥角 α 的关系为

$$C = 2\tan\left(\frac{\alpha}{2}\right) \tag{9—2}$$

锥度公式(9—1)、式(9—2)反映了圆锥直径、圆锥长度、圆锥角和锥度之间的相互关系，这个关系式是圆锥的基本公式。锥度一般用比例或分数形式表示，例如 $C = 1:5$ 或 $C = 1/5$。

GB/T 157 规定了一般用途的锥度与圆锥角系列(见附表9—1)和特殊用途的圆锥与圆锥角系列(见附表9—2)，它们只适用于光滑圆锥。

5. 圆锥配合长度 H

圆锥配合长度 H 指内、外圆锥配合部分的长度，如图9—4所示。

6. 基面距 a

基面距 a 指相互结合的内、外圆锥基准面间的距离，如图9—4所示。基面距用来确定内、外圆锥的轴线的相对位置。基面距的大小取决于所指定的基本直径。若以内圆锥的最大直径为基本直径，则基面距的位置在大端；若以外圆锥最小直径为基本直径，则基面距的位置在小端。

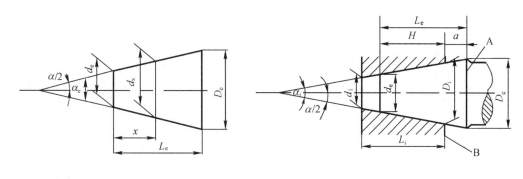

图9—3　外圆锥配合的基本参数　　　　　　　图9—4　圆锥配合基面距

第二节　圆锥要素精度的评定指标

一、圆锥公差项目

根据国家标准 GB/T 11334—2005，圆锥公差的项目有圆锥直径公差、圆锥角公差、圆锥形状公差和给定截面圆锥直径公差。

1. 圆锥直径公差 T_D

圆锥直径公差 T_D 是指圆锥直径的允许变动量，其数值为允许的最大极限圆锥直径 D_{max}（或 d_{max}）和最小极限圆锥直径 D_{min}（或 d_{min}）之差(见图9—5)。在圆锥轴向截面内两个极限圆锥所限定的区域就是圆锥直径公差带，用公式表示为

$$T_D = D_{max} - D_{min} = d_{max} - d_{min} \tag{9—3}$$

最大极限圆锥和最小极限圆锥皆称为极限圆锥，它与基本圆锥同轴，且圆锥角相等。在垂直于圆锥轴线的任意截面上，该两圆锥直径差都相等。

圆锥直径公差数值未另行规定标准，可根据圆锥配合的使用要求和工艺条件，对圆锥直径公差 T_D 和给定截面直径公差 T_{DS} 分别以最大圆锥直径 D 和给定截面圆锥直径 d_x 为基本尺寸，直接从圆柱体的孔、轴极限与配合国家标准(GB/T 1800.1—2009)中规定的标准公差选取。圆锥直径公差带用圆柱体孔、轴公差与配合标准符号表示，其公差等级亦与该标准相

同。圆锥直径公差适用于圆锥全长。

对于有配合要求的圆锥，推荐采用基孔制；对于没有配合要求的内、外圆锥，推荐选用基本偏差 JS 或 js，其公差等级按功能要求确定。

例如：内圆锥最大直径为 $\phi80$ mm，无配合要求，可选用 $\phi80\text{JS}10(\pm0.06)$ mm。

2. 圆锥角公差 AT

圆锥角公差 AT 是指圆锥角允许的变动量。其数值为允许的最大圆锥角 α_{max} 与最小圆锥角 α_{min} 之差，其公差带是由两个极限圆锥角所限定的区域表示（见图9—6），用公式表示为

$$AT = \alpha_{max} - \alpha_{min} \tag{9—4}$$

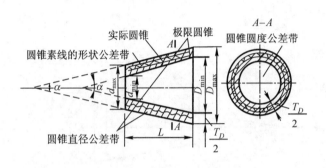

图9—5　圆锥直径公差带　　　　　　　图9—6　圆锥角公差带

圆锥角公差共分12个等级，分别用 AT 1，AT 2，…，AT 12 表示。其中，AT 1 为精度最高公差等级，依次降低，AT 12 为精度最低公差等级。各公差等级的圆锥角公差数值见附表9—3。使用时，以角度短边长作为圆锥长度选取公差值。

圆锥角公差 AT 等级与同等级光滑圆柱体尺寸公差加工难易程度相当，如 AT 7 与 IT 7 的加工难易程度相当。

圆锥角公差有以下两种表示形式。

（1）AT_α——以角度单位表示。单位为微弧度（μrad）1 μrad = 1/5 秒，或度、分、秒（°，′，″）表示角度公差值。

（2）AT_D——以长度单位表示，单位为微米（μm）。它是用与圆锥轴线垂直且距离为 L 的两端直径变动量之差所表示的圆锥角公差。

AT_D 与 AT_α 的关系为

$$AT_D = AT_\alpha L \times 10^{-3} \tag{9—5}$$

式中，AT_D 的单位为 μm；AT_α 的单位为 μrad；L 的单位为 mm。

圆锥角各级公差值之间的公比为 $\varphi = 1.6$，即 $ATn = ATn - 1 \times 1.6$，若需更高或更低等级的圆锥公差时，标准规定可按上述公比向两端延伸得到所需公差值。更高等级用 AT 0，AT 01，…表示，更低等级用 AT 13，AT 14，…表示。

从附表9—3中可以看出，在每个长度段中，AT_α 是个定值，而 AT_D 值是由最大和最小圆锥长度分别计算得出的一个数值范围。对于不同的基本圆锥长度，应按式(9—5)计算。

例9—1　选用圆锥角度公差等级为 AT 7，确定圆锥角度公差值。

解：当 $L = 40$ mm 时，查附表9—3得 $AT_\alpha = 400$ μrad，则 $AT_D = AT_\alpha \times L \times 10^{-3} = 16$ μm；

当 $L=50$ mm 时，查附表 9—3 得 $AT_\alpha=315$ μrad，则 $AT_D=AT_\alpha\times L\times10^{-3}=15.75$ μm。

当对圆锥角公差无特殊要求时，可以用圆锥直径公差加以限制；当对圆锥角精度要求较高时，则应单独规定圆锥角公差。

圆锥角的极限偏差可按单向取值或对称与不对称的双向取值，见图 9—7 所示。具体选用时按照圆锥结构和配合要求而定。

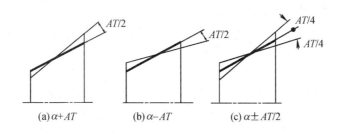

$$(a)\,\alpha+AT \qquad (b)\,\alpha-AT \qquad (c)\,\alpha\pm AT/2$$

图 9—7　角度偏差的分布

3. 圆锥的形状公差 T_F

圆锥的形状公差包括下列两种。

（1）圆锥素线直线度公差

在圆锥轴向平面内，允许实际素线形状的最大变动量。圆锥素线直线度的公差带，是在给定截面上，距离为公差值 T_F 的两条平行直线间的区域（见图 9—5）。

（2）截面圆度公差

在圆锥轴线法向截面上，允许截面形状的最大变动量。其公差带是半径差为公差值 T_F 的两同心圆间的区域。

4. 给定截面圆锥直径公差 T_{DS}

在垂直于圆锥轴线的给定截面内，允许圆锥直径的变动量。

二、圆锥公差的精度设计

1. 选定圆锥直径公差 T_D

若选定圆锥直径公差 T_D，此时圆锥角误差和圆锥形状误差都应限制在圆锥直径公差带内（如图 9—5）。圆锥直径公差 T_D 所能限制的圆锥角如图 9—8 所示。该法通常适用于有配合要求的内、外圆锥体。例如，圆锥滑动轴承、钻头的锥柄等。

如果对圆锥角公差、圆锥形状公差有更高要求时，可再给出圆锥角公差 AT 和圆锥形状公差 T_F。此时，AT 和 T_F 仅占圆锥直径公差的一部分。

2. 选定圆锥截面直径公差 T_{DS} 和圆锥角公差 AT

若选定圆锥截面直径公差 T_{DS}，是在一个给定截面内对圆锥直径给定的，它只对这个截面直径有效。而给定的圆锥角公差，不包容在圆锥截面直径公差带内。此时，两种公差相互独立，圆锥应分别满足该两项要求（见图 9—9）。从图可知，当圆锥在给定截面上具有最小极限尺寸 d_{xmin} 时，其圆锥角公差带为图中下面两条实线限定的两对顶三角形区域，此时实际

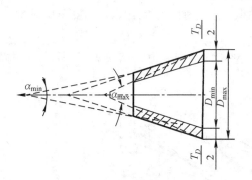
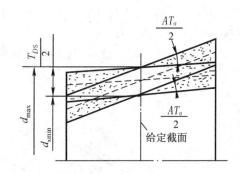

图 9—8　用圆锥直径公差控制圆锥角误差　　　　图 9—9　给定圆锥截面直径公差与
　　　　　　　　　　　　　　　　　　　　　　　　　　　圆锥角公差的关系

圆锥角必须在此公差带内；当圆锥在给定截面上具有最大极限尺寸 d_{xmax} 时，其圆锥角公差带为图中上面两条实线限定的两对顶三角形区域；当圆锥在给定截面上具有某一实际尺寸 d_x 时，其圆锥角公差带为图中两条虚线限定的两对顶三角形区域。

　　该方法是在圆锥素线为理想直线情况下给定的，它适用于对圆锥工件的给定截面有较高精度要求的情况。例如阀类零件，为使圆锥配合在给定截面上有良好接触，以保证有良好的密封性，常采用这种公差。

三、圆锥的表面粗糙度

　　圆锥的表面粗糙度采用 Ra 的上限值，选用时可参考表 9—1 。

表 9—1　圆锥表面粗糙度　　　　　　　　　　　μm

联结形式 表面	定心联结	紧密联结	固定联结	支撑轴	工具圆锥面	其他
	Ra（≤）					
外表面	0.4～1.6	0.1～0.4	0.4	0.4	0.4	1.6～6.3
内表面	0.8～3.2	0.2～0.8	0.8	0.8	0.8	1.6～6.3

四、未注公差角度的极限偏差

　　圆锥要素图样上未注公差角度的极限偏差时，执行 GB/T 1804—2000。该标准将未注公差角度的极限偏差分为四个等级，用小写英文字母表示为 f(精密级)，m(中等级)，c(粗糙级)，v(最粗级)，数值见附表 9—6。该标准适用于金属切削加工的角度，它是在车间一般加工条件下可以保证的公差。

　　未注公差角度的公差等级在图样或技术文件上用标准号和公差等级符号表示。例如，选用中等级时，表示为 GB/T 1804 - m。

第三节　圆锥要素的精度设计

一、　圆锥配合

当机械设计方案确定以后，如果机械结构中有圆锥配合，同圆柱体一样，也需要进行精度设计。即公差等级、基准制、基本偏差以及公差带、配合性质的选择。

GB/T 12360—2005 适用于锥度 C 从1∶3至1∶500，基本圆锥长度 L 为 6～630 mm，直径至 500 mm 光滑圆锥的配合。

圆锥公差与配合制是由基准制、圆锥公差和圆锥配合组成。圆锥配合的基准制分基孔制和基轴制，优先采用基孔制；圆锥公差由 GB/T 11334—2005 确定；圆锥配合分间隙配合、过渡配合和过盈配合，相互配合的两圆锥公称尺寸应相同。

1. 圆锥配合的定义

圆锥配合是指基本圆锥相同的内、外圆锥直径之间结合所形成的相互关系。

圆锥配合时，其配合间隙或过盈是在圆锥素线的垂直方向上起作用的。但在一般情况下，可以认为圆锥素线垂直方向的量与圆锥径向的量两者差别很小，可忽略不计，故这里的配合间隙或过盈是指垂直圆锥轴线的间隙和过盈。

2. 圆锥配合种类

圆锥配合分间隙配合、过渡配合、过盈配合。

间隙配合主要适用于圆锥配合面间有相对运动的部件，如车床主轴的圆锥轴颈与滑动轴承的配合；过渡配合适用于有密封要求的场合，如各种气体密封或液体密封装置；过盈配合适用于有定心要求并传递扭矩的配合，如带锥柄的绞刀、扩孔钻的锥柄与机床主轴锥孔的配合等。圆锥过盈配合的特点是不工作时，内、外圆锥体可以拆开，便于装卸刀具。

3. 圆锥配合的形成

圆锥配合的特点是通过规定相互结合的内、外锥的相对轴向位置形成的。按确定圆锥轴向位置的不同方法，圆锥配合的形式有两种。第一种，由圆锥的结构形成的配合，称为结构型圆锥配合；第二种，由圆锥的轴向位移所形成的配合，称为位移型圆锥配合。

（1）结构型圆锥配合

如图 9—10 所示，结构型圆锥配合形式是由内、外圆锥的结构或基面距确定它们之间最终的轴向相对位置，并因此而获得的配合。它们可以是间隙配合、过渡配合和过盈配合。

另外，内、外圆锥直径公差带按圆柱配合国家标准 GB/T 1801—2009 选取，对于结构型圆锥配合，推荐优先采用基孔制。由于内、外圆锥直径公差 T_D 的大小直接影响配合精度，因此对结构型圆锥配合，推荐内外圆锥直径公差不大于 IT 9 级。对接触精度有更高要求，可给出圆锥角公差 AT 和圆锥形状公差 T_F，此时 AT 和 T_F 仅占圆锥直径公差 T_D 的一部分。

（2）位移型圆锥配合

如图 9—11 所示，位移型圆锥配合形式由内、外圆锥从实际初始位置开始（P_a），沿轴线方向做一定量的相对轴向位移（E_a）或施加一定的装配力，产生轴向位移而获得的配合。

位移型圆锥配合的特点是，由轴向力来确定内、外圆锥相对的轴向位置从而获得不同种类的配合。

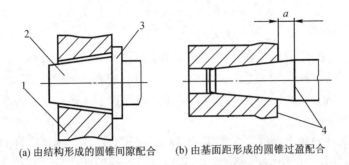

(a) 由结构形成的圆锥间隙配合　　　(b) 由基面距形成的圆锥过盈配合

图9—10　结构型圆锥配合

1—内圆锥；2—外圆锥；3—轴肩；4—基准平面

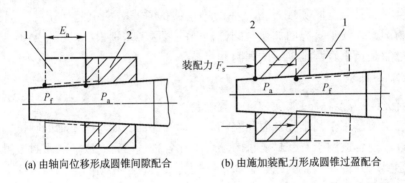

(a) 由轴向位移形成圆锥间隙配合　　　(b) 由施加装配力形成圆锥过盈配合

图9—11　位移型圆锥配合

1—终止位置；2—实际初始位置

位移型圆锥配合的内、外圆锥直径公差带的基本偏差推荐选用 H、h 或者 JS、js。位移型圆锥配合的轴向位移极限值（$E_{a\max}$、$E_{a\min}$）和轴向位移公差 T_E 可按照下列公式计算。

①间隙配合

$$E_{a\max} = X_{\max}/C$$

$$E_{a\min} = X_{\min}/C$$

$$T_E = E_{a\max} - E_{a\min} = (X_{\max} - X_{\min})/C$$

式中，C 为锥度；$X_{\max}$ 为配合的最大间隙；$X_{\min}$ 为配合的最小间隙。

②过盈配合

$$E_{a\max} = |Y_{\max}|/C$$

$$E_{a\min} = |Y_{\min}|/C$$

$$T_E = E_{a\max} - E_{a\min} = (|Y_{\max}| - |Y_{\min}|)/C$$

式中，$Y_{\max}$ 为配合的最大过盈；$Y_{\min}$ 为配合的最小过盈。

应该指出，结构型圆锥配合由内、外圆锥直径公差带决定其配合性质；位移型圆锥配合由内、外圆锥相对轴向位移(E_a)决定其配合性质。

例9—2　配合圆锥的锥度C为1:50,要求配合性质达到H8/u7,配合圆锥的公称直径为ϕ100 mm,试计算轴向位移量和轴向位移公差。

解:由附表2—2,附表2—3,附表2—4查得:孔ϕ100H8,ES = +0.054 mm,EI = 0;轴ϕ100u7 mm,es = +0.159 mm,ei = +0.124 mm。

最大过盈　Y_{max} = EI - es = 0 - (+0.159) = -0.159 mm;

最小过盈　Y_{min} = ES - ei = +0.054 - (+0.124) = -0.070 mm;

最大轴向位移量　E_{amax} = |Y_{max}|/C = 50 × 0.159 = 7.95 mm;

最小轴向位移量　E_{amin} = |Y_{min}|/C = 50 × 0.070 = 3.5 mm;

轴向位移公差　T_E = E_{amax} - E_{amin} = 7.95 - 3.5 = 4.45 mm。

二、公差要求在图样上的标注

1. 圆锥尺寸的标注

(1) 尺寸标注

国家标准规定的圆锥尺寸标注方法如图9—12所示。

(2) 锥度标注

在零件图样上,锥度用特定的图形符号和比例(或分数)来标注,如图9—13所示。图形符号放置在平行于圆锥轴线的基准线上,并且其方向与圆锥方向一致。在基准线的上面标注锥度的数值,用指引线将基准线与圆锥素线相连。在图样上标注了锥度,就不必标注圆锥角,两者不应重复标注。

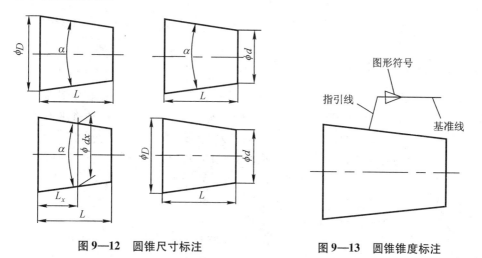

图9—12　圆锥尺寸标注　　　　　　图9—13　圆锥锥度标注

2. 圆锥公差的标注

圆锥公差的标注,应根据圆锥的功能要求和工艺特点选择公差项目。在图样上标注相配的内、外圆锥的尺寸和公差时,内、外圆锥必须具有相同的基本圆锥角(或基本锥度),标注直径公差的圆锥直径必须具有相同的公称尺寸。圆锥的几何公差通常采用标注面轮廓度法(见图9—14);有配合要求的结构型内、外圆锥,也可采用基本锥度法(见图9—15);当无配合要求时,可采用公差锥度法标注(见图9—16)。

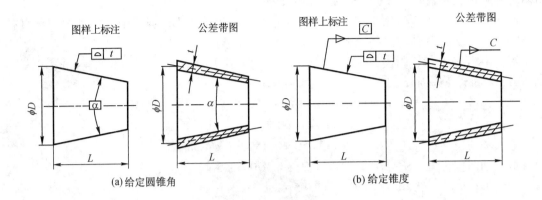

图 9—14　标注面轮廓度法示例

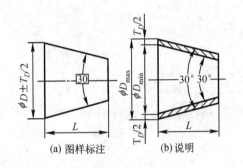

图 9—15　基本锥度法标注示例

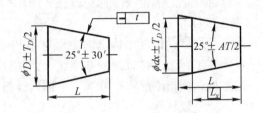

图 9—16　公差锥度法标注示例

三、圆锥要素精度设计实例

例 9—3　用锥度为1∶5000的心轴装入齿坯孔中，然后将心轴装在中心架上，用百分表测量齿坯轴向圆跳动（见图9—17）。若齿坯孔径为 $\phi 40^{+0.016}_{0}$，试求齿坯在锥度心轴上的移动范围 N 及心轴大端直径 $D \pm AT5 \div 2$（AT5 为圆锥公差等级数值，以长度单位表示）。

解：（1）由题意确定 N 的移动范围应在齿坯孔径的最大与最小极限尺寸范围之内，故有

$$N \div (40.016 - 40) = 5000 \div 1$$

$$N = 5000 \times 0.016 = 80 \text{ mm}$$

（2）由图 9—17 所示，有 $(D - d_{\max}) \div 30 = 1 \div 5000$。

其中，　　　　　　　　　　$d_{\max} = 40 + 0.016 = 40.016 \text{ mm}$

所以，　　　　$D = 30 \div 5000 + d_{\max} = 30 \div 5000 + 40.016 = \phi 40.022 \text{ mm}$

又有心轴的锥度部分长度为

$$L = 30 + 80 + 20 + 15 = 145 \text{ mm}$$

查附表 9—3，$AT5$ 对应的 AT_{α} 为 80 μrad，

$$AT_D = AT_{\alpha} \times L \times 10^{-3} = 80 \times 145 \times 10^{-3} = 11.6 \text{ μm}$$

所以，$\pm AT5 \div 2 = \pm 5.8 \text{ μm}$，圆整为整数 $\pm 6 \text{ μm}$。

心轴大端直径为 $D \pm AT5 \div 2 = \phi 40.022 \text{ mm} \pm 0.006 \text{ mm}$。

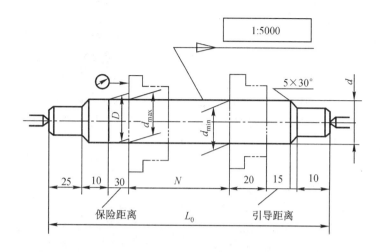

图 9—17　锥度心轴

例 9—4　某铣床主轴与铣刀刀柄的联结部分
的配合关系如图 9—18 所示，其锥度 C 为7:24，基
准平面在大端，D 为基准圆锥直径，$D = 70$ mm，若
设铣床主轴内圆锥孔直径公差带代号为 H7，而铣
刀刀柄的直径公差带代号为 t6，试计算该圆锥配合
的极限轴向位移 E_{amax}、E_{amin} 和轴向位移公差 T_E，
并确定该配合的基准制和配合性质。

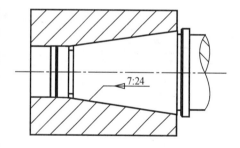

图 9—18　铣床与铣刀联结部分

另外，此类带内锥孔的主轴及与之相配合的铣
刀刀柄在加工锥度部分时，为了检测的方便，通常
采用专用量规测量。在量规上刻有 Z 标志线，标志
线是根据工件圆锥直径公差按其锥度计算出的允许轴向位移量。当圆锥基本平面在此"2Z"
尺寸范围，即为合格。试根据锥孔、锥柄的直径公差，分别确定出 $Z_孔$ 和 $Z_轴$ 的范围。并按
基本锥度法分别标注锥孔和锥柄的零件结构。

解：（1）由 $C = 7:24, D = 70$ mm，H7/t6，查附表2—2，2—3，2—4 可得

$$\phi 70\text{H7}: T_D = \text{IT}\,7 = 0.030 \text{ mm}, \text{EI} = 0\ , \text{ES} = +0.030 \text{ mm}$$

$$\phi 70\text{t6}: T_D = \text{IT}\,6 = 0.019 \text{ mm}, \text{ei} = +0.075 \text{ mm}, \text{es} = +0.094 \text{ mm}$$

由 H7/t6，可知此配合为基孔制，过盈配合。

其最大、最小过盈量为

$$Y_{max} = \text{EI} - \text{es} = 0 - (+0.094) = -0.094 \text{ mm}$$

$$Y_{min} = \text{ES} - \text{ei} = +0.030 - (+0.075) = -0.045 \text{ mm}$$

其轴向位移量和轴向位移公差为

$$E_{amax} = |Y_{max}| / C = 0.094 \times 24 \div 7 = 0.322 \text{ mm}$$

$$E_{amin} = |Y_{min}| / C = 0.045 \times 24 \div 7 = 0.154 \text{ mm}$$

$$T_E = E_{amax} - E_{amin} = 0.322 - 0.154 = 0.168 \text{ mm}$$

（2）

① 对内圆锥孔基准圆直径 $\phi 70H7$。

因为，$T_D = 0.030$ mm，由 Z 与 T_D 的几何关系可知 ［见图 9—19（a）］，有

$$\tan(\alpha/2) = T_D \div 2 \div 2Z = 0.030 \div 4Z$$

查附表 9—2，得 $\alpha = 16.594°$，代入得

$$Z = 0.030 \div 4 \times \tan(16.594° \div 2) = 0.030 \div 4 \times 0.146 = 0.051 \text{ mm}$$

内圆锥孔标注及公差带图可参考图 9—19（c）。

② 对外圆锥轴基准圆直径 $\phi 70t6$。

因为，$T_D = 0.019$ mm，由 Z 与 T_D 的几何关系 ［见图 9—19（a）］，有

$$\tan\alpha/2 = T_D \div 2 \div 2Z = 0.019 \div 4Z$$

查附表 9—2 得 $\alpha = 16.594°$，代入上式得

$$Z = 0.019 \div 4 \times \tan(16.594° \div 2) = 0.019 \div 4 \times 0.146 = 0.033 \text{ mm}$$

外圆锥轴标注可参考图 9—19（b）。

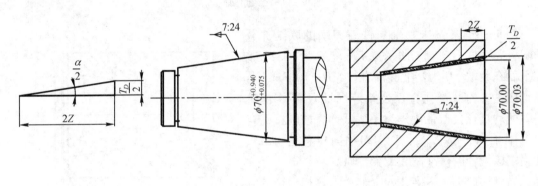

（a）角度关系　　　　　（b）刀柄外圆锥标注　　　　　（c）主轴内圆锥标注

图 9—19　铣床内圆锥孔和外圆锥轴零件图角度公差标注示例

第四节　圆锥要素的检测

一、比较测量法

比较测量法是用角度量具与被测角度比较，用光隙法或涂色法估计被测角度的误差。比较法的常用量具有角度量块、直角尺、圆锥量规等。

1. 角度量块 ［见图 9—20（a）］

角度量块是一种既精密、结构又简单的角度测量工具。主要用于检测某些角度测量工具（如万能角度尺）；校对角度样板，也可用于精密机床加工时的角度调整，或直接检测工件角度。

成套的角度量块有 36 块组和 94 块组。每套都有三角形和四角形两种 ［见图 9 - 20（a）］。三角形量块有一个工作角（α）、四角形量块有 4 个工作角（$\alpha, \beta, \gamma, \delta$）。角度量块可以单独使用，也可以组合起来使用。角度量块的精度分为 1、2 两级，其工作角的极限偏差为（1 级精度）±10″，（2 级精度）±30″。角度量块的工作测量范围为 10° ~ 350°。

2. 直角尺〔见图 9 – 20（b）〕

直角尺（90°角尺）是另一种角度检验工具，用于检验工件的直角偏差。检验时，借目测光隙大小和用塞尺来确定偏差大小。

3. 圆锥量规〔见图 9—20（c）〕

根据 GB/T 11852—2003《圆锥量规公差与技术条件》规定，圆锥量规用来检验圆锥锥度 C 为1：3～1：50、圆锥长度 L 为 6～630 mm、圆锥直径至 500 mm 的光滑圆锥。

检验内圆锥用圆锥塞规〔如图 9—20（c）ⓐ〕，检验外圆锥用圆锥环规〔如图 9 – 20（c）ⓑ〕。圆锥量规分为工作量规和校对量规。

用工作圆锥量规检验工件圆锥直径时，工件大端直径平面（或小端直径平面）应处在 Z 标志线内。Z 标志线是根据工件圆锥直径公差按其锥度计算出来的允许轴向位移量。圆锥量规可以用涂色研合的方法来检验工件的锥角。检验时，若工件圆锥端面介于圆锥量规的两刻线之间，则为合格。

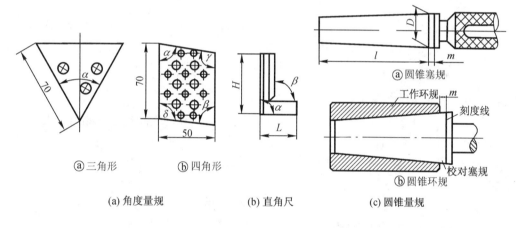

图 9—20　比较法量具

二、间接测量法

间接测量法是通过测量有关尺寸，再经过计算得到被测角度的方法。这种方法简单、实用，适合小批量生产。使用工具有圆球、圆柱、平板和万能量具等。

1. 角度的测量

如图 9—21（a）所示，为了测量内角 α，可将两个半径为 R 的圆柱放在 Oa 与 Ob 两平面之间，使它们相互接触，用量块测得尺寸 E。

在直角 $\triangle O_1 c O_2$ 中，因为 $O_2 c = E$，$O_1 O_2 = 2R$，所以 $\sin\alpha = O_2 c / O_1 O_2 = E/(2R)$。

2. 锥角的测量

（1）用圆柱或圆球测量

如图 9—21（b）所示，用两个半径为 R 的圆柱 1 测量外圆锥 2 的锥角。先测出尺寸 N，然后用量块 3 同时将圆柱垫高 H，再测出尺寸 M。在直角 $\triangle abc$ 中，可以得出

$$\tan(\alpha/2) = bc/ab = (M-N)/(2H)$$

如图 9—21(c)所示，用 2、3 两个半径不同的圆球测量内圆锥 1 的锥角。可先将半径为 R_1 的小球放入孔中，测出尺寸 H_1，再换半径为 R_2 的大球，测出尺寸 H_2，在直角 $\triangle abc$ 中可得到

$$\sin(\alpha/2) = bc/ab = (R_2 - R_1)/\left[(H_1 + R_1) - (H_2 + R_2)\right]$$

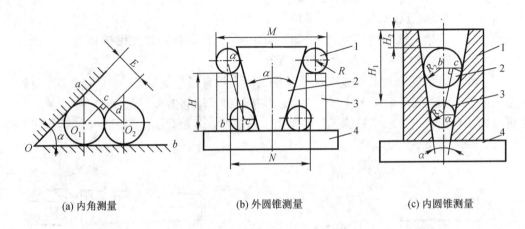

(a) 内角测量　　　　　　(b) 外圆锥测量　　　　　　(c) 内圆锥测量

图 9—21　间接测量法

（2）用正弦尺测量

正弦尺是一种根据正弦函数原理，利用量块的组合尺寸，以间接方法测量角度的测量器具。正弦尺又分为三种结构形式。

① 普通正弦尺。具有平台工作面和直径相同且轴线互相平行的两个支承圆柱所组成的正弦规。

② 铰链式正弦规。具有平台工作面和铰链的正弦规。

③ 双向正弦规。具有互成 90° 的上、下两层正弦台的正弦规。

正弦规是一种间接测量的常用角度测量器具，用于工件角度或锥度的测量等。例如，可测量内、外锥体的锥度，样板的角度，孔中心线与平面之间的夹角，外锥体的小端和大端直径，圆锥螺纹量规的中径以及检定水平仪等。因为正弦规的精度较高，一般只用来测量或加工比较精密的零件、工具或测量器具。

普通正弦规使用比较普遍，适用于两圆柱中心距不大于 200 mm 的普通正弦规，精度等级分为 0 级和 1 级两种。正弦规根据工作台面宽度 B 分为宽型和窄型两种形式。每种形式又按两圆柱中心距 L 分为 100 mm 和 200 mm 两种，其工作部分的尺寸误差和几何误差都很小。例如，当 $L = 200$ mm 时，宽型正弦尺 L 的误差不大于 ± 0.005 mm，窄型的误差不大于 ± 0.003 mm。

图 9—22(a)所示为用正弦规测量外圆锥角的示意。在正弦规的一个圆柱下垫上高度为 h 的量块，若被测圆锥的基本圆锥角为 α，正弦规两圆柱的中心距为 L，则 $h = L\sin\alpha$。此时，正弦规工作台面相对于平板倾斜了 α 角，将被测圆锥放置在正弦规上，用指示表测量圆锥上相距为 l 的 a、b 两点，由 a、b 两点读数差 n 对长度 l 之比，即为所求得的锥度误差。具体测量时，必须注意 a、b 两点值的大小，若 a 点值大于 b 点值，则实际锥角大于理论锥角

α，计算出的 $\Delta\alpha$ 为正值；反之 $\Delta\alpha$ 为负值。

锥度误差 $\Delta C = h/l$，若换算成锥角误差，则 $\Delta\alpha = \Delta C/0.003$ （′）。

图9—22(b)所示为用正弦规测量内圆锥角的示意，其基本原理与测量外圆锥角相类似。

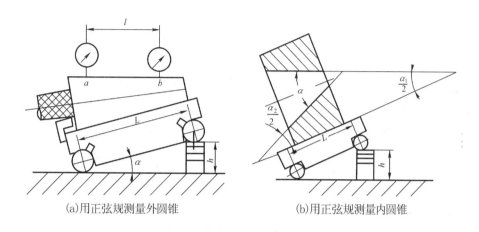

(a)用正弦规测量外圆锥　　　　　　　(b)用正弦规测量内圆锥

图9—22　正弦尺测量原理

三、绝对测量法

绝对测量法是用测量角度的量具、量仪直接测量被测角度，被测的角度值可以从量具、量仪上直接读出。绝对测量法常用的量具、量仪有万能角度尺和光学分度头等。

1. 万能角度尺

万能角度尺是在机械制造中广泛使用的量具。游标分度值为2′和5′的万能角度尺，其示值误差分别不大于±2′和±5′。

万能角度尺如图9—23所示，它是按游标原理读数，其测量范围为0°～320°。直尺4可在90°角尺架3上的夹子5中活动和固定。可按不同的方式组合基尺、角尺和直尺，来测量不同的角度值。

2. 光学分度头

光学分度头（见图9—24）适用于精密的角度测量和工件的精密分度工作。一般是以工件的旋转中心作为测量基准，以此来测量工件的中心夹角。

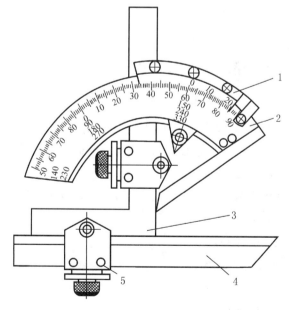

图9—23　万能角度尺

1—游标尺；2—尺身；3—90°角尺架；
4—直尺；5—固定夹

光学分度头的结构类似于一般的机械分度头，所不同的是它具有精密的光学分度装置。分度值有 $1'$，$10''$，$5''$，$2''$ 或 $1''$ 等几种，其中旧式的 $1'$ 分度头已很少使用。

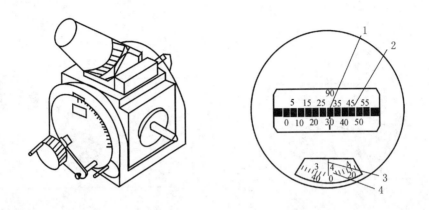

图 9—24　光学分度头

1—"°"度刻线；2—"′"分划板双线；3—"″"秒度盘指示线；4—"″"秒度盘刻线

第五节　棱体的角度和斜度的精度

在棱体斜度配合中，GB/T 4096 规定了一般用途棱体的角度和斜度系列。角度系列从 $120° \sim 0°30'$，斜度系列从 $1:10 \sim 1:500$。圆锥角公差（见附表 9—3）也同样适用于棱体的角度。

一、常用术语及定义

1. 棱体

由两个相交平面与一定尺寸所限定的几何体（见图 9—25），或称之为楔体。其两相交平面 E_1、E_2 称为棱面（有配合要求时称为"棱体配合面"），两棱面的交线称为棱边；两相交棱面之间的夹角 β 称为棱体角；平行于棱边并垂直于一个棱面的某指定截面上测量的高度 h、H 称为棱体高；通过棱边平分棱体角 β 的平面 E_M，称为棱体中心平面；平行于棱边并垂直于棱体中心平面 E_M 的某指定截面上测量的厚度 T 和 t [见图 9—25（b）]。

2. 棱体斜度 S

两指定截面的棱体高之差与该两截面之间的距离 L 之比，即 $S = (H - h)/L$。棱体斜度 S 与棱体角 β 的关系为：$S = \tan\beta = 1 : \cot\beta$。

3. 棱体比率 C_p

两指定截面的棱体厚 T 和 t 之差与该两截面之间的距离 L 之比，即 $C_p = (T - t)/L$。棱体比率 C_p 与棱体角 β 的关系为：$C_p = 2\tan\dfrac{\beta}{2} = 1 : \dfrac{1}{2}\cot\dfrac{\beta}{2}$。

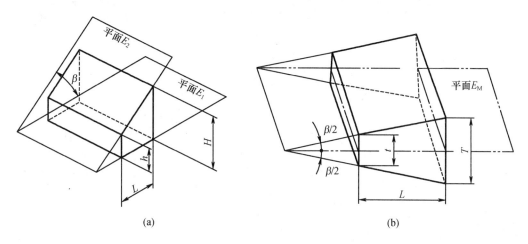

(a)　　　　　　　　　　　　　(b)

图9—25　棱体或楔体

4. 多棱体

由几对相交平面与一定尺寸所限定的几何体（见图9—26）。由两对相交平面与一定尺寸所限定的是双棱体［见图9—26（a）］，当各对平面相交到一点时，该多棱体是棱锥体［见图9—26（b）］。

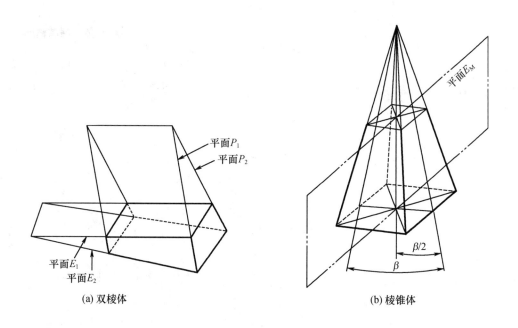

(a) 双棱体　　　　　　　　　　　(b) 棱锥体

图9—26　多棱体

5. 导棱体、V 形体或燕尾体

图9—27 所示为导棱体或V 形体，图9—28 所示为燕尾体。这些特定的大角度棱体常用于机床的导轨。

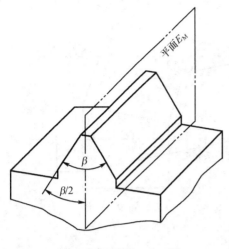

图9—27　导棱体、V形体

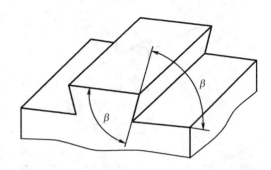

图9—28　燕尾体

二、斜度的标注

斜度的标注如图9—29所示，图形符号的方向要与工件的斜度方向保持一致。

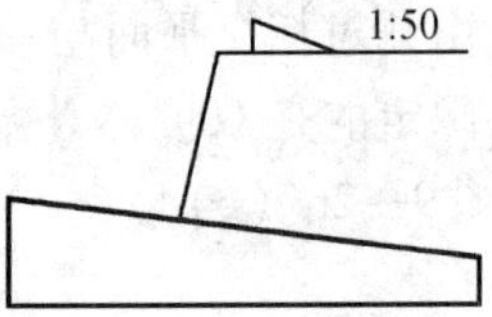

三、系列

一般用途棱体的角度与斜度系列规定于附表9—4。选用棱体角时，应优先选用系列1，其次选用系列2。为便于棱体的设计、生产和控制，附表9—5给出了棱体角和棱体斜度所对应的棱体比率、斜度和角度的推算值，其有效位数可按需要确定。

图9—29　斜度标注

习题九

9—1　圆锥的配合分哪几类？各用于什么场合？

9—2　圆锥公差的给定方法有哪几种？它们各适用于什么场合？

9—3　有一外圆锥，已知最大圆锥直径 $D_e = 100$ mm，最小圆锥直径 $d_e = 99$ mm，圆锥长度 $L = 100$ mm，试求锥度和圆锥角。

9—4　锥度为 1∶10 的圆锥配合，内、外圆锥的直径公差分别为 $\phi30H8$ 和 $\phi30h8$，试求配合时的基面距极限偏差。

9—5　锥度为 1∶30 的圆锥配合，要求基面距公差为 0.8 mm，配合圆锥的基本直径为 $\phi50$ mm，试确定内、外圆锥直径公差。

9—6　配合圆锥的锥度 C 为 1∶50，要求配合性质达到 H7/s6，配合圆锥基本直径为 $\phi80$ mm，试计算轴向位移和轴向位移公差。

第十章

尺寸链原理在机械精度设计中的应用

任何机械产品及其零部件的设计，都必须满足使用要求所限定的设计指标，如传动关系、几何结构及承载能力等。此外，还必须进行几何精度设计。几何精度设计就是在充分考虑产品的装配技术要求与零件加工工艺要求的前提下，合理地确定零件的几何量公差。这样，产品才能获得尽可能高的性能价格比，创造出最佳的经济效益。进行装配精度与加工精度分析以及它们之间关系的分析，可以运用尺寸链原理及计算方法。GB/T 5847—2004《尺寸链　计算方法》可供设计时参考使用。

第一节　尺寸链的基本概念

一、有关尺寸链的术语及定义

1. 尺寸链

在机器装配或零件加工过程中，由相互连接的尺寸形成封闭的尺寸组，称为尺寸链。尺寸链分类为装配尺寸链、零件尺寸链和工艺尺寸链三种形式。

图 10—1(a)为某齿轮部件图。齿轮 3 在位置固定的轴 1 上回转。按装配技术规范，齿轮左、右端面与挡环 2 和挡环 4 之间应有间隙。现将此间隙集中于齿轮右端面与挡环 4 左端面之间，用符号 A_0 表示。装配后，由齿轮 3 的宽度 A_1、挡环 2 的宽度 A_2、轴上左轴肩到轴槽右侧面的距离 A_3、轴用弹簧挡圈 5 的宽度 A_4 及挡环 4 的宽度 A_5、间隙 A_0 依次相互连接，构成封闭尺寸组，形成一个尺寸链。这个尺寸链可表示为图 10—1(b)与图 10—1(c)两种形式。上述尺寸链由不同零件的设计尺寸所形成，称为装配尺寸链。

图 10-2 (a)为阶梯轴零件图。轴向尺寸 B_1、B_2、B_3 为零件设计尺寸。依次加工尺寸 B_1、B_2、B_3 和完成加工后的尺寸 B_0 构成封闭尺寸组，形成一个尺寸链。该尺寸链是由一个零件的设计尺寸构成的，称为零件尺寸链，如图 10—2 (c)。

图 10—3(a)为某轴零件图(局部)。该图上标注轴径 B_1 与键槽深度尺寸 B_2。键槽加工顺序如图 10—3(b)所示：车削轴外圆至尺寸 C_1，铣键槽深度至尺寸 C_2，磨削轴外圆至尺寸 C_3 [即图 10—3(a)中的尺寸 B_1]，要求磨削后自然形成尺寸 C_0 [即图 10—3(a)中的键槽深度尺寸 B_2]。在这个过程中，加工尺寸 C_1，C_2，C_3 和完工后尺寸 C_0 构成封闭尺寸组，形成一个尺寸链。该尺寸链由同一零件的几个工艺尺寸构成，称为工艺尺寸链。图 10—3(c)为

尺寸链图。

2. 环

列入尺寸链中的每一个尺寸，称为环。环一般用大写英文字母表示。如图 10—1(b) 中的 A_0，A_1，A_2，A_3，A_4，A_5；图 10—2 (b) 中的 B_0，B_1，B_2，B_3 及图 10—3(c) 中的 C_0，$C_1/2$，C_2，$C_3/2$ 皆是环。

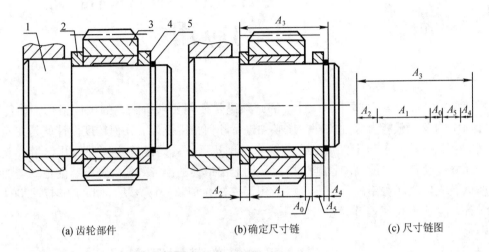

(a) 齿轮部件　　　　　　(b) 确定尺寸链　　　　　　(c) 尺寸链图

图 10—1　装配尺寸链示例

1—轴；2、4—挡环；3—齿轮；5—轴用弹性挡圈

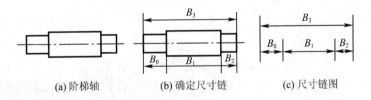

(a) 阶梯轴　　　　　(b) 确定尺寸链　　　　　(c) 尺寸链图

图 10—2　零件尺寸链示例

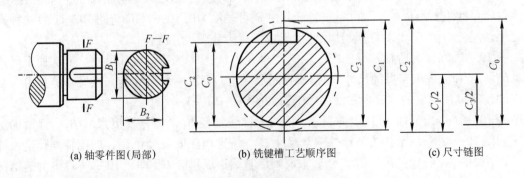

(a) 轴零件图(局部)　　　　(b) 铣键槽工艺顺序图　　　　(c) 尺寸链图

图 10—3　工艺尺寸链示例

3. 封闭环

尺寸链中在装配过程或加工过程最后形成的尺寸称为封闭环。封闭环一般用带下标阿拉伯数字"0"的英文大写字母表示。如图10—1(b)、图10—1(c)中的 A_0 和图10—2(c)中的 B_0，以及图10—3（c）中的 C_0 皆是封闭环。一个尺寸链只有一个封闭环。

4. 组成环

尺寸链中对封闭环有影响的全部环称为组成环。这些环中任一环的变动必然引起封闭环的变动。组成环一般用带下标阿拉伯数字(除数字"0"外)的英文大写字母表示。如图10—1(b)与图10—1(c)中的 A_1，A_2，A_3，A_4，A_5；图10—2（b）中的 B_1，B_2，B_3；图10—3(c)中的 $C_1/2$，C_2，$C_3/2$ 皆是组成环。

根据对封闭环的影响的不同，组成环分为增环与减环。

（1）增环

尺寸链中当其他组成环不变时，某组成环变动引起封闭环同向变动，则该组成环称为增环。同向变动指该环增大时封闭环也增大，该环减小时封闭环也减小。如图10—1(b)与图10—1(c)中的 A_3；图10—2（c）中的 B_3 及图10—3(c)中的 C_2、$C_3/2$ 皆是增环。

（2）减环

尺寸链中当其他组成环不变时，某组成环变动引起封闭环反向变动，则该组成环称为减环。反向变动指该环增大时封闭环减小，该环减小时封闭环增大。如图10—1(b)与图10—1(c)中的 A_1，A_2，A_4，A_5；图10—2（c）中的 B_1，B_2 及图10—3(c)中的 $C_1/2$ 皆是减环。

5. 传递系数

表示各组成环对封闭环影响大小的系数。用符号 ζ 表示。

二、　尺寸链的形式

按形成尺寸链的各环在空间所处位置，尺寸链可分为以下三种形式。

1. 直线尺寸链

全部组成环皆平行于封闭环的尺寸链，称为直线尺寸链。直线尺寸链中增环的传递系数 $\zeta = +1$，减环的传递系数 $\zeta = -1$。图10—1、图10—2、图10—3 三例皆属于直线尺寸链。

2. 平面尺寸链

全部组成环位于一个或几个平行平面内，但某些组成环不平行于封闭环的尺寸链，称为平面尺寸链，如图10—4 所示。

3. 空间尺寸链

组成环位于几个不平行平面内的尺寸链，称为空间尺寸链。

必须指出，直线尺寸链是最常见的尺寸链，而平面尺寸链和空间尺寸链通常可以用空间坐标投影的方法转换为直线尺寸链，然后采用直线尺寸链的计算方法来计算。故本章只阐述直线尺寸链。

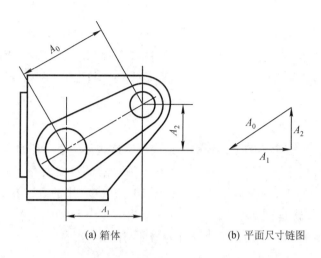

(a) 箱体　　　　　　　(b) 平面尺寸链图

图 10—4　箱体的平面尺寸链

三、 尺寸链的建立

　　根据产品的装配技术要求或零件的加工过程所要求保证的某个尺寸精度，分析产品装配图上零件、部件之间的尺寸和位置关系，或分析零件加工过程中形成的各个尺寸，来建立尺寸链。正确建立尺寸链是十分重要的。

　　尺寸链的建立可按以下步骤进行。

1. 确立封闭环

　　装配尺寸链中的封闭环，是产品装配图上注明的装配技术要求所限定的那个尺寸。它是在装配过程中最后自然形成的。

　　工艺尺寸链中的封闭环和组成环，都是在加工顺序确定后才能加以确定的。其封闭环是加工过程中最后自然形成的。

2. 查明组成环

　　（1）对于装配尺寸链　从与封闭环一侧相毗连的零件开始，依次找出与封闭环有直接影响零件的有关尺寸，一直到与封闭环另一侧相毗连零件的有关尺寸为止，其中每个尺寸皆是组成环。

　　（2）对于零件尺寸链和工艺尺寸链　从封闭环一侧开始，按加工先后顺序，依次找出与封闭环有直接影响的有关尺寸，一直到与封闭环的另一侧相连接为止，其中每个尺寸皆是组成环。

3. 画尺寸链图

　　尺寸链可以画在结构简单的产品示意装配图上，如图 10—1（b）；也可以用简单的尺寸关系表示，用带双箭头的线段表示尺寸链的各环，如图 10—1（c）、图 10—2（c）和图 10—3（c）所示。

　　必须指出，当尺寸链中某环是对称尺寸时，有时按原尺寸取半值画在图上。例如，图

10—3（c）中的 $C_1/2$ 及 $C_3/2$。

四、尺寸链的计算

尺寸链的计算是指计算封闭环与组成环的公称尺寸和极限偏差。尺寸链的计算可分为设计计算与校核计算两类。

1. 设计计算

设计计算是指已知封闭环的公称尺寸与极限偏差以及各组成环的公称尺寸，计算各组成环的极限偏差。通常由设计人员在产品设计过程中，决定零件尺寸公差与几何公差时进行这种计算，它属于公差分配问题。

2. 校核计算

校核计算是指已知所有组成环的公称尺寸和极限偏差，计算封闭环的公称尺寸和极限偏差。通常由设计者在审图时或者由工艺人员在产品投产前，根据工艺条件与现场获得的统计数据进行这种计算，它属于公差控制问题。

为保证封闭环的公差要求，可以采用完全互换法或大数互换法进行尺寸链计算。

五、增环与减环的判断

判断尺寸链中各组成环是增环还是减环，常用的方法如下。

1. 按增环、减环的定义判断

根据增环、减环的定义，对每个组成环加以分析，固定其他组成环，增加一个组成环的尺寸，判断封闭环尺寸增大还是减小。对于结构复杂，组成环比较多的尺寸链，采用此法比较繁杂，易出错。

2. 按箭头方向判断

由尺寸链的一端，按顺序依次对每个环画箭头，使所画箭头彼此首尾相接，构成封闭链。组成环中，与封闭环箭头同向者为减环，反向者为增环，这种方法简便易行，在实际中用的较多。如图 10—5 所示，A_3，B_3，C_2，$C_3/2$ 为增环；A_1，A_2，A_4，A_5，B_1，B_2，$C_1/2$ 为减环。

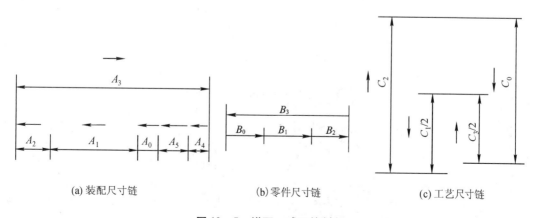

(a) 装配尺寸链　　　　(b) 零件尺寸链　　　　(c) 工艺尺寸链

图 10—5　增环、减环的判断

第二节　用完全互换法计算尺寸链

完全互换法是指在全部产品中，装配时各组成环不需挑选或者改变其大小或位置，装入后即能达到封闭环的公差要求，以实现产品互换的尺寸链计算方法。该方法采用极值公差公式计算。

一、完全互换法的计算公式

1. 封闭环与组成环极限尺寸的关系

参看图 10—6，多环直线尺寸链封闭环的公称尺寸，等于各组成环公称尺寸中所有增环公称尺寸之和与所有减环公称尺寸之和的差值。用式(10—1)表示如下。

$$L_0 = \sum_{z=1}^{l} L_z - \sum_{j=l+1}^{m} L_j \tag{10—1}$$

式中，L_0 为封闭环公称尺寸；L_z 为增环公称尺寸；L_j 为减环公称尺寸；m 为组成环环数；l 为增环环数；z 和 j 分别表示增环和减环的顺序号。

参看图 10—6，当全部增环皆为其上极限尺寸且全部减环皆为其下极限尺寸之差时，则封闭环为其上极限尺寸 L_{0max}；而当全部增环皆为其下极限尺寸且全部减环皆为其上极限尺寸之差时，则封闭环为其下极限尺寸 L_{0min}。这种关系可用式（10—2）和式（10—3）表示。

$$L_{0max} = \sum_{z=1}^{l} L_{zmax} - \sum_{j=l+1}^{m} L_{jmin} \tag{10—2}$$

$$L_{0min} = \sum_{z=1}^{l} L_{zmin} - \sum_{j=l+1}^{m} L_{jmax} \tag{10—3}$$

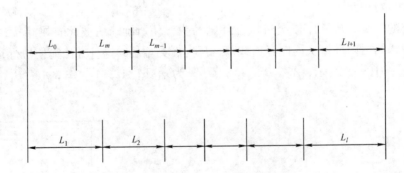

图 10—6　多环直线尺寸链图

相应地，封闭环的上、下极限偏差 ES_0、EI_0 与组成环上、下极限偏差的关系如下。

$$ES_0 = \sum_{z=1}^{l} ES_z - \sum_{j=l+1}^{m} EI_j \tag{10—4}$$

$$EI_0 = \sum_{z=1}^{l} EI_z - \sum_{j=l+1}^{m} ES_j \tag{10—5}$$

封闭环上偏差 ES_0 等于所有增环上偏差 ES_z 之和减去所有减环下偏差 EI_j 之和所得的代数差；封闭环下偏差 EI_0 等于所有增环下偏差 EI_z 之和减去所有减环上偏差 ES_j 之和所得的代数差。

2. 封闭环与组成环公差的关系

将式（10—2）减去式（10—3），得出封闭环公差 T_0 与各组成环公差 T_i 的关系如下。

$$T_0 = L_{0max} - L_{0min} = \sum_{z=1}^{l} T_z + \sum_{j=l+1}^{m} T_j = \sum_{i=1}^{m} T_i \qquad (10—6)$$

式中，T_z 表示增环公差；T_j 表示减环公差。

由式（10—6）知，尺寸链中封闭环公差等于所有组成环公差之和。该公式称为极值公差公式。

由式（10—6）可知：尺寸链各环公差中封闭环的公差最大，所以，封闭环是尺寸链中精度最低的环。在封闭环公差一定的条件下，组成环的环数越多，则各组成环的公差就越小。因此，在进行产品设计或零件加工工艺设计时，应尽量减少相关零件数或加工环节，即应尽量减少组成环的环数。这一原则叫"最短尺寸链"原则。

二、装配尺寸链设计计算

已知封闭环的公称尺寸和极限偏差以及组成环的公称尺寸，求各组成环的极限偏差，计算步骤如下。

（1）确定各组成环的公差

首先，假设各组成环的公差都相等，即 $T_1 = T_2 = \cdots = T_m = T_{av,L}$（$T_{av,L}$ 为各组成环的平均公差）。由式（10—6）得

$$T_0 = mT_{av,L}$$

因此，各组成环的平均公差用式（10—7）计算。

$$T_{av,L} = T_0 / m \qquad (10—7)$$

然后，在此基础上调整各组成环的公差。如按组成环公称尺寸的大小来调整，则对于处于同一尺寸分段的组成环，取相同的公差值。也可按加工难易程度来调整，则对于加工容易的组成环，公差应减小，对于加工困难的组成环，公差应增大。调整后各组成环公差之和不得大于封闭环公差。

（2）确定组成环的极限偏差

由封闭环公差确定各组成环公差后，可以按"偏差入体原则"或按"偏差对称"原则确定各组成环的极限偏差。对于内尺寸按 H 配置，对于外尺寸按 h 配置，对于一般长度尺寸按 js 配置。然后，按式（10—4）和式（10—5）确定剩下一个组成环的极限偏差。

例 10—1　参见图 10—1 所示的齿轮部件及其尺寸链图。已知：各组成环的公称尺寸 $A_1 = 30$ mm，$A_2 = A_5 = 5$ mm，$A_3 = 43$ mm，组成环 A_4 是标准件，$A_4 = 3$ mm。要求装配后齿轮右端的间隙在 $0.1 \sim 0.35$ mm 之间，试用完全互换法计算尺寸链，确定各组成环的极限偏差。

解：本例中的装配技术要求（间隙应在 $0.1 \sim 0.35$ mm 范围内）可用封闭环尺寸 $A_0 = 0^{+0.35}_{+0.10}$ mm 表示。组成环环数 $m = 5$，A_3 为增环，A_1，A_2，A_4 和 A_5 均为减环。封闭环公差 $T_0 = L_{0max} - L_{0min} = (0 + 0.35) - (0 + 0.10) = 0.25$ mm。

首先，按式（10—7）确定各组成环的平均公差为

$$T_{av,L} = T_0/m = 0.25 \div 5 = 0.05 \text{ mm}$$

然后，调整各组成环的公差。对尺寸较大、加工较难的组成环 A_1、A_3，应分配给较大公差；对尺寸较小的组成环 A_2、A_5，分配较小的公差值。按各组成环公差之和不得大于封闭环公差的原则，调整后得 $T_1 = 0.062$ mm，$T_2 = T_5 = 0.030$ mm，$T_3 = 0.078$ mm 和 $T_4 = 0.05$ mm。

最后，确定各组成环的极限偏差。先按"偏差入体"原则确定 A_1，A_2，A_5 和 A_4 的极限偏差，这 4 个组成环的尺寸为 $A_1 = 30_{-0.062}^{0}$ mm，$A_2 = A_5 = 5_{-0.03}^{0}$ mm，$A_4 = 3_{-0.05}^{0}$ mm。再由式（10—4）和式（10—5）计算剩下一个组成环 A_3 的极限偏差，得 $A_3 = 43_{0}^{+0.078}$ mm。

将所确定的 5 个组成环的极限尺寸，用式（10—2）和式（10—3）核算封闭环极限尺寸，为

$$A_{0max} = A_{3max} - (A_{1min} + A_{2min} + A_{4min} + A_{5min})$$
$$= 43.178 - 29.938 - 4.97 - 2.95 - 4.97 = +0.35 \text{ mm}$$
$$A_{0min} = A_{3min} - (A_{1max} + A_{2max} + A_{4max} + A_{5max})$$
$$= 43.1 - 30 - 5 - 3 - 5 = +0.1 \text{ mm}$$

故能够满足设计要求。

三、零件尺寸链计算

按照零件设计图纸，已知组成环的公称尺寸和极限偏差，计算封闭环的公称尺寸和极限偏差。

例 10—2　参见图 10—2（b）所示的阶梯轴加工尺寸，图 10—2（c）所示的尺寸链图。已知车削加工尺寸 $B_3 = 35_{-0.10}^{0}$mm，$B_1 = 20_{-0.05}^{0}$mm，$B_2 = 7 \pm 0.10$mm，试确定车削加工后的 B_0 尺寸。

本例题中，依次加工 B_3，B_1，B_2 尺寸后，自然形成 B_0，故 B_0 为尺寸链的封闭环。本计算为已知组成环的公称尺寸和极限偏差，计算封闭环的尺寸。

解：分析图 10—2（c）所示的尺寸链图，判断 B_3 为增环，B_1，B_2 为减环。首先由式（10—1）计算封闭环的基本尺寸，得

封闭环　　　　$B_0 = (B_3) - (B_1 + B_2) = 35 - (20 + 7) = 8$ mm
$$ES_0 = ES_3 - (EI_1 + EI_2) = 0 - (-0.05 - 0.10) = +0.15 \text{ mm}$$
$$EI_0 = EI_3 - (ES_1 + ES_2) = -0.10 - (0 + 0.10) = -0.20 \text{ mm}$$

故 B_0 尺寸为 8mm，即

$$B_0 = 8_{-0.20}^{+0.15}$$

四、工艺尺寸链计算

在生产实际当中，已知封闭环及部分组成环，求解尺寸链中某些组成环的计算称做工艺尺寸链计算。

例 10—3　参见图 10—3(b)所示的轴及其键槽加工尺寸，图 10—3(c)所示的尺寸链图。已知车削加工尺寸 $C_1 = \phi 70.5_{-0.1}^{0}$ mm，磨削加工尺寸 $C_3 = \phi 70_{-0.06}^{0}$ mm，完工后键槽深度 $C_0 = 62_{-0.3}^{0}$ mm，试确定铣削键槽的深度 C_2。

本例中，依次加工 C_1、C_2 和 C_3 尺寸后，自然形成 C_0，故 C_0 为尺寸链的封闭环。本例的计算为已知封闭环极限尺寸与尺寸链中部分组成环的极限尺寸，求解剩下的组成环的极限尺寸。

解：分析图 10—3（c）所示的尺寸链图，判断 C_2 和 $C_3/2$ 为增环，$C_1/2$ 为减环。首先，由式（10—1）计算组成环 C_2 的公称尺寸，得

$$C_2 = C_0 - C_3/2 + C_1/2 = 62 - 70 \div 2 + 70.5 \div 2 = 62.25 \text{ mm}$$

然后，计算组成环 C_2 的极限偏差。因尺寸链中 C_1 和 C_3 取半值，故其极限偏差在尺寸链计算中应取半值。由式（10—4）、（10—5）计算得

$$\text{ES}_2 = \text{ES}_0 - \text{ES}_3/2 + \text{EI}_1/2 = 0 - 0 + (-0.1/2) = -0.05 \text{ mm}$$

$$\text{EI}_2 = \text{EI}_0 - \text{EI}_3/2 + \text{ES}_1/2 = -0.3 - (-0.06/2) + 0 = -0.27 \text{ mm}$$

因此，铣削键槽的深度为

$$C_2 = 62.25 _{-0.27}^{-0.05} \text{ mm}$$

五、校核计算

已知全部组成环的公称尺寸和极限偏差，求封闭环的基本尺寸和极限偏差。用公式（10—1）、式（10—2）和式（10—3）进行计算。

例 10—4 图 10—7（a）为 T 形槽导轨与滑块的配合图和零件尺寸、对称度公差标注图。已知导轨和滑块的尺寸分别为 $A_1 = 24 _{0}^{+0.28}$ mm，$A_2 = 30 _{0}^{+0.14}$ mm，$A_3 = 23 _{-0.28}^{0}$ mm 和 $A_4 = 30 _{-0.08}^{-0.04}$ mm，导轨小端中心平面相对于大端中心平面和滑块小端中心平面相对于大端中心平面的对称度公差分别为 0.14 mm 和 0.10 mm。试计算当滑块与导轨大端在右侧接触时，滑块与导轨小端右侧和左侧之间的间隙 A_{01} 和 A_{02} 的变动范围。

由图 10—7（a）可知：间隙 A_{01} 和 A_{02} 是在导轨与滑块装配后自然形成的，所以它们都是封闭环。

由于滑块和导轨都具有对称性，因此在尺寸链图 10—7（b）与图 10—7（c）中，尺寸 A_1、A_2、A_3 和 A_4 皆取半值。此外，导轨和滑块各自的小端中心平面相对于大端中心平面的对称度公差，对间隙 A_{01} 和 A_{02} 的大小均有影响。 所以当它们的对称度公差如图 10—7（a）按独立原则标注时，应作为长度尺寸的组成环纳入尺寸链，并用 A_5 和 A_6 表示，其尺寸为 $A_5 = 0 \pm 0.07$ mm 和 $A_6 = 0 \pm 0.05$ mm。

解：

（1）滑块与导轨小端右侧的间隙 A_{01} 的计算

计算步骤如下：

① 建立尺寸链

图 10—7（b）的尺寸链图是这样画出的：从封闭环 A_{01} 的左端开始，经滑块小端尺寸 $A_3/2$、A_6，再经滑块大端尺寸 $A_4/2$ 至滑块与导轨大端接触处，然后经导轨大端尺寸 $A_2/2$、A_5 和导轨小端尺寸 $A_1/2$ 与封闭环 A_{01} 的右端相接而成。

分析该图知，$A_1/2$ 和 $A_4/2$ 为增环，$A_2/2$、$A_3/2$、A_5 和 A_6 为减环。应当指出，类似对称度这种公称尺寸为零，且极限偏差对称配置的组成环，取为增环或减环皆可，效果相同。

②计算封闭环 A_{01} 的公称尺寸

当 $A_1/2 = 12 _{0}^{+0.14}$ mm，$A_2/2 = 15 _{0}^{+0.07}$ mm，$A_3/2 = 11.5 _{-0.14}^{0}$ mm，

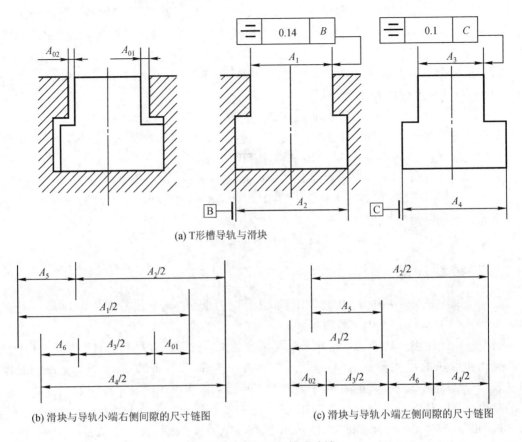

（a）T形槽导轨与滑块

（b）滑块与导轨小端右侧间隙的尺寸链图　　　　（c）滑块与导轨小端左侧间隙的尺寸链图

图10—7　导轨与滑块尺寸链

$A_4/2 = 15^{-0.02}_{-0.04}$ mm，$A_5 = 0 \pm 0.07$ mm，$A_6 = 0 \pm 0.05$ mm 时，按式（10—1），得

$$A_{01} = (A_1/2 + A_4/2) - (A_2/2 + A_3/2 + A_5 + A_6)$$
$$= (12 + 15) - (15 + 11.5 + 0 + 0)$$
$$= 0.5 \text{ mm}$$

③计算封闭环 A_{01} 的极限尺寸

$$A_{01\max} = (A_{1\max}/2 + A_{4\max}/2) - (A_{2\min}/2 + A_{3\min}/2 + A_{5\min} + A_{6\min})$$
$$= (12.14 + 14.98) - (15 + 11.36 - 0.07 - 0.05)$$
$$= 0.88 \text{ mm}$$
$$A_{01\min} = (A_{1\min}/2 + A_{4\min}/2) - (A_{2\max}/2 + A_{3\max}/2 + A_{5\max} + A_{6\max})$$
$$= (12 + 14.96) - (15.07 + 11.5 + 0.07 + 0.05)$$
$$= 0.27 \text{ mm}$$

因此，滑块与导轨小端右侧的间隙可写成 $A_{01} = 0.5^{+0.38}_{-0.23}$ mm，间隙的变动范围为 0.27 ~ 0.88 mm。

（2）滑块与导轨左侧的间隙 A_{02} 的计算

分析图10—7（c）知，$A_1/2$ 和 $A_2/2$ 为增环，$A_3/2$，$A_4/2$，A_5 和 A_6 为减环。采用与（1）同样的步骤建立尺寸链并计算得：封闭环公称尺寸 $A_{02} = 0.5$ mm，上极限尺寸 $A_{02\max} =$

1.01 mm，下极限尺寸$A_{02min} = 0.4$ mm。

因此，滑块与导轨小端左侧的间隙可写成$A_{02} = 0.5^{+0.51}_{-0.10}$ mm，间隙变动范围为0.40～1.01 mm。

当滑块与导轨大端在左侧接触时，滑块与导轨小端左侧和右侧之间的间隙的变动范围与本例计算结果相同。

第三节　用大数互换法计算尺寸链

大数互换法是指在绝大多数产品中，装配时各组成环不需挑选或者改变其大小或位置，装入后即能达到封闭环的公差要求，实现一定置信概率下大数互换目的的尺寸链计算方法。该方法采用统计公差公式计算。

一、大数互换法的计算公式

1. 封闭环与组成环公差的关系

用数理统计的方法来分析尺寸链时，可以认为各组成环的实际尺寸为独立随机变量，有各种不同的概率分布特征。而封闭环是各组成环的函数，亦为随机变量，也有一定的概率分布特征。

实践证明，在大批量生产与稳定的工艺过程中，各组成环实际尺寸的分布接近于正态分布。当各组成环实际尺寸的分布服从正态分布时，封闭环实际尺寸的分布必为正态分布；当各组成环实际尺寸的分布为其他规律的分布时，随组成环环数的增加（当环数≥5时），封闭环实际尺寸的分布亦趋向正态分布。

采用大数互换法时，可以假设各组成环实际尺寸的分布皆服从正态分布，则封闭环实际尺寸的分布必为正态分布；各组成环实际尺寸分布中心与其公差带中心重合；取置信概率为$P = 99.73\%$，则尺寸分布范围与公差带范围相同，见图10—8。

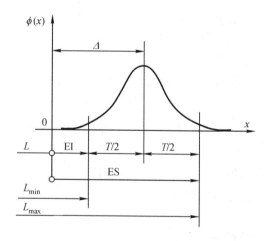

图10—8　上、下偏差 ES、EI 与中间偏差
Δ、公差 T 的关系

x—尺寸；$\phi(x)$—概率密度；L—公称尺寸；
L_{max}、L_{min}—上、下极限尺寸

在这种假设下，对于直线尺寸链中封闭环的标准偏差σ_0与各组成环的标准偏差σ_i的关系如式（10—8）所示。

$$\sigma_0 = \sqrt{\sum_{i=1}^{m} \sigma_i^2} \tag{10—8}$$

封闭环公差T_0和各组成环公差T_i分别与各自的标准偏差的关系如下：

$$T_0 = 6\sigma_0, T_i = 6\sigma_i$$

将上两式代入式（10—8），则得

$$T_0 = \sqrt{\sum_{i=1}^{m} T_i^2} \qquad (10\text{—}9)$$

由式（10—9）知：尺寸链中封闭环公差等于所有组成环公差的平方之和的平方根。该式称为统计公差公式。

2. 封闭环与组成环中间偏差的关系

参看图10—8，尺寸链中每个尺寸的中间偏差 Δ 为上偏差 ES 与下偏差 EI 的平均值，即

$$\Delta = (ES + EI)/2$$

上、下偏差与中间偏差、公差 T 的关系为

$$ES = \Delta + T/2$$
$$EI = \Delta - T/2 \qquad (10\text{—}10)$$

对于直线尺寸链，封闭环的中间偏差 Δ_0 与增环中间偏差 Δ_z、减环中间偏差 Δ_j 的关系如式（10—11）。

$$\Delta_0 = \sum_{z=1}^{l} \Delta_z - \sum_{j=l+1}^{m} \Delta_j \qquad (10\text{—}11)$$

二、设计计算

大数互换法设计计算步骤与完全互换法大致相同。

首先，假设各组成环的公差相等，即 $T_1 = T_2 = \cdots = T_m = T_{av,Q}$（$T_{av,Q}$ 为各组成环平均公差）。由式（10—9）得

$$T_0 = \sqrt{m T_{av,Q}^2}$$

因此，各组成环的平均公差按式（10—12）计算。

$$T_{av,Q} = T_0 / \sqrt{m} \qquad (10\text{—}12)$$

然后，在此基础上调整各组成环的公差，并确定各组成环极限偏差。

例 10—5　用大数互换法求解例10—1。假设例10—1中各组成环实际尺寸的分布皆服从正态分布，各组成环实际尺寸分布中心分别与各自公差带中心重合，且实际尺寸分布范围与公差带范围重合。

解： 封闭环 $A_0 = 0^{+0.35}_{+0.10}$ mm，封闭环公差 $T_0 = 0.25$ mm。按式（10—12）计算各组成环公差的平均公差，得

$$T_{av,Q} = T_0/\sqrt{m} = 0.25 \div \sqrt{5} = 0.111 \text{ mm}$$

然后，在满足式（10—9）的条件下，按各组成环的尺寸大小和加工难易程度，调整他们的公差，得 $T_1 = T_3 = 0.16$ mm，$T_2 = T_5 = 0.06$ mm，$T_4 = 0.05$ mm（标准件，$A_4 = 3^{\ 0}_{-0.05}$ mm）。

最后，确定各组成环的极限偏差。按"偏差入体"原则，确定组成环 A_1，A_2，A_5 和 A_4 的极限偏差，这4个组成环的公称尺寸和极限偏差分别为 $A_1 = 30^{\ 0}_{-0.16}$ mm，$A_2 = A_5 = 5^{\ 0}_{-0.06}$mm，$A_4 = 3^{\ 0}_{-0.05}$ mm。由封闭环和上述4个组成环的极限偏差分别计算它们的中间偏差，得

$$\Delta_0 = +0.225 \text{ mm}, \Delta_1 = -0.08 \text{ mm}, \Delta_2 = \Delta_5 = -0.03 \text{ mm}, \Delta_4 = -0.025 \text{ mm}$$

由式（10—11）计算剩下一个组成环 A_3 的中间偏差，得

$$\Delta_3 = \Delta_0 + (\Delta_1 + \Delta_2 + \Delta_4 + \Delta_5) = 0.225 - 0.08 - 0.03 - 0.025 - 0.03 = 0.06 \text{ mm}$$

再由式（10—10）计算组成环 A_3 的极限偏差，得

$$\text{ES}_3 = \Delta_3 + T_3/2 = 0.06 + 0.16 \div 2 = +0.14 \text{ mm}$$
$$\text{EI}_3 = \Delta_3 - T_3/2 = 0.06 - 0.16 \div 2 = -0.02 \text{ mm}$$

因此，组成环 A_3 的极限偏差为 $A_3 = 43^{+0.14}_{-0.02}$ mm。

比较本例与例10—1，在封闭环公差一定的条件下，$T_{\text{av,Q}}/T_{\text{av,L}} = 0.111 \div 0.05 = 2.22$ 倍，这对加工是有利的，但可能有 0.27% 的产品装配时超差。

三、校核计算

校核计算用式（10—1）、式（10—9）、式（10—11）和式（10—10）进行。

例10—6　用大数互换法求解例10—4。假设，本例中各组成环实际尺寸的分布皆服从正态，且分布中心与公差带中心重合，分布范围与公差带范围相同。

解：（1）滑块与导轨小端右侧的间隙 A_{01} 的计算

参看图10—7（b）及例10—4，已知组成环中 $A_1/2 = 12^{+0.14}_{0}$ mm 和 $A_4/2 = 15^{-0.02}_{-0.04}$ mm 为增环，$A_2/2 = 15^{+0.07}_{0}$ mm，$A_3/2 = 11.5^{0}_{-0.14}$ mm，$A_5 = 0 \pm 0.07$ mm 和 $A_6 = 0 \pm 0.05$ mm 为减环。

①计算封闭环 A_{01} 的中间偏差

$\Delta_1/2 = +0.07$ mm，$\Delta_2/2 = +0.035$ mm，$\Delta_3/2 = -0.07$ mm，$\Delta_4/2 = -0.03$ mm，$\Delta_5 = 0$，$\Delta_6 = 0$，由式（10—11）计算封闭环中间偏差得

$$\Delta_{01} = (\Delta_1/2 + \Delta_4/2) - (\Delta_2/2 + \Delta_3/2 + \Delta_5 + \Delta_6)$$
$$= 0.07 - 0.03 - 0.035 + 0.07 - 0 - 0$$
$$= 0.075 \text{ mm}$$

②计算封闭环公差

由式（10—9）计算封闭环公差，得

$$T_{01} = \sqrt{\sum_{i=1}^{m} T_i^2} = \sqrt{(T_1/2)^2 + (T_2/2)^2 + (T_3/2)^2 + (T_4/2)^2 + T_5^2 + T_6^2}$$
$$= \sqrt{0.14^2 + 0.07^2 + 0.14^2 + 0.02^2 + 0.14^2 + 0.10^2}$$
$$= 0.27 \text{ mm}$$

③计算封闭环的上、下偏差

由式（10—10）计算封闭环的上、下偏差，得

$$\text{ES}_{01} = \Delta_{01} + T_{01}/2 = 0.075 + 0.27/2 = +0.21 \text{ mm}$$
$$\text{EI}_{01} = \Delta_{01} - T_{01}/2 = 0.075 - 0.27/2 = -0.06 \text{ mm}$$

由例10—4已知 A_{01} 公称尺寸为 0.5 mm。因此，封闭环 $A_{01} = 0.5^{+0.21}_{-0.07}$ mm，它的上、下极限尺寸分别为

$$A_{01\max} = \text{ES}_{01} + A_{01} = 0.21 + 0.5 = 0.71 \text{ mm}$$
$$A_{01\min} = \text{EI}_{01} + A_{01} = -0.06 + 0.5 = 0.44 \text{ mm}$$

即滑块与导轨小端右侧的间隙变动范围为 0.44～0.71 mm。

（2）滑块与导轨左侧的间隙 A_{02} 的计算

参看图10—7（c），用同样的方法计算得 $A_{02} = 0.5^{+0.34}_{+0.07}$ mm。因此，滑块与导轨小端左侧的间隙变动范围为 0.57～0.84 mm。

与例10—4用完全互换法计算相比较，用大数互换法计算易于达到封闭环的公差要求。

习题十

10—1　什么叫尺寸链？如何确定封闭环、增环和减环？

10—2　计算尺寸链的目的是什么？

10—3　计算尺寸链的常用方法有哪几种，它们分别用在什么场合？

10—4　为什么封闭环的公差比任何一个组成环公差大？

10—5　什么是尺寸链最短原则？说明此原则的重要性。

10—6　加工图习题 10—6 所示的套筒时，外圆柱面加工至 $A_1 = \phi80f9$，内孔加工至 $A_2 = \phi60H8$，外圆柱面轴线对内孔轴线的同轴度公差为 $\phi0.02$ mm。试计算套筒壁厚尺寸的变动范围。

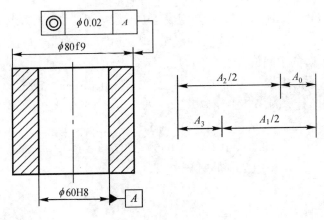

图习题 10—6

10—7　参看图习题 10—7 所示的链传动机构，要求装配后链轮左端面与右侧轴承右端面之间保持 0.5～0.95 mm 的间隙。试用完全互换法和大数互换法分别计算影响该间隙的有关尺寸的极限偏差。

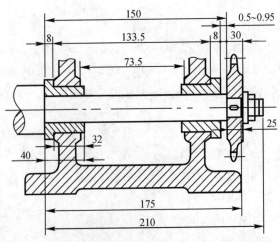

图习题 10—7

10—8　参看图习题 10—8，孔、轴间隙配合要求 $\phi 50H9/f9$，而孔镀铬使用，镀层厚度 $C_2 = C_3 = 10\ \mu m \pm 2\ \mu m$，试计算孔镀铬前的加工尺寸。

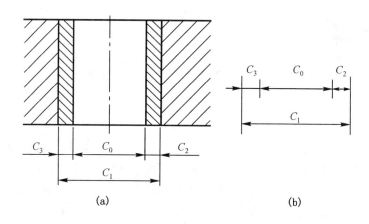

(a)　　　　　　　　　　　　　　　(b)

图习题 10—8

第十一章
机械零件精度设计

机械的精度和使用性能在很大程度上取决于机械零件的精度及零件之间结合的正确性。机械零件精度是零件的主要质量指标之一，因此，零件精度设计在机械设计中占有重要地位。本章以单级圆柱齿轮减速器为例，阐述了机械零件精度设计的具体方法，以便为后续课程的课程设计（如机械设计课程设计）和机械类专业毕业设计打下一定的基础，做到举一反三。

机械零件精度设计的内容包括：合理确定零件的尺寸公差、几何公差和表面粗糙度参数值，以及装配图中零件相互结合表面间的配合的选择。

第一节　减速器中典型零件精度设计

减速器是机械传动系统中常用的减速装置。如图 1—1 所示为单级斜齿圆柱齿轮减速器，该减速器主要由齿轮轴、从动大齿轮、输出轴、箱体、轴承盖和滚动轴承等零、部件组成。由机械传动系统总体布置可知，齿轮轴输入端轴头上装有 V 型带的带轮，输出轴的输出端轴头上装有开式齿轮传动的主动小齿轮。该减速器的主要技术特性见表 11—1。

表 11—1　减速器技术特性

输入功率 /kW	输入转速 / (r/min)	传动比 i	齿轮参数				
			小齿轮齿数 z_1	大齿轮齿数 z_2	法向模数 m_n/mm	螺旋角 β	齿宽 b /mm
4.0	752	3.95	20	79	3	8°06′34″	60

机械零件精度设计是根据零件在部件装配图中的作用和要求，合理确定零件几何要素的尺寸公差、几何公差以及表面粗糙度参数值。减速器中的典型零件有齿轮类零件、轴类零件和箱体类零件。现以该减速器中的从动大齿轮、输出轴和机座为例，阐述零件精度设计的方法。

一、齿轮的精度设计

齿轮类零件精度设计内容包括：根据齿轮的工作条件合理确定齿轮的精度等级，齿轮轮齿部分的各项公差，齿坯的各项公差及齿轮各部分的表面粗糙度参数值。现以图 1—1 减速器中的从动大齿轮为例说明齿轮的精度设计方法。

1. 确定齿轮的精度等级

①齿轮分度圆直径

$$d_1 = m_n z_1 / \cos\beta = 3 \times 20 \div \cos 8°06'34'' = 60.606 \text{ mm}$$
$$d_2 = m_n z_2 / \cos\beta = 3 \times 79 \div \cos 8°06'34'' = 239.394 \text{ mm}$$

②齿轮传动的中心距

$$a = (d_1 + d_2) \div 2 = 150 \text{ mm}$$

③齿轮圆周速度

$$v = \frac{\pi d_1 n_1}{60 \times 1000} = \frac{3.14 \times 60.606 \times 752}{60 \times 1000} = 2.38 \text{ m/s}$$

根据齿轮圆周速度查表 7—11，表 7—12 确定齿轮精度等级为 8 级。

2. 确定齿轮公差项目和公差数值

根据齿轮国家标准 GB/T 10095.1—2008，齿轮公差项目的必检精度指标为 $\pm f_{pt}$，F_p，F_α 和 F_β。侧隙选择齿厚及其极限偏差 $S_{nc}{}_{E_{sni}}^{E_{sns}}$ 或公法线长度及其极限偏差 $W_k{}_{E_{bni}}^{E_{bns}}$。由附表 7—1 和附表 7—2 查得公差值分别为 $\pm f_{pt1} = \pm 17$ μm，$\pm f_{pt2} = \pm 18$ μm，$F_{p2} = 70$ μm，$F_{\alpha2} = 25$ μm，$F_{\beta2} = 29$ μm。查附表 7—4 得 $\pm f_a = \pm 31.5$ μm。

3. 确定齿厚及其上偏差、下偏差

（1）分度圆弦齿厚和弦齿高的确定

①分度圆弦齿厚

$$S_{nc} = m_n z \sin\left(\frac{\pi + 4x\tan\alpha}{2z}\right) = 3 \times 79 \sin[3.141\ 59 \div (2 \times 79)]$$
$$= 4.712 \text{ mm}$$

②分度圆弦齿高

$$h_c = m_n \left\{ 1 + \frac{z}{2}\left[1 - \cos\left(\frac{\pi + 4x\tan\alpha}{2z}\right) \right] \right\}$$
$$= 3 \times \left\{ 1 + \frac{79}{2} \times \left[1 - \cos\left(\frac{3.14}{2 \times 79}\right) \right] \right\}$$
$$= 3.023 \text{ mm}$$

（2）齿厚上偏差、下偏差的确定

齿厚上偏差决定于齿轮副的最小法向侧隙和制造误差的大小。齿厚极限偏差可用计算法、类比法或经验法确定。根据 GB/Z 18620.2—2008 对于黑色金属制造的箱体和齿轮，传动齿轮工作时的圆周线速度小于 15 m/s，其箱体、轴和轴承都采用常用商业制造公差，法

向侧隙 j_{bnmin} 可以按下式确定。

$$j_{\text{bnmin}} = \frac{2}{3} \times (0.06 + 0.0005a + 0.03m_{\text{n}})$$

$$= \frac{2}{3} \times (0.06 + 0.0005 \times 150 + 0.03 \times 3) = 0.15 \text{ mm}$$

①齿厚上偏差（E_{sns}）

制造和安装误差引起的侧隙减小量 j_{n} 为

$$j_{\text{n}} = \sqrt{0.88 \times (f_{P1}^2 + f_{P2}^2) + [2 + 0.34(L/b)^2]F_{\beta2}^2}$$

$$= \sqrt{0.88 \times (17^2 + 18^2) + [2 + 0.34 \times (125 \div 60)^2] \times 29^2} = 59 \text{ } \mu\text{m}$$

L 为箱体轴承孔跨距，取 $L = 125$ mm。

$$E_{\text{sns}} = -\left(\frac{j_{\text{bnmin}} + j_{\text{n}}}{2\cos\alpha_{\text{n}}} + f_a\tan\alpha_{\text{n}}\right)$$

$$= -\left(\frac{150 + 59}{2\cos20°} + 31.5\tan20°\right) = -123 \text{ } \mu\text{m}$$

②齿厚下偏差 E_{sni}

先确定齿厚公差 T_{sn}

$$T_{\text{sn}} = 2\tan\alpha_{\text{n}} \sqrt{b_{\text{r}}^2 + F_{\text{r}}^2}$$

查附表 7—1，得齿轮径向跳动公差 $F_{\text{r}} = 56$ μm，查表 7—2 得切齿径向进刀公差

$$b_{\text{r}} = 1.26 \text{ IT}9 = 1.26 \times 115 = 145 \text{ } \mu\text{m}$$

齿厚公差为

$$T_{\text{sn}} = 2\tan20° \sqrt{145^2 + 56^2} = 113 \text{ } \mu\text{m}$$

计算齿厚下偏差

$$E_{\text{sni}} = E_{\text{sns}} - T_{\text{sn}} = -123 - 113 = -236 \text{ } \mu\text{m}$$

（3）确定公法线长度公称值及其极限偏差

由 $\tan\alpha_{\text{n}} = \cos\beta \cdot \tan\alpha_{\text{t}}$，算出端面压力角 $\alpha_{\text{t}} = 20.186°$，则 $\text{inv}\alpha_{\text{n}} = \text{inv}20° = 0.014\ 904$，$\text{inv}20.186° = 0.015\ 333$，

假想齿数 $z' = z\dfrac{\text{inv}\alpha_{\text{t}}}{\text{inv}\alpha_{\text{n}}} = 79 \times \dfrac{0.015\ 333}{0.014\ 904} = 81.274$，测量跨齿数 $k = \dfrac{z'}{9} + 0.5 = \dfrac{81.274}{9} + 0.5 = 9.53$，圆整取 $k = 10$。

①公法线的公称长度

$$W_k = m_n \cos\alpha_n [\pi(k - 0.5) + z' \mathrm{inv}\alpha_n]$$
$$= 3 \times 0.939\,69 \times [3.141\,59 \times (10 - 0.5) + 81.274 \times 0.014\,904] = 87.552 \text{ mm}$$

②公法线长度的上、下偏差

$$E_{bns} = E_{sns} \cos\alpha_n = -0.123 \times \cos 20° = -0.116 \text{ mm}$$
$$E_{bni} = E_{sni} \cos\alpha_n = -0.236 \times \cos 20° = -0.222 \text{ mm}$$

将以上大齿轮的各项数值填入表 11—2 中，该表置于齿轮零件图的右上角。

表 11—2　齿轮参数与公差项目

法向模数	m_n	3
齿数	z_2	79
法面压力角	α_n	20°
法面齿顶高系数	h_a^*	1.0
法面径向变位系数	x_2	0
螺旋角及螺旋方向	β	8°6′34″ 右旋
精度等级		8　GB /T 10095.1—2008
齿轮副中心距 及其极限偏差	$a \pm f_a$	150 ± 0.0315
配对齿轮	图号	
	齿数	20
齿距累积总偏差	F_p	0.070
单个齿距极限偏差	$\pm f_{pt}$	±0.018
齿廓总偏差	F_α	0.025
螺旋线总偏差	F_β	0.029
公法线公称长度 及其上、下偏差	$W_k{}_{E_{bni}}^{E_{bns}}$	$87.552^{-0.116}_{-0.222}$
跨测齿数	k	10

4. 确定齿坯公差

该齿轮基准孔与输出轴轴头的配合采用基孔制，基准孔的尺寸公差查表 7—8，确定为 IT 7,故其尺寸公差带为 $\phi 58 \mathrm{H}7$ ($^{+0.030}_{0}$)，并采用包容要求。齿顶圆不作为测量基准面，其直径尺寸公差按表 7—8 确定为 $\phi 245.39h11$ $\left(\begin{smallmatrix}0\\-0.29\end{smallmatrix}\right)$。按表 7—7 确定齿坯基准端面对基准孔轴线的轴向圆跳动公差值 0.2 (D_d/b) $F_\beta = 0.2 \times (230 \div 60) \times 29 = 22$ μm，D_d 为齿轮基准端面直径。

5. 确定键槽尺寸及其极限偏差

齿轮与轴的周向固定采用普通平键正常联结。根据齿轮孔直径 $d = 58$ mm，查附表 8—1 得键槽宽度 $b = 16$ mm，键和键槽配合面采用"正常联结"，轮毂键槽宽度公差带确定为 16JS9 （±0.021）。轮毂槽深 $t_2 = 4.3$ mm，$d + t_2 = 62.3$ mm，其上、下偏差分别为 + 0.20 mm 和 0。键槽的中心平面对孔基准轴线的对称度公差值查附表 3—4，其公差等级取 7 ~ 9 级。对称度公差值确定为 0.020 mm。

6. 确定齿轮各部分的表面粗糙度参数值

查表 7—10，齿面表面粗糙度参数 Ra 的上限值为 3.2 μm。齿轮基准孔表面粗糙度参数 Ra 的上限值为 1.6 μm，基准端面和顶圆表面粗糙度参数 Ra 的上限值为 3.2 μm。键槽配合面表面粗糙度参数 Ra 的上限值取为 3.2 μm，非配合面表面粗糙度参数 Ra 的上限值取为 6.3 μm。齿轮其余表面的表面粗糙度参数值 Ra 上限值取为 12.5 μm。

齿轮上未注尺寸公差及几何公差分别按 GB/T 1804—2000、GB/T 1184—1996 和 GB/T 4249—2009 确定，并在零件图技术要求中说明。齿轮零件图见图 11—1。

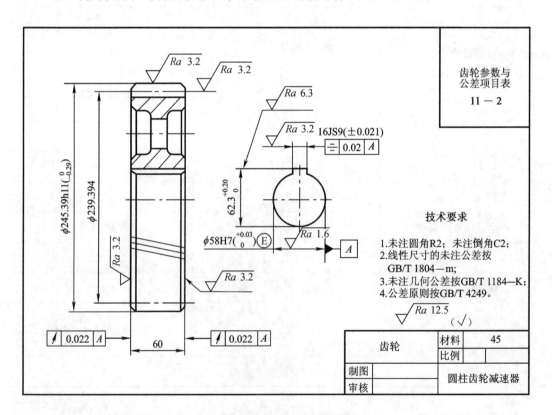

图 11—1　齿轮零件图

二、轴的精度设计

轴类零件精度设计应根据轴上零件（如滚动轴承、齿轮等）对轴的精度要求，合理确定轴的各部位的尺寸公差、几何公差和表面粗糙度参数值。轴的直径的极限偏差应根据轴上零件与轴相应部位的配合来确定，与轴承内圈配合的轴颈应规定圆柱度公差，两轴颈还应规定同轴度公差（或径向圆跳动公差），有轴向定位要求的轴肩应规定轴向圆跳动公差等。现以图 1—1 减速器中的输出轴为例说明设计方法。

1. 确定尺寸公差

参看图 1—1 所示单级斜齿圆柱齿轮减速器，其输出轴上两个 $\phi55$ mm 轴颈，分别与两个规格相同的滚动轴承的内圈配合，$\phi58$ mm 的轴头与齿轮基准孔配合，$\phi45$ mm 轴头与减速器外开式齿轮传动的主动小齿轮（图中未画出）基准孔相配合，$\phi65$ mm 轴肩的两端面分别为齿轮和滚动轴承内圈的轴向定位基准面。

考虑到减速器轴的转速不高，承受的载荷不大，但轴上有轴向力，故轴上的一对滚动轴承均采用 0 级 30211 圆锥滚子轴承，其额定动负荷为 86 500 N。根据减速器的技术特性参数进行齿轮的受力分析，求出轴承所受的径向力和轴向力，计算出两个滚动轴承的当量动负荷分别为 1804 N 和 1320 N。其中，较大的当量动负荷与滚动轴承额定动负荷的比值为 0.021。根据表 5—4 可知，滚动轴承的负荷状态属于轻负荷。

轴承工作时承受定向负荷的作用，内圈与轴颈一起转动，外圈与箱体固定不旋转。因此，轴承内圈相对于负荷方向旋转。根据附表 5—1 确定输出轴两个轴颈的公差带代号皆为 $\phi55k6$。

与齿轮基准孔相配合的轴头的直径尺寸公差带应根据齿轮精度等级确定。安装在 $\phi58$ mm 轴头上的大齿轮的精度等级前面已确定为 8 级，查表 7—8，轴头的尺寸公差为 IT 6。同理，安装在该轴端部 $\phi45$ mm 轴头上的开式齿轮的精度等级为 9 级，则该轴头的直径尺寸公差为 IT 7。$\phi58$ mm 轴头与齿轮基准孔的配合为基孔制，齿轮基准孔的公差带代号为 $\phi58H7$。按第二章第三节基本偏差的选择，并考虑到输出轴上齿轮传递的转矩较大，应采用过盈配合，故轴头的直径尺寸公差带确定为 $\phi58r6$。最终确定齿轮与轴头配合代号为 $\phi58H7/r6$。该过盈配合还能保证齿轮基准孔与轴头的同轴度。同理，可确定 $\phi45$ mm 轴头与齿轮的配合，并考虑该齿轮在轴头上装拆方便，轴头的直径尺寸公差带确定为 $\phi45m7$，开式齿轮基准孔的公差带根据齿轮的精度等级确定为 $\phi45H8$，则它们的配合代号确定为 $\phi45H8/m7$。

$\phi55k6$、$\phi58r6$ 和 $\phi45m7$ 的极限偏差数值可分别从附表 2—3 查出。

$\phi58r6$ 和 $\phi45m7$ 两个轴头与轴上零件的周向固定采用普通平键联结。这两个轴头上键槽宽度和深度尺寸分别按轴径 $\phi58$ mm 和 $\phi45$ mm 从附表 8—1 查出。它们的键槽宽度公差带选择附表 8—1 中的"正常联结"，确定为 16N9 （ $_{-0.043}^{0}$ ）和 14N9 （ $_{-0.043}^{0}$ ）。它们的键槽深度按附表 8—1，确定为 $t_1 = 6$ mm 和 5.5 mm，极限上偏差为 +0.2 mm，极限下偏差为 0。

2. 确定几何公差

为了保证指定的配合性质，对两个轴颈和两个轴头都采用包容要求。对于与滚动轴承相配合的轴颈，还应规定更严格的圆柱度公差。按 0 级滚动轴承的要求，查附表 5—3 得轴颈的圆柱度公差值为 0.005 mm。此外，$\phi65$ mm 轴肩两端面用于齿轮和轴承内圈的轴向定位，应规定轴向圆跳动公差，从附表 5 – 3 查得公差值为 0.015 mm。

为了保证输出轴的使用性能，两个轴颈和两个轴头的轴线应分别与安装基准即两个轴颈的公共轴线同轴。因此，按齿轮的精度等级，查表 7—7 确定两个轴颈对它们的公共基准轴线的径向圆跳动公差值为 0.022 mm。ϕ58 mm 轴头对公共基准轴线的径向圆跳动公差值为 0.022 mm，ϕ45 mm 轴头对基准轴线的径向圆跳动公差按开式齿轮 9 级精度确定为 0.028 mm。

两个轴头的键槽分别相对于各自轴线的对称度公差查附表 3—4，按 8 级精度确定为 0.02 mm。

3. 确定表面粗糙度参数值

按附表 5—4，两个 ϕ55k6 轴颈表面粗糙度参数 Ra 的上限值为 0.8 μm，轴承定位轴肩端面的 Ra 的上限值为 3.2 μm。按附表 7—5，选取 ϕ45m7 和 ϕ58r6 两轴头表面粗糙度参数 Ra 的上限值全为 0.8 μm。定位端面 Ra 的上限值分别为 3.2 μm。

ϕ52 mm 轴段的表面与密封件接触，前者表面粗糙度参数 Ra 的上限值一般取为 1.6 ~ 0.8 μm。

键槽配合表面的表面粗糙度参数 Ra 的上限值可取为 1.6 ~ 6.3 μm，本例取为 3.2 μm；非配合表面的 Ra 的上限值取为 6.3 μm。

输出轴其他表面粗糙度参数 Ra 的上限值取为 25 μm。

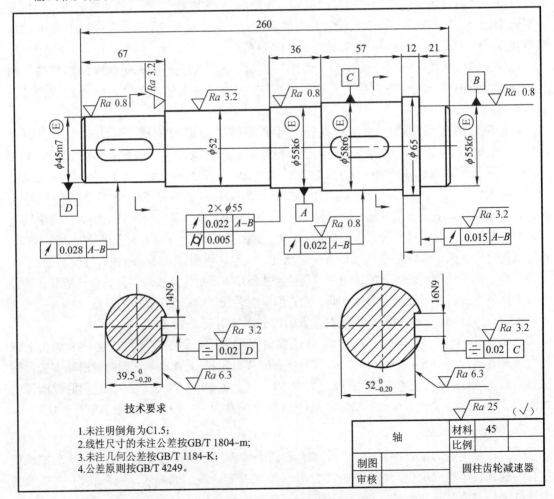

图 11—2　输出轴零件图

4. 确定未注公差

输出轴上未注尺寸公差及几何公差分别按 GB/T 1804—2000、GB/T 1184—1996 和 GB/T 4249—2009 确定，并在零件图技术要求中说明。输出轴零件图如图 11—2。

三、箱体的精度设计

箱体主要起支承作用，为保证传动件的工作性能，箱体应具有一定的强度和支承刚度，还应具有规定的几何精度。特别是箱体上安装输出轴和齿轮轴的轴承孔，应根据齿轮的精度等级规定它们的中心距极限偏差和它们的轴线间的方向公差，这些孔尺寸公差带应根据滚动轴承外圈与外壳孔的配合性质确定。为防止轴承外圈安装在这些孔中产生过大的变形，还应对它们分别规定圆柱度公差。对上、下箱体的连接孔、连接轴承端盖的螺纹孔，为保证安装应规定位置度公差。为保证上、下箱体连接的紧密性，应规定结合面的平面度公差。为了保证轴承端盖在轴承孔中的方位正确，应规定轴承端盖结合面与轴承孔轴线的垂直度。箱体精度设计还包括确定螺纹孔公差和箱体各部位表面粗糙度参数。现以图 1 - 1 减速器下箱体为例加以说明。

1. 确定尺寸公差

（1）轴承孔的公差带

由装配图 1 - 1 可知，下箱体四个轴承孔分别与滚动轴承外圈配合，前者的公差带主要根据轴承的负荷状态和运转状态来确定。该减速器中，轴承工作时承受定向负荷的作用，外圈与这四个孔固定、不旋转。因此，该外圈相对于负荷方向固定。由上述输出轴精度设计可知，输出轴上两圆锥滚子轴承的负荷状态属于轻负荷状态。考虑减速器箱体为剖分式，根据附表 5—2 确定机座上分别支承齿轮轴和输出轴的轴承孔的公差带代号为 $\phi80H7$（$^{+0.030}_{0}$）和 $\phi100H7$（$^{+0.035}_{0}$）。

（2）中心距极限偏差

减速器中齿轮的精度等级为 8 级。因此，根据齿轮副的中心距 150 mm 查附表 7—4，该中心距的极限偏差 $\pm f_a = \pm 31.5\ \mu m$，而下箱体孔的中心距极限偏差值 $\pm f_a'$ 可取为 $\pm(0.7 \sim 0.8)f_a$。本例取 $\pm f_a' = \pm 0.8 f_a = \pm 25\ \mu m$。

（3）螺纹公差

下箱体安装轴承端盖螺钉的螺纹孔和安装油塞的螺纹孔精度要求不高，按附表 6—4 选取它们的精度等级为中等级，采用内螺纹公差带 6H，螺纹代号分别为 M8 - 6H 和 M16 × 1.5。安装油标的螺纹孔精度要求低，选取粗糙级，采用 7H，螺纹代号为 M12 - 7H。螺纹孔的标注见下箱体零件图。

2. 确定几何公差

为了保证齿轮传动载荷分布的均匀性，应规定下箱体两对轴承孔轴线的平行度公差。根据第七章齿轮的精度，齿轮副轴线平面内的平行度公差为

$$f_{\Sigma\delta} = (L/b)\ F_\beta = 125 \div 60 \times 29 = 60\ \mu m$$

齿轮副轴线垂直平面内的平行度公差为

$$f_{\Sigma\beta} = 0.5 f_{\Sigma\delta} = 0.5 \times 60 = 30\ \mu m$$

考虑滚动轴承误差和因配合间隙而引起轴线偏移的影响，取下箱体两对轴承孔轴线的平行度公差为齿轮副轴线平行度公差的 0.3 ~ 0.4 倍。故箱体轴承孔轴线平面内和垂直平面内的平行度公差分别为 0.024 mm 和 0.012 mm。

若下箱体支承同一根轴的两个轴承孔分别采用包容要求，即使按包容要求检验合格，也控制不了它们的同轴度误差，而同轴度误差会影响轴承孔与轴承外圈的配合性质。因此，一对轴承孔可采用同轴度公差，按 8 级查附表 3—4 为 0.05 mm，以保证指定的配合性质。此外，对该轴承孔应进一步规定圆柱度公差。查附表 5—3，φ80H7 和 φ100H7 轴承孔的圆柱度公差分别为 0.008 mm 和 0.01 mm。

减速器的下箱体和上箱体用螺栓联结成一体。对下箱体结合面上的螺栓孔组应规定位置度公差，公差值为螺栓大径与螺栓孔（通孔）之间最小间隙的数值。所使用的轴承旁螺栓为 M12，通孔的直径为 φ13H12 mm，故取位置度公差值为 1 mm，并采用最大实体要求。

为了保证轴承端盖在轴承孔中的位置正确，规定端面对轴承孔轴线的垂直度公差为 0.08 mm。

为了保证上、下箱体结合面的紧密性，要求结合面平整。因此，应对结合面规定平面度公差。查附表 3—1 选取平面度公差为 0.04 mm。

为了便于用 6 个螺钉分别穿过均布在轴承端盖上的 6 个通孔，将它紧固在箱体上，对下箱体轴承孔端面上的螺纹孔组应规定位置度公差。位置度公差为轴承端盖通孔与螺钉最小间隙的数值的一半。所使用的螺钉为 M8，通孔直径为 φ9H12 mm。取位置度公差值为 0.5 mm，该位置度公差以端面为第一基准，以轴承孔的轴线为第二基准，并采用最大实体要求。

3. 确定表面粗糙度参数值

按附表 5—4 选取 φ80H7 和 φ100H7 轴承孔的表面粗糙度参数 Ra 的上限值皆为 1.6 μm。轴承孔端面的 Ra 的上限值为 3.2 μm。

根据经验，下箱体结合面的 Ra 的上限值取为 6.3 μm，底平面的 Ra 的上限值取为 12.5 μm。其余表面的 Ra 见图 11—3。

下箱体尺寸公差、几何公差和表面粗糙度的标注见图 11—3。

4. 确定未注公差

下箱体未注尺寸公差及几何公差分别按 GB/T 1804—2000、GB/T 1184—1996 和 GB/T 4249—2009 确定，并在零件图技术要求中说明。

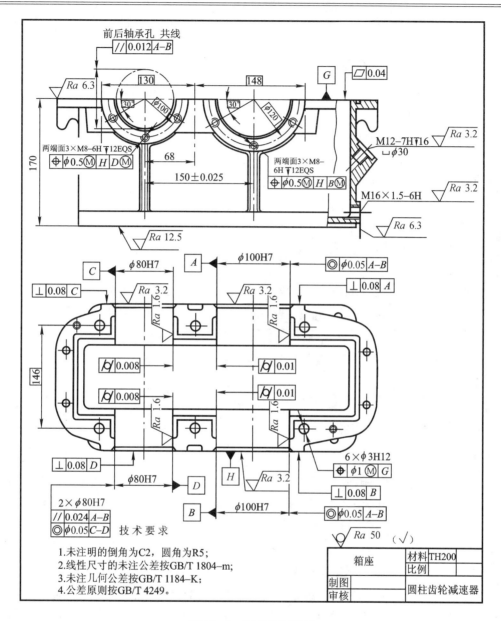

图 11—3　下箱体零件图

第二节　在装配图上标注的要求

　　装配图用来表达减速器中各零、部件的结构及相互装配关系，它也是指导装配、验收和检修工作的技术文件。因此，装配图上应标注以下四方面的尺寸：（1）外形尺寸，即减速器的总长、总宽和总高；（2）特性尺寸，如传动件的中心距及其极限偏差；（3）安装尺寸，即减速器中心高，轴外伸端配合轴段的长度和直径，箱体上地脚螺栓孔的直径和位置尺寸等；（4）配合尺寸，包括在装配图中零、部件相互结合处的尺寸和配合代号，一般孔、轴配合代号，花键配合代号和螺纹副代号等。下面着重就减速器重要结合面的配合尺寸、特性尺寸和安装尺寸加以说明。

一、减速器中重要结合面的配合

1. 圆锥滚子轴承与轴颈、机座孔的配合

滚动轴承内、外圈分别与轴颈、轴承孔相配合，只标注轴颈和轴承孔的公差带代号。齿轮轴、输出轴上的轴颈的公差带代号分别为 $\phi40j6$ 和 $\phi55k6$。箱体轴承孔的公差带代号分别为 $\phi80H7$ 和 $\phi100H7$。

2. 轴承端盖与箱体孔的配合

轴承端盖用于轴承外圈的轴向定位。它与轴承孔的配合要求装配方便且不产生较大的偏心。因此，该配合宜采用间隙配合。由于轴承孔的公差带已按轴承要求确定，故应以轴承孔公差带为基准，来选择轴承端盖圆柱面的公差带，见表11—3。可取轴承端盖圆柱面的标准公差等级比轴承孔低 2~3 级。

由表可确定，本例中轴承孔与轴承端盖圆柱面的配合代号分别为 $\phi80H7/f9$ 和 $\phi100H7/f9$。

表 11—3　轴承端盖圆柱面、定位套筒孔的基本偏差

轴承孔的基本偏差代号	轴承端盖圆柱面的基本偏差代号	轴颈的基本偏差代号	套筒孔的基本偏差代号
H	f	h	F
J	e	j	E
K、M、N	d	k、m、n	D

3. 套筒孔与轴颈的配合

如图1—1所示，套筒用于大齿轮与轴承内圈的轴向定位。套筒孔与轴颈的配合要求同轴承端盖圆柱面与机座孔的配合要求类似，根据轴颈基本偏差确定套筒孔的基本偏差，见表11—3。可取套筒孔的标准公差等级比轴颈低 2~3 级。本例中轴颈的基本偏差代号为 k，故套筒孔与轴颈的配合代号确定为 $\phi55D9/k6$。

4. 大齿轮基准孔与输出轴轴头的配合

考虑到输出轴上齿轮传递的转矩较大，应采用过盈配合。根据齿轮和输出轴精度设计的结果，基准孔的公差带代号为 $\phi58H7$，轴头公差带代号为 $\phi58r6$，故齿轮与轴头配合的配合代号为 $\phi58H7/r6$。

二、特性尺寸

减速器的特性尺寸主要是指传动件的中心距及其极限偏差。该减速器中斜齿轮传动中心距为 150 mm，前面已经确定中心距极限偏差值为 ±0.032 mm。在装配图中，标注中心距及其极限偏差为 150 ±0.032 mm。

三、安装尺寸

安装尺寸表明减速器在机械系统中与其他零、部件装配时相关的尺寸。安装尺寸包括减速器的中心高，箱体上地脚螺栓孔的直径和位置尺寸，减速器输入轴、输出轴端部轴头的公

差带代号和长度等。

　　以上四种尺寸的标注见图 1—1。

习题十一

　　11—1　设计图 1-1 所示减速器的齿轮主动轴。减速器的主要技术特性见表 11—1。试确定齿轮轴上的齿轮的公差项目和齿坯精度，轴上其他要素的尺寸及其极限偏差、几何公差和表面粗糙度参数值。并将上述技术要求标注在齿轮轴零件图习题 11—1 上。

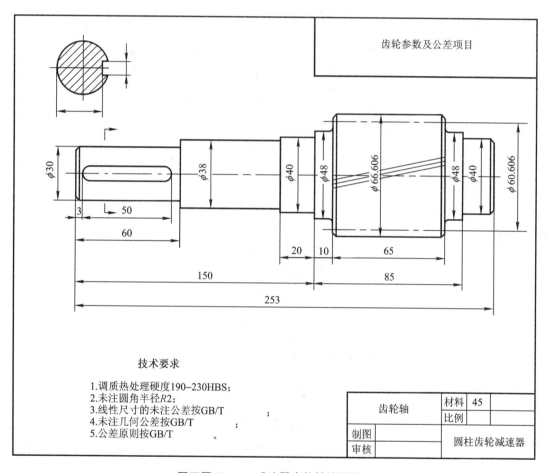

图习题 11—1　减速器齿轮轴的零件图

　　11—2　如图习题 11—2 所示为叶片油泵装配图。叶片油泵的工作原理是当轴 1 由电动机带动旋转时，与轴 1 用花键联结的转子 8 也一起高速旋转。均匀分布在转子圆周上 8 个槽中的叶片，在离心力的作用下，紧贴定子 7 的曲线表面，使定子和转子表面由叶片分隔成容积不等的 8 个间隔空间。在两个配油盘 6 和 9 的支配下，油泵入口（在下方）和大容积的间隔空间相通，油泵出口（在上方）和小容积的间隔空间相通。这样当转子回转时，就实现了输油功能。当输出油压过高时，钢球 4 被压离锥孔，与入油口沟通以缓解压力。

　　叶片油泵装配图中各部位的配合选择如下。

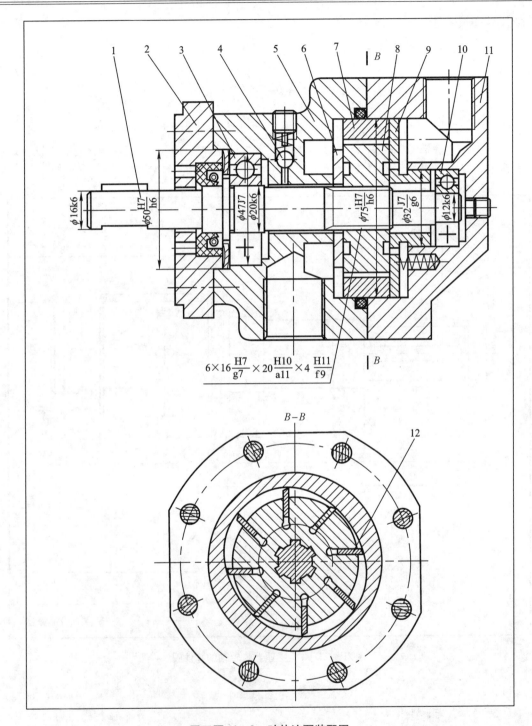

图习题 11—2　叶片油泵装配图

1—花键轴；2—轴承盖；3—深沟球轴承（6204）；4—钢球；5—泵体；6—配油盘；7— 定子；8— 转子；
9— 配油盘；10—深沟球轴承（6201）；11— 泵盖；12—叶片

　　（1）滚动轴承 3、10 外圈与泵体 5、泵盖 11 上孔的配合按规定选基轴制。负荷相对于外圈有摆动，由于负荷不大，故泵体孔和泵盖孔的公差带可分别定为 $\phi47J7$ 和 $\phi32J7$。

（2）滚动轴承 3、10 内圈与花键轴 1 的配合按规定选基孔制。内圈工作时旋转，受循环负荷，花键轴上两配合部位的公差带确定为 $\phi20k6$ 和 $\phi12k6$。

（3）轴承盖 2 与泵体 5 上 $\phi50$ 孔的配合。此处为定位配合，为装配方便，不允许有过盈，也不允许间隙过大而使两配合件间有明显的偏心。因此，选用 $\phi50H7/h6$。

（4）定子 7 上 $\phi75$ 外径与泵体 5、泵盖 11 的配合为定位配合。与（3）相似，选用 $\phi75H7/h6$。

（5）配油盘 9 上 $\phi32$ 外径与泵盖 11 的配合是较重要的定位配合。由于泵盖孔与滚动轴承 10 外圈配合，公差带已选定为 $\phi32J7$，故此处只得选用混合配合 $\phi32J7/g6$，其配合性质（最大间隙、最大过盈分别为 +0.039 和 -0.002）接近 $\phi32H7/h6$。

（6）转子 8 的花键孔与花键轴 1 的配合采用小径定心。按工作性能及工艺条件选择一般用的"紧滑动"配合，即 $6\times16\dfrac{H7}{g7}\times20\dfrac{H10}{a11}\times4\dfrac{H11}{f9}$。

（7）花键轴 1 左端与传动件（图中未示出）的配合要求同轴度好，且可拆卸，故选用 $\phi16H7/k6$。

（8）叶片 12 与转子 8 上 2.2 mm 槽宽的配合要求间隙均匀、滑动流畅、精度很高。确定采取工艺措施，通过研磨叶片进行单件试配，保证间隙在 0.010～0.015 mm 范围内。

试根据上述要求进行叶片油泵花键轴 1 和转子 8 的精度设计，并将各项精度要求分别标注在图习题 11—3 和图习题 11—4 所示的零件图上。

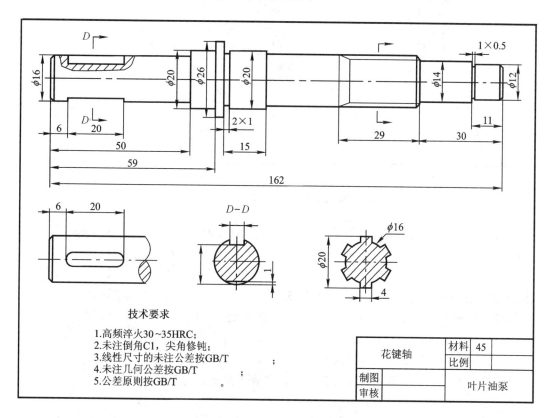

图习题 11—3　叶片油泵花键轴零件图

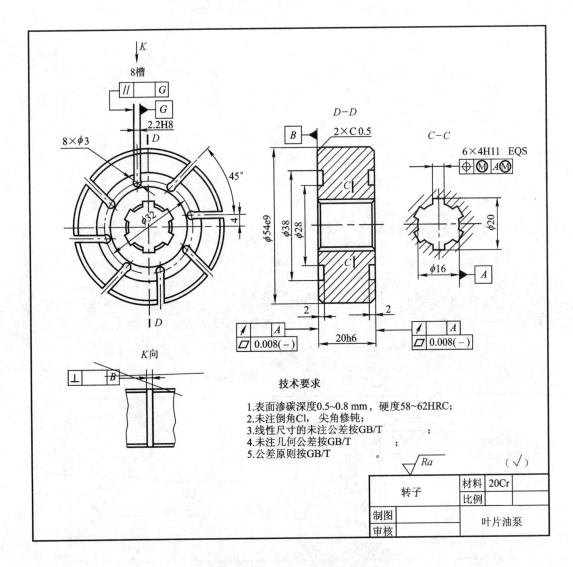

图习题 11—4　叶片油泵转子零件图

11—3　如图习题 11—5 所示为某 80 吨炼钢钢包起重机中第 Ⅲ 级减速器输出轴的轴系结构，主电机功率为 15 kW，输出轴的转速为 20 r/min。第 Ⅲ 级标准直齿轮传动齿数 $z_1 = 24$，$z_2 = 67$，模数 $m = 7$ mm，齿轮宽度 $b = 65$ mm，精度等级为 8 级。齿轮与轴的配合为 $\phi120H7/r6$，滚动轴承的代号为 22220CC/W33（SKF 轴承）。齿轮材料为 42CrMo，表面淬火硬度为 45 ~ 50 HRC；轴材料为 42CrMo，调质处理硬度为 260 ~ 290 HBS。试：

(1) 合理确定滚动轴承与轴、箱体孔的配合；

(2) 计算齿轮与轴配合的极限间隙或过盈量；

(3) 进行齿轮的精度设计，确定公差项目和公差数值；

(4) 绘制齿轮的零件图（图习题 11—6）；

(5) 进行轴的精度设计，绘制轴的零件图（图习题 11—7）。

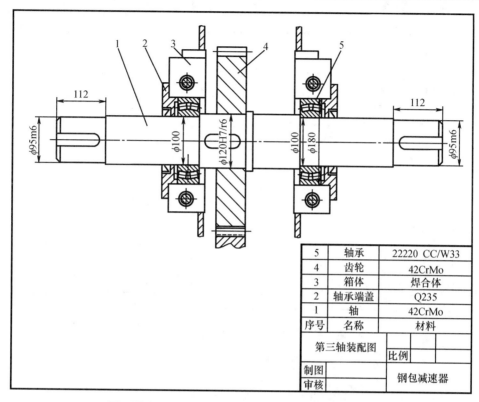

图习题 11—5 炼钢钢包起重机减速器输出轴系结构

5	轴承	22220 CC/W33
4	齿轮	42CrMo
3	箱体	焊合体
2	轴承端盖	Q235
1	轴	42CrMo
序号	名称	材料

第三轴装配图 / 比例

制图 / 审核 / 钢包减速器

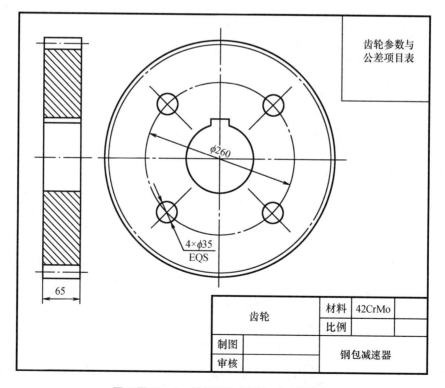

齿轮参数与
公差项目表

| 齿轮 | 材料 | 42CrMo |
| | 比例 | |

制图 / 审核 / 钢包减速器

图习题 11—6 炼钢钢包起重机减速器齿轮

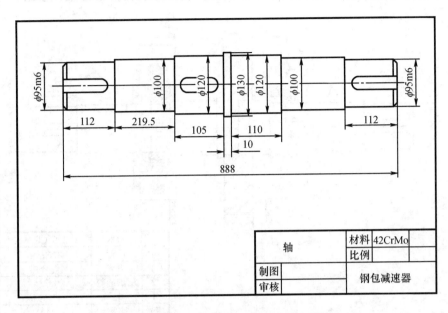

图习题 11—7　炼钢钢包起重机减速器轴

附　表

附表索引

附表 1—1　量块测量面上任意点的长度极限偏差 t_e 和长度变动量最大允许值 t_v

（摘自 JJG 146—2011）　　　　　　　　　　　　　　　　　　　　　μm

标称长度 l_n/mm	K 级		0 级		1 级		2 级		3 级	
	t_e	t_v	t_e	t_v	t_e	t_v	t_e	t_v	t_e	t_v
$l_n \leqslant 10$	±0.20	0.05	±0.12	0.10	±0.20	0.16	±0.45	0.30	±1.0	0.50
$10 < l_n \leqslant 25$	±0.30	0.05	±0.14	0.10	±0.30	0.16	±0.60	0.30	±1.2	0.50
$25 < l_n \leqslant 50$	±0.40	0.06	±0.20	0.10	±0.40	0.18	±0.80	0.30	±1.6	0.55
$50 < l_n \leqslant 75$	±0.50	0.06	±0.25	0.12	±0.50	0.18	±1.00	0.35	±2.0	0.55
$75 < l_n \leqslant 100$	±0.60	0.07	±0.30	0.12	±0.60	0.20	±1.20	0.35	±2.5	0.60
$100 < l_n \leqslant 150$	±0.80	0.08	±0.40	0.14	±0.80	0.20	±1.6	0.40	±3.0	0.65
$150 < l_n \leqslant 200$	±1.00	0.09	±0.50	0.16	±1.00	0.25	±2.0	0.40	±4.0	0.70
$200 < l_n \leqslant 250$	±1.20	0.10	±0.60	0.16	±1.20	0.25	±2.4	0.45	±5.0	0.75
$250 < l_n \leqslant 300$	±1.40	0.10	±0.70	0.18	±1.40	0.25	±2.8	0.50	±6.0	0.80
$300 < l_n \leqslant 400$	±1.80	0.12	±0.90	0.20	±1.80	0.30	±3.6	0.50	±7.0	0.90
$400 < l_n \leqslant 500$	±2.20	0.14	±1.10	0.25	±2.20	0.35	±4.4	0.60	±9.0	1.00
$500 < l_n \leqslant 600$	±2.60	0.16	±1.30	0.25	±2.6	0.40	±5.0	0.70	±11.0	1.10
$600 < l_n \leqslant 700$	±3.00	0.18	±1.50	0.30	±3.0	0.45	±6.0	0.70	±12.0	1.20
$700 < l_n \leqslant 800$	±3.40	0.20	±1.70	0.30	±3.4	0.50	±6.5	0.80	±14.0	1.30
$800 < l_n \leqslant 900$	±3.80	0.20	±1.90	0.35	±3.8	0.50	±7.5	0.90	±15.0	1.40
$900 < l_n \leqslant 1000$	±4.20	0.25	±2.00	0.40	±4.2	0.60	±8.0	1.00	±17.0	1.50

注：距离测量面边缘 0.8mm 范围内不计。

附表 1—2　各等量块长度测量不确定度和长度变动量最大允许值

（摘自 JJG 146—2011）　　　　　　　　　　　　　　　　　　　　　μm

标称长度 l_n/mm	1 等		2 等		3 等		4 等		5 等	
	测量不确定度	长度变动量	测量不确定度	长度变动量	测量不确定度	长度变动量	测量不确定度	长度变动量	测量不确定度	长度变动量
$l_n \leqslant 10$	0.022	0.05	0.06	0.10	0.11	0.16	0.22	0.30	0.6	0.50
$10 < l_n \leqslant 25$	0.025	0.05	0.07	0.10	0.12	0.16	0.25	0.30	0.6	0.50
$25 < l_n \leqslant 50$	0.030	0.06	0.08	0.10	0.15	0.18	0.30	0.30	0.8	0.55
$50 < l_n \leqslant 75$	0.035	0.06	0.09	0.12	0.18	0.18	0.35	0.35	0.9	0.55
$75 < l_n \leqslant 100$	0.040	0.07	0.10	0.12	0.20	0.20	0.40	0.35	1.0	0.60
$100 < l_n \leqslant 150$	0.05	0.08	0.12	0.14	0.25	0.20	0.5	0.40	1.2	0.65
$150 < l_n \leqslant 200$	0.06	0.09	0.15	0.16	0.30	0.25	0.6	0.40	1.5	0.70
$200 < l_n \leqslant 250$	0.07	0.10	0.18	0.16	0.35	0.25	0.7	0.45	1.8	0.75
$250 < l_n \leqslant 300$	0.08	0.10	0.20	0.18	0.40	0.25	0.8	0.50	2.0	0.80

续表

标称长度 l_n/mm	1 等		2 等		3 等		4 等		5 等	
	测量不确定度	长度变动量	测量不确定度	长度变动量	测量不确定度	长度变动量	测量不确定度	长度变动量	测量不确定度	长度变动量
$300 < l_n \leq 400$	0.10	0.12	0.25	0.20	0.50	0.30	1.0	0.50	2.5	0.90
$400 < l_n \leq 500$	0.12	0.14	0.30	0.25	0.60	0.35	1.2	0.60	3.0	1.00
$500 < l_n \leq 600$	0.14	0.16	0.35	0.25	0.7	0.40	1.4	0.70	3.5	1.10
$600 < l_n \leq 700$	0.16	0.18	0.40	0.30	0.8	0.45	1.6	0.70	4.0	1.20
$700 < l_n \leq 800$	0.18	0.20	0.45	0.30	0.9	0.50	1.8	0.80	4.5	1.30
$800 < l_n \leq 900$	0.20	0.20	0.50	0.35	1.0	0.50	2.0	0.90	5.0	1.40
$900 < l_n \leq 1000$	0.22	0.25	0.55	0.40	1.1	0.60	2.2	1.00	5.5	1.50

注：1. 距离测量面边缘0.8mm范围内不计。

　　2. 表内测量不确定度置信概率为0.99。

附表 1—3　成套量块组合尺寸（摘自 GB/T 6093—2001）

总块数	级别	尺寸系列/mm	间隔/mm	块数	总块数	级别	尺寸系列/mm	间隔/mm	块数
91	0, 1	0.5	—	1	46	0, 1, 2	1	—	1
		1	—	1			1.001…1.009	0.001	9
		1.001…1.009	0.001	9			1.01…1.09	0.01	9
		1.01…1.49	0.01	49			1.1…1.9	0.1	9
		1.5…1.9	0.1	5			2…9	1	8
		2.0, 2.5…9.5	0.5	16			10, 20…100	10	10
		10, 20…100	10	10					
83	0, 1, 2	0.5	—	1	38	0, 1, 2	1	—	1
		1	—	1			1.005	—	1
		1.005	—	1			1.01…1.09	0.01	9
		1.01…1.49	0.01	49			1.1…1.9	0.1	9
		1.5…1.9	0.1	5			2…9	1	8
		2.0, 2.5…9.5	0.5	16			10, 20…100	10	10
		10, 20…100	10	10					

附表 2—1　标准尺寸系列（10～100 mm）（摘自 GB/T 2822—2005）

R			R′			R			R′		
R10	R20	R40	R′10	R′20	R′40	R10	R20	R40	R′10	R′20	R′40
10.0	10.0		10	10		16.0	16.0	16.0	16	16	16
								17.0			17
	11.2			11			18.0	18.0		18	18
								19.0			19
12.5	12.5	12.5	12	12	12	20.0	20.0	20.0	20	20	20
		13.2			13		21.2				21
	14.0	14.0		14	14		22.4	22.4		22	22
		15.0			15			23.6			24

续表

R			R′			R			R′		
R10	R20	R40	R′10	R′20	R′40	R10	R20	R40	R′10	R′20	R′40
25.0	25.0	25.0	25	25	25	50.0	50.0	50.0	50	50	50
		26.5			26			53.0			53
	28.0	28.0		28	28		56.0	56.0		56	56
		30.0			30			60.0			60
31.5	31.5	31.5	32	32	32	63.0	63.0	63.0	63	63	63
		33.5			34			67.0			67
	35.5	35.5		36	36		71.0	71.0		71	71
		37.5			38			75.0			75
40.0	40.0	40.0	40	40	40	80.0	80.0	80.0	80	80	80
		42.5			42			85.0			85
	45.0	45.0		45	45		90.0	90.0		90	90
		47.5			48			95.0			95
						100.0	100.0	100.0	100	100	100

注：R′系列中框格内数值为 R 系列相应各项优先数的化整值。

附表2—2　标准公差数值（摘自 GB/T 1800.1—2009）

公称尺寸 /mm		标 准 公 差 等 级																	
大于	至	IT 1	IT 2	IT 3	IT 4	IT 5	IT 6	IT 7	IT 8	IT 9	IT 10	IT 11	IT 12	IT 13	IT 14	IT 15	IT 16	IT 17	IT 18
		μm											mm						
—	3	0.8	1.2	2	3	4	6	10	14	25	40	60	0.1	0.14	0.25	0.4	0.6	1	1.4
3	6	1	1.5	2.5	4	5	8	12	18	30	48	75	0.12	0.18	0.3	0.48	0.75	1.2	1.8
6	10	1	1.5	2.5	4	6	9	15	22	36	58	90	0.15	0.22	0.36	0.58	0.9	1.5	2.2
10	18	1.2	2	3	5	8	11	18	27	43	70	110	0.18	0.27	0.43	0.7	1.1	1.8	2.7
18	30	1.5	2.5	4	6	9	13	21	33	52	84	130	0.21	0.33	0.52	0.84	1.3	2.1	3.3
30	50	1.5	2.5	4	7	11	16	25	39	62	100	160	0.25	0.39	0.62	1	1.6	2.5	3.9
50	80	2	3	5	8	13	19	30	46	74	120	190	0.3	0.46	0.74	1.2	1.9	3	4.6
80	120	2.5	4	6	10	15	22	35	54	87	140	220	0.35	0.54	0.87	1.4	2.2	3.5	5.4
120	180	3.5	5	8	12	18	25	40	63	100	160	250	0.4	0.63	1	1.6	2.5	4	6.3
180	250	4.5	7	10	14	20	29	46	72	115	185	290	0.46	0.72	1.15	1.85	2.9	4.6	7.2
250	315	6	8	12	16	23	32	52	81	130	210	320	0.52	0.81	1.3	2.1	3.2	5.2	8.1
315	400	7	9	13	18	25	36	57	89	140	230	360	0.57	0.89	1.4	2.3	3.6	5.7	8.9
400	500	8	10	15	20	27	40	63	97	155	250	400	0.63	0.97	1.55	2.5	4	6.3	9.7
500	630	9	11	16	22	32	44	70	110	175	280	440	0.7	1.1	1.75	2.8	4.4	7	11
630	800	10	13	18	25	36	50	80	125	200	320	500	0.8	1.25	2	3.2	5	8	12.5
800	1000	11	15	21	28	40	56	90	140	230	360	560	0.9	1.4	2.3	3.6	5.6	9	14
1000	1250	13	18	24	33	47	66	105	165	260	420	660	1.05	1.65	2.6	4.2	6.6	10.5	16.5
1250	1600	15	21	29	39	55	78	125	195	310	500	780	1.25	1.95	3.1	5	7.8	12.5	19.5
1600	2000	18	25	35	46	65	92	150	230	370	600	920	1.5	2.3	3.7	6	9.2	15	23
2000	2500	22	30	41	55	78	110	175	280	440	700	1100	1.75	2.8	4.4	7	11	17.5	28
2500	3150	26	36	50	68	96	135	210	330	540	860	1350	2.1	3.3	5.4	8.6	13.5	21	33

注：1. 公称尺寸大于 500 mm 的 IT 1 至 IT 5 的标准公差数值为试行的；
　　2. 公称尺寸小于或等于 1 mm 时，无 IT 14 至 IT 18。

附表2—3　轴的基本偏差数值

公称尺寸/mm		基本偏差为上偏差 es												IT5和IT6	IT7	IT8	IT4~IT7
		所有标准公差等级												j	j	j	k
大于	至	a	b	c	cd	d	e	ef	f	fg	g	h	js				
—	3	-270	-140	-60	-34	-20	-14	-10	-6	-4	-2	0		-2	-4	-6	0
3	6	-270	-140	-70	-46	-30	-20	-14	-10	-6	-4	0		-2	-4		+1
6	10	-280	-150	-80	-56	-40	-25	-18	-13	-8	-5	0		-2	-5		+1
10	14	-290	-150	-95		-50	-32		-16		-6	0		-3	-6		+1
14	18	-290	-150	-95		-50	-32		-16		-6	0		-3	-6		+1
18	24	-300	-160	-110		-65	-40		-20		-7	0		-4	-8		+2
24	30	-300	-160	-110		-65	-40		-20		-7	0		-4	-8		+2
30	40	-310	-170	-120		-80	-50		-25		-9	0		-5	-10		+2
40	50	-320	-180	-130		-80	-50		-25		-9	0		-5	-10		+2
50	65	-340	-190	-140		-100	-60		-30		-10	0		-7	-12		+2
65	80	-360	-200	-150		-100	-60		-30		-10	0		-7	-12		+2
80	100	-380	-220	-170		-120	-72		-36		-12	0		-9	-15		+3
100	120	-410	-240	-180		-120	-72		-36		-12	0		-9	-15		+3
120	140	-460	-260	-200		-145	-85		-43		-14	0		-11	-18		+3
140	160	-520	-280	-210		-145	-85		-43		-14	0		-11	-18		+3
160	180	-580	-310	-230		-145	-85		-43		-14	0		-11	-18		+3
180	200	-660	-340	-240		-170	-100		-50		-15	0		-13	-21		+4
200	225	-740	-380	-260		-170	-100		-50		-15	0		-13	-21		+4
225	250	-820	-420	-280		-170	-100		-50		-15	0		-13	-21		+4
250	280	-920	-480	-300		-190	-110		-56		-17	0		-16	-26		+4
280	315	-1050	-540	-330		-190	-110		-56		-17	0		-16	-26		+4
315	355	-1200	-600	-360		-210	-125		-62		-18	0		-18	-28		+4
355	400	-1350	-680	-400		-210	-125		-62		-18	0		-18	-28		+4
400	450	-1500	-760	-440		-230	-135		-68		-20	0		-20	-32		+5
450	500	-1650	-840	-480		-230	-135		-68		-20	0		-20	-32		+5
500	560					-260	-145		-76		-22	0					0
560	630					-260	-145		-76		-22	0					0
630	710					-290	-160		-80		-24	0					0
710	800					-290	-160		-80		-24	0					0
800	900					-320	-170		-86		-26	0					0
900	1000	-				-320	-170		-86		-26	0					0
1000	1120					-350	-195		-98		-28	0					0
1120	1250					-350	-195		-98		-28	0					0
1250	1400					-390	-220		-110		-30	0					0
1400	1600					-390	-220		-110		-30	0					0
1600	1800					-430	-240		-120		-32	0					0
1800	2000					-430	-240		-120		-32	0					0
2000	2240					-480	-260		-130		-34	0					0
2240	2500					-480	-260		-130		-34	0					0
2500	2800					-520	-290		-145		-38	0					0
2800	3150					-520	-290		-145		-38	0					0

js 列：偏差 = ±ITn/2，式中 ITn 是轴的标准公差值

注：1. 公称尺寸小于1 mm时，基本偏差a和b均不采用；

　　2. 公差带js7至js11，若ITn标准公差数值为奇数，则取偏差 = ±（ITn-1）/2

（摘自 GB/T 1800.1—2009）　　　　　　　　　　　　　　　　　　μm

	基本偏差为下偏差 ei												
≤IT 3 >IT 7	所有标准公差等级												
k	m	n	p	r	s	t	u	v	x	y	z	za	zb	zc
0	+2	+4	+6	+10	+14		+16		+20		+26	+32	+40	+60
0	+4	+8	+12	+15	+19		+23		+28		+35	+42	+50	+80
0	+6	+10	+15	+19	+23		+28		+34		+42	+52	+67	+97
0	+7	+12	+18	+23	+28		+33		+40		+50	+64	+90	+130
0	+7	+12	+18	+23	+28		+33	+39	+45		+60	+77	+108	+150
0	+8	+15	+22	+28	+35		+41	+47	+54	+63	+73	+98	+136	+188
0	+8	+15	+22	+28	+35	+41	+48	+55	+64	+75	+88	+118	+160	+218
0	+9	+17	+26	+34	+43	+48	+60	+68	+80	+94	+112	+148	+200	+274
0	+9	+17	+26	+34	+43	+54	+70	+81	+97	+114	+136	+180	+242	+325
0	+11	+20	+32	+41	+53	+66	+87	+102	+122	+144	+172	+226	+300	+405
0	+11	+20	+32	+43	+59	+75	+102	+120	+146	+174	+210	+274	+360	+480
0	+13	+23	+37	+51	+71	+91	+124	+146	+178	+214	+258	+335	+445	+585
0	+13	+23	+37	+54	+79	+104	+144	+172	+210	+254	+310	+400	+525	+690
0	+15	+27	+43	+63	+92	+122	+170	+202	+248	+300	+365	+470	+620	+800
0	+15	+27	+43	+65	+100	+134	+190	+228	+280	+340	+415	+535	+700	+900
0	+15	+27	+43	+68	+108	+146	+210	+252	+310	+380	+465	+600	+780	+1000
0	+17	+31	+50	+77	+122	+155	+236	+284	+350	+425	+520	+670	+880	+1150
0	+17	+31	+50	+80	+130	+180	+258	+310	+385	+470	+575	+740	+960	+1250
0	+17	+31	+50	+84	+140	+196	+284	+340	+425	+520	+640	+820	+1050	+1350
0	+20	+34	+56	+94	+158	+218	+315	+385	+475	+580	+710	+920	+1200	+1550
0	+20	+34	+56	+98	+170	+240	+350	+425	+525	+650	+790	+1000	+1300	+1700
0	+21	+37	+62	+108	+190	+268	+390	+475	+590	+730	+900	+1150	+1500	+1900
0	+21	+37	+62	+114	+208	+294	+435	+530	+660	+820	+1000	+1300	+1650	+2100
0	+23	+40	+68	+126	+232	+33	+490	+595	+740	+920	+1100	+1450	+1850	+2400
0	+23	+40	+68	+132	+252	+360	+540	+660	+820	+1000	+1250	+1600	+2100	+2600
0	+26	+44	+78	+150	+280	+400	+600							
0	+26	+44	+78	+155	+310	+450	+600							
0	+30	+50	+88	+175	+340	+500	+740							
0	+30	+50	+88	+185	+380	+560	+840							
0	+34	+56	+100	+210	+430	+620	+940							
0	+34	+56	+100	+220	+470	+680	+1050							
0	+40	+66	+120	+250	+520	+780	+1150							
0	+40	+66	+120	+260	+580	+840	+1300							
0	+48	+78	+140	+300	+640	+960	+1450							
0	+48	+78	+140	+330	+720	+1050	+1600							
0	+58	+92	+170	+370	+820	+1200	+1850							
0	+58	+92	+170	+400	+920	+1350	+2000							
0	+68	+110	+195	+440	+1000	+1500	+2300							
0	+68	+110	+195	+460	+1100	+1650	+2500							
0	+76	+135	+240	+550	+1250	+1900	+2900							
0	+76	+135	+240	+580	+1400	+2100	+3200							

附表 2—4　孔的基本偏差数值

公称尺寸/mm 大于	至	A	B	C	CD	D	E	EF	F	FG	G	H	JS	J (IT6)	J (IT7)	J (IT8)	K (≤IT8)	K (>IT8)	M (≤IT8)	M (>IT8)	N (≤IT8)	N (>IT8)
—	3	+270	+140	+60	+34	+20	+14	+10	+6	+4	+2	0		+2	+4	+6	0	0	−2	−2	−4	−4
3	6	+270	+140	+70	+46	+30	+20	+14	+10	+6	+4	0		+5	+6	+10	−1+Δ		−4+Δ	−4	−8+Δ	0
6	10	+280	+150	+80	+56	+40	+25	+18	+13	+8	+5	0		+5	+8	+12	−1+Δ		−6+Δ	−6	−10+Δ	0
10	14	+290	+150	+95		+50	+32		+16		+6	0		+6	+10	+15	−1+Δ		−7+Δ	−7	−12+Δ	0
14	18	+290	+150	+95		+50	+32		+16		+6	0		+6	+10	+15	−1+Δ		−7+Δ	−7	−12+Δ	0
18	24	+300	+160	+110		+65	+40		+20		+7	0		+8	+12	+20	−2+Δ		−8+Δ	−8	−15+Δ	0
24	30	+300	+160	+110		+65	+40		+20		+7	0		+8	+12	+20	−2+Δ		−8+Δ	−8	−15+Δ	0
30	40	+310	+170	+120		+80	+50		+25		+9	0		+10	+14	+24	−2+Δ		−9+Δ	−9	−17+Δ	0
40	50	+320	+180	+130		+80	+50		+25		+9	0		+10	+14	+24	−2+Δ		−9+Δ	−9	−17+Δ	0
50	65	+340	+190	+140		+100	+60		+30		+10	0		+13	+18	+28	−2+Δ		−11+Δ	−11	−20+Δ	0
65	80	+360	+200	+150		+100	+60		+30		+10	0		+13	+18	+28	−2+Δ		−11+Δ	−11	−20+Δ	0
80	100	+380	+220	+170		+120	+72		+36		+12	0		+13	+18	+28	−2+Δ		−11+Δ	−11	−20+Δ	0
100	120	+410	+240	+180		+120	+72		+36		+12	0		+16	+22	+34	−3+Δ		−13+Δ	−13	−23+Δ	0
120	140	+460	+260	+200		+145	+85		+43		+14	0		+16	+22	+34	−3+Δ		−13+Δ	−13	−23+Δ	0
140	160	+520	+280	+210		+145	+85		+43		+14	0		+16	+22	+34	−3+Δ		−13+Δ	−13	−23+Δ	0
160	180	+580	+310	+230		+145	+85		+43		+14	0		+18	+26	+41	−3+Δ		−15+Δ	−15	−27+Δ	0
180	200	+660	+340	+240		+170	+100		+50		+15	0		+18	+26	+41	−3+Δ		−15+Δ	−15	−27+Δ	0
200	225	+740	+380	+260		+170	+100		+50		+15	0		+22	+30	+47	−4+Δ		−17+Δ	−17	−31+Δ	0
225	250	+820	+420	+280		+170	+100		+50		+15	0		+22	+30	+47	−4+Δ		−17+Δ	−17	−31+Δ	0
250	280	+920	+480	+300		+190	+110		+56		+17	0		+25	+36	+55	−4+Δ		−20+Δ	−20	−34+Δ	0
280	315	+1050	+540	+330		+190	+110		+56		+17	0		+25	+36	+55	−4+Δ		−20+Δ	−20	−34+Δ	0
315	355	+1200	+600	+360		+210	+125		+62		+18	0		+29	+39	+60	−4+Δ		−21+Δ	−21	−37+Δ	0
355	400	+1350	+680	+400		+210	+125		+62		+18	0		+29	+39	+60	−4+Δ		−21+Δ	−21	−37+Δ	0
400	450	+1500	+760	+440		+230	+135		+68		+20	0		+33	+43	+66	−5+Δ		−23+Δ	−23	−40+Δ	0
450	500	+1650	+840	+480		+230	+135		+68		+20	0		+33	+43	+66	−5+Δ		−23+Δ	−23	−40+Δ	0
500	560					+260	+145		+76		+22	0					0		−25		−44	
560	630					+260	+145		+76		+22	0					0		−25		−44	
630	710					+290	+160		+80		+24	0					0		−30		−50	
710	800					+290	+160		+80		+24	0					0		−30		−50	
800	900					+320	+170		+86		+26	0					0		−34		−56	
900	1000					+320	+170		+86		+26	0					0		−34		−56	
1000	1120					+350	+195		+98		+28	0					0		−40		−65	
1120	1250					+350	+195		+98		+28	0					0		−40		−65	
1250	1400					+390	+220		+110		+30	0					0		−48		−78	
1400	1600					+390	+220		+110		+30	0					0		−48		−78	
1600	1800					+430	+240		+120		+32	0					0		−58		−92	
1800	2000					+430	+240		+120		+32	0					0		−58		−92	
2000	2240					+480	+260		+130		+34	0					0		−68		−110	
2240	2500					+480	+260		+130		+34	0					0		−68		−110	
2500	2800					+520	+290		+145		+38	0					0		−76		−135	
2800	3150					+520	+290		+145		+38	0					0		−76		−135	

JS 列：偏差 = ±$IT_n/2$，式中 IT_n 为孔的标准公差值。

注：1. 公称尺寸小于或等于 1 mm 时，基本偏差 A 和 B 及大于 IT 8 的 N 均不采用。
　　2. 公差带 JS7 至 JS11，若 IT_n 数值是奇数，则取偏差 = ± (IT_n − 1) /2。
　　3. 对于小于或等于 IT 8 的 K、M、N 和小于或等于 IT 7 的 P 至 ZC，所需 Δ 值从表内右侧选取。例如：18~30 mm 段的 K7，Δ = 8 μm，所以 ES = −2 + 8 = +6 μm；18~30 mm 段的 S6，Δ = 4 μm，所以 ES = −35 + 4 = −31 μm。
　　4. 特殊情况：250~315 mm 段的 M6，ES = −9 μm（代替 −11 μm）。

（摘自 GB/T 1800.1—2009）　　　　　　　　　　　　　　　　　　　μm

左侧列标题：≤ IT7，P 至 ZC，在大于 IT7 的相应值上增加一个 Δ 值

| | 基本偏差为上偏差 ES | | | | | | | | | | | | Δ 值 | | | | | |
| | 标准公差等级 IT n > IT 7 | | | | | | | | | | | | 标准公差等级 | | | | | |
	P	R	S	T	U	V	X	Y	Z	ZA	ZB	ZC	IT 3	IT 4	IT 5	IT 6	IT 7	IT 8
	−6	−10	14 –		−18		−20		−26	−32	−40	−60	0	0	0	0	0	0
	−12	−15	−19		−23		−28		−35	−42	−50	−80	1	1.5	1	3	4	6
	−15	−19	−23		−28		−34		−42	−52	−67	−97	1	1.5	2	3	6	7
	−18	−23	−28		−33		−40		−50	−64	−90	−130	1	2	3	3	7	9
	−18	−23	−28		−33	−39	−45		−60	−77	−108	−150	1	2	3	3	7	9
	−22	−28	−35		−41	−47	−54	−63	−73	−98	−136	−188	1.5	2	3	4	8	12
	−22	−28	−35	−41	−48	−55	−64	−75	−88	−118	−160	−218	1.5	2	3	4	8	12
	−26	−34	−43	−48	−60	−68	−80	−94	−112	−148	−200	−274	1.5	3	4	5	9	14
	−26	−34	−43	−54	−70	−81	−97	−114	−136	−180	−242	−325	1.5	3	4	5	9	14
	−32	−41	−53	−66	−87	−102	−122	−144	−172	−226	−300	−405	2	3	5	6	11	16
	−32	−43	−59	−75	−102	−120	−146	−174	−210	−274	−360	−480	2	3	5	6	11	16
	−37	−51	−71	−91	−124	−146	−178	−214	−258	−335	−445	−585	2	4	5	7	13	19
	−37	−54	−79	−104	−144	−172	−210	−254	−310	−400	−525	−690	2	4	5	7	13	19
	−43	−63	−92	−122	−170	−202	−248	−300	−365	−470	−620	−800	3	4	6	7	15	23
	−43	−65	−100	−134	−190	−228	−280	−340	−415	−535	−700	−900	3	4	6	7	15	23
	−43	−68	−108	−146	−210	−252	−310	−380	−465	−600	−780	−1000	3	4	6	7	15	23
	−50	−77	−122	−166	−236	−284	−350	−425	−520	−670	−880	−1150	3	4	6	9	17	26
	−50	−80	−130	−180	−258	−310	−385	−470	−575	−740	−960	−1250	3	4	6	9	17	26
	−50	−84	−140	−196	−284	−340	−425	−520	−640	−820	−1050	−1350	3	4	6	9	17	26
	−56	−94	−158	−218	−315	−385	−475	−580	−710	−920	−1200	−1550	4	4	7	9	20	29
	−56	−98	−170	−240	−350	−425	−525	−650	−790	−1000	−1300	−1700	4	4	7	9	20	29
	−62	−108	−190	−268	−390	−475	−590	−730	−900	−1150	−1500	−1900	4	5	7	11	21	32
	−62	−114	−208	−294	−435	−530	−660	−820	−1000	−1300	−1650	−2100	4	5	7	11	21	32
	−68	−126	−232	−330	−490	−595	−740	−920	−1100	−1450	−1850	−2400	5	5	7	13	23	34
	−68	−132	−252	−360	−540	−660	−820	−1000	−1250	−1600	−2100	−2600	5	5	7	13	23	34
	−78	−150	−280	−400	−600													
	−78	−155	−310	−450	−660													
	−88	−175	−340	−500	−740													
	−88	−185	−380	−560	−840													
	−100	−210	−430	−620	−940													
	−100	−220	−470	−680	−1050													
	−120	−250	−520	−780	−1150													
	−120	−260	−580	−810	−1300													
	−140	−300	−640	−960	−1450													
	−140	−330	−720	−1050	−1600													
	−170	−370	−820	−1200	−1850													
	−170	−400	−920	−1350	−2000													
	−195	−440	−1000	−1500	−2300													
	−195	−460	−1100	−1650	−2500													
	−240	−550	−1250	−1900	−2900													
	−240	−580	−1400	−2100	−3200													

附表 2—5　基孔制与基轴制优先配合的极限间隙或极限过盈（摘自 GB/T 1801—2009）　μm

基孔制	H7/g6	H7/h6	H8/f7	H8/h7	H9/d9	H9/h9	H11/c11	H11/h11	H7/k6	H7/n6	H7/p6	H7/s6	H7/u6
基轴制	G7/h6	H7/h6	F8/h7	H8/h7	D9/h9	H9/h9	C11/h11	H11/h11	K7/h6	N7/h6	P7/h6	S7/h6	U7/h6
公称尺寸/mm 大于～至	间隙配合												
3～6	+24 +4	+20 0	+40 +10	+30 0	+90 +30	+60 0	+220 +70	+150 0	+11 −9	+4 −16	0 −20	−7 −27	−11 −31
6～10	+29 +5	+24 0	+50 +13	+37 0	+112 +40	+72 0	+260 +80	+180 0	+14 −10	+5 −19	0 −24	−8 −32	−13 −37
10～14	+35 +6	+29 0	+61 +16	+45 0	+136 +50	+86 0	+315 +95	+220 0	+17 −12	+6 −23	0 −29	−10 −39	−15 −44
14～18	+35 +6	+29 0	+61 +16	+45 0	+136 +50	+86 0	+315 +95	+220 0	+17 −12	+6 −23	0 −29	−10 −39	−15 −44
18～24	+41 +7	+34 0	+74 +20	+54 0	+169 +65	+104 0	+370 +110	+260 0	+19 −15	+6 −28	−1 −35	−14 −48	−20 −54
24～30	+41 +7	+34 0	+74 +20	+54 0	+169 +65	+104 0	+370 +110	+260 0	+19 −15	+6 −28	−1 −35	−14 −48	−27 −61
30～40	+50 +9	+41 0	+89 +25	+64 0	+204 +80	+124 0	+440 +120	+320 0	+23 −18	+8 −33	−1 −42	−18 −59	−35 −76
40～50	+50 +9	+41 0	+89 +25	+64 0	+204 +80	+124 0	+450 +130	+320 0	+23 −18	+8 −33	−1 −42	−18 −59	−45 −86
50～65	+59 +10	+49 0	+106 +30	+76 0	+248 +100	+148 0	+520 +140	+380 0	+28 −21	+10 −39	−2 −51	−23 −72	−57 −106
65～80	+59 +10	+49 0	+106 +30	+76 0	+248 +100	+148 0	+530 +150	+380 0	+28 −21	+10 −39	−2 −51	−29 −78	−72 −121
80～100	+69 +12	+57 0	+125 +36	+89 0	+294 +120	+174 0	+610 +170	+440 0	+32 −25	+12 −45	−2 −59	−36 −93	−89 −146
100～120	+69 +12	+57 0	+125 +36	+89 0	+294 +120	+174 0	+620 +180	+440 0	+32 −25	+12 −45	−2 −59	−44 −101	−109 −166
120～140	+79 +14	+65 0	+146 +43	+103 0	+345 +145	+200 0	+700 +200	+500 0	+37 −28	+13 −52	−3 −68	−52 −117	−130 −195
140～160	+79 +14	+65 0	+146 +43	+103 0	+345 +145	+200 0	+710 +210	+500 0	+37 −28	+13 −52	−3 −68	−60 −125	−150 −215
160～180	+79 +14	+65 0	+146 +43	+103 0	+345 +145	+200 0	+730 +230	+500 0	+37 −28	+13 −52	−3 −68	−68 −133	−170 −235
180～200	+90 +15	+75 0	+168 +50	+118 0	+400 +170	+230 0	+820 +240	+580 0	+42 −33	+15 −60	−4 −79	−76 −151	−190 −265
200～225	+90 +15	+75 0	+168 +50	+118 0	+400 +170	+230 0	+840 +260	+580 0	+42 −33	+15 −60	−4 −79	−84 −159	−212 −287
225～250	+90 +15	+75 0	+168 +50	+118 0	+400 +170	+230 0	+860 +280	+580 0	+42 −33	+15 −60	−4 −79	−94 −169	−238 −313
250～280	+101 +17	+84 0	+189 +56	+133 0	+450 +190	+260 0	+940 +300	+640 0	+48 −36	+18 −66	−4 −88	−106 −190	−263 −347
280～315	+101 +17	+84 0	+189 +56	+133 0	+450 +190	+260 0	+970 +330	+640 0	+48 −36	+18 −66	−4 −88	−118 −202	−298 −382
315～355	+111 +18	+93 0	+208 +62	+146 0	+490 +210	+280 0	+1080 +360	+720 0	+53 −40	+20 −73	−5 −98	−133 −226	−333 −426
355～400	+111 +18	+93 0	+208 +62	+146 0	+490 +210	+280 0	+1120 +400	+720 0	+53 −40	+20 −73	−5 −98	−151 −244	−378 −471
400～450	+123 +20	+103 0	+228 +68	+160 0	+540 +230	+310 0	+1240 +440	+800 0	+58 −45	+23 −80	−5 −108	−169 −272	−427 −530
450～500	+123 +20	+103 0	+228 +68	+160 0	+540 +230	+310 0	+1280 +480	+800 0	+58 −45	+23 −80	−5 −108	−189 −292	−477 −580

注：表中"+"值为间隙量，"−"值为过盈量

附表 2—6　未注公差线性尺寸的极限偏差数值（摘自 GB/T 1804—2000）　　　　mm

公差等级	公称尺寸分段							
	0.5~3	>3~6	>6~30	>30~120	>120~400	>400~1000	>1000~2000	>2000~4000
精密 f	±0.05	±0.05	±0.1	±0.15	±0.2	±0.3	±0.5	—
中等 m	±0.1	±0.1	±0.2	±0.3	±0.5	±0.8	±1.2	±2
粗糙 c	±0.2	±0.3	±0.5	±0.8	±1.2	±2	±3	±4
最粗 v	—	±0.5	±1	±1.5	±2.5	±4	±6	±8

附表 2—7　未注公差倒圆半径和倒角高度尺寸的极限偏差数值（摘自 GB/T 1804—2000）mm

公差等级	公称尺寸分段			
	0.5~3	>3~6	>6~30	>30
精密 f	±0.2	±0.5	±1	±2
中等 m	±0.2	±0.5	±1	±2
粗糙 c	±0.4	±1	±2	±4
最粗 v	±0.4	±1	±2	±4

附表 2—8　安全裕度 A 与计量器具的测量不确定度允许值 u_1（摘自 GB/T 3177—2009）　μm

大于	至	6 T	A	u_1 I档	II档	III档	7 T	A	u_1 I档	II档	III档	8 T	A	u_1 I档	II档	III档	9 T	A	u_1 I档	II档	III档	10 T	A	u_1 I档	II档	III档	11 T	A	u_1 I档	II档	III档
—	3	6	0.6	0.5	0.9	1.4	10	1.0	0.9	1.5	2.3	14	1.4	1.3	2.1	3.2	25	2.5	2.3	3.8	5.6	40	4.0	3.6	6.0	9.0	60	6.0	5.4	9.0	14
3	6	8	0.8	0.7	1.2	1.8	12	1.2	1.1	1.8	2.7	18	1.8	1.6	2.7	4.1	30	3.0	2.7	4.5	6.8	48	4.8	4.3	7.2	11	75	7.5	6.8	11	17
6	10	9	0.9	0.8	1.4	2.0	15	1.5	1.4	2.3	3.4	22	2.2	2.0	3.3	5.0	36	3.6	3.3	5.4	8.1	58	5.8	5.2	8.7	13	90	9.0	8.1	14	20
10	18	11	1.1	1.0	1.7	2.5	18	1.8	1.7	2.7	4.1	27	2.7	2.4	4.1	6.1	43	4.3	3.9	6.5	9.7	70	7.0	6.3	11	16	110	11	10	17	25
18	30	13	1.3	1.2	2.0	2.9	21	2.1	1.9	3.2	4.7	33	3.3	3.0	5.0	7.4	52	5.2	4.7	7.8	12	84	8.4	7.6	13	19	130	13	12	20	29
30	50	16	1.6	1.4	2.4	3.6	25	2.5	2.3	3.8	5.6	39	3.9	3.5	5.9	8.8	62	6.2	5.6	9.3	14	100	10	9.0	15	23	160	16	14	24	36
50	80	19	1.9	1.7	2.9	4.3	30	3.0	2.7	4.5	6.8	46	4.6	4.1	6.9	10	74	7.4	6.7	11	17	120	12	11	18	27	190	19	17	29	43
80	120	22	2.2	2.0	3.3	5.0	35	3.5	3.2	5.3	7.9	54	5.4	4.9	8.1	12	87	8.7	7.8	13	20	140	14	13	21	32	220	22	20	33	50
120	180	25	2.5	2.3	3.8	5.6	40	4.0	3.6	6.0	9.0	63	6.3	5.7	9.5	14	100	10	9.0	15	23	160	16	14	24	36	250	25	23	38	56
180	250	29	2.9	2.6	4.4	6.5	46	4.6	4.1	6.9	10	72	7.2	6.5	11	16	115	12	10	17	26	185	18	17	28	42	290	29	26	44	65
250	315	32	3.2	2.9	4.8	7.2	52	5.2	4.7	7.8	12	81	8.1	7.3	12	18	130	13	12	19	29	210	21	19	32	47	320	32	29	48	72
315	400	36	3.6	3.2	5.4	8.1	57	5.7	5.1	8.4	13	89	8.9	8.0	13	20	140	14	13	21	32	230	23	21	35	52	360	36	32	54	81
400	500	40	4.0	3.6	6.0	9.0	63	6.3	5.7	9.4	14	97	9.7	8.7	15	22	155	16	14	23	35	250	25	23	38	56	400	40	36	60	90

大于	至	12 T	A	u_1 I档	II档	13 T	A	u_1 I档	II档	14 T	A	u_1 I档	II档	15 T	A	u_1 I档	II档	16 T	A	u_1 I档	II档	17 T	A	u_1 I档	II档	18 T	A	u_1 I档	II档
—	3	100	10	9.0	15	140	14	13	21	250	25	23	38	400	40	36	60	600	60	54	90	1000	100	90	150	1400	140	135	210
3	6	120	12	11	18	180	18	16	27	300	30	27	45	480	48	43	72	750	75	68	110	1200	120	110	180	1800	180	160	270
6	10	150	15	14	23	220	22	20	33	360	36	32	54	580	58	52	87	900	90	81	140	1500	150	140	230	2200	220	200	330
10	18	180	18	16	27	270	27	24	41	430	43	39	65	700	70	63	110	1100	110	100	170	1800	180	160	270	2700	270	240	400
18	30	210	21	19	32	330	33	30	50	520	52	47	78	840	84	76	130	1300	130	120	200	2100	210	190	320	3300	330	300	490
30	50	250	25	23	38	390	39	35	59	620	62	56	93	1000	100	90	150	1600	160	140	240	2500	250	230	380	3900	390	350	580
50	80	300	30	27	45	460	46	41	69	740	74	67	110	1200	120	110	180	1900	190	170	290	3000	300	270	450	4600	460	410	690
80	120	350	35	32	53	540	54	49	81	870	87	78	130	1400	140	130	210	2200	220	200	330	3500	350	320	530	5400	540	480	810
120	180	400	40	36	60	630	63	57	95	1000	100	90	150	1600	160	150	240	2500	250	230	380	4000	400	360	600	6300	630	570	940
180	250	460	46	41	69	720	72	65	110	1150	115	100	170	1800	180	170	280	2900	290	260	440	4600	460	410	690	7200	720	650	1080
250	315	520	52	47	78	810	81	73	120	1300	130	120	210	2100	210	190	320	3200	320	290	480	5200	520	470	780	8100	810	730	1210
315	400	570	57	51	86	890	89	80	130	1400	140	130	210	2300	230	210	350	3600	360	320	540	5700	570	510	850	8900	890	800	1330
400	500	630	63	57	95	970	97	87	150	1500	150	140	230	2500	250	230	380	4000	400	360	600	6300	630	570	950	9700	970	870	1450

注：T—工件尺寸公差；A—安全裕度；u_1—计量器具的不确定度

附表 2—9　光滑极限量规的尺寸公差 T_1 和通规尺寸公差带中心到工件

最大实体尺寸之间的距离 Z_1 值（摘自 GB/T 1957—2006）　　　μm

孔、轴公称尺寸 /mm	IT 6			IT 7			IT 8			IT 9			IT 10			IT 11			IT 12		
	IT 6	T_1	Z_1	IT 7	T_1	Z_1	IT 8	T_1	Z_1	IT 9	T_1	Z_1	IT 10	T_1	Z_1	IT 11	T_1	Z_1	IT 12	T_1	Z_1
≤3	6	1	1	10	1.2	1.6	14	1.6	2	25	2	3	40	2.4	4	60	3	6	100	4	9
>3 ~ 6	8	1.2	1.4	12	1.4	2	18	2	2.6	30	2.4	4	48	3	5	75	4	8	120	5	11
>6 ~ 10	9	1.4	1.6	15	1.8	2.4	22	2.4	3.2	36	2.8	5	58	3.6	6	90	5	9	150	6	13
>10 ~ 18	11	1.6	2	18	2	2.8	27	2.8	4	43	3	6	70	4	8	110	6	11	180	7	15
>18 ~ 30	13	2	2.4	21	2.4	3.4	33	3.4	5	52	4	7	84	5	9	130	7	13	210	8	18
>30 ~ 50	16	2.4	2.8	25	3	4	39	4	6	62	5	8	100	6	11	160	8	16	250	10	22
>50 ~ 80	19	2.8	3.2	30	3.6	4.6	46	4.6	7	74	6	9	120	7	13	190	9	19	300	12	26
>80 ~ 120	22	3.2	3.8	35	4.2	5.4	54	5.4	8	87	7	10	140	8	15	220	10	22	350	14	30

附表 2—10　量规测量面的表面粗糙度参数 Ra 的上限值

（摘自 GB/T 1957—2006）

工作量规	工作量规的公称尺寸/mm		
	≤120	>120 ~ 315	>315 ~ 500
	工作量规测量面的表现粗糙度 Ra 值/μm		
IT6 级孔用工作塞规	0.05	0.10	0.20
IT7 至 IT9 级孔用工作塞规	0.10	0.20	0.40
IT10 至 IT12 级孔用工作塞规	0.20	0.40	0.80
IT13 至 IT16 级孔用工作塞规	0.40	0.80	0.80
IT6 至 IT9 级轴用工作环规	0.10	0.20	0.40
IT10 至 IT12 级轴用工作环规	0.20	0.40	0.80
IT13 至 IT16 级轴用工作环规	0.40	0.80	0.80

附表 3—1　直线度、平面度（摘自 GB/T 1184—1996）

主参数 /mm	公 差 等 级											
	1	2	3	4	5	6	7	8	9	10	11	12
	公差值/μm											
≤10	0.2	0.4	0.8	1.2	2	3	5	8	12	20	30	60
>10 ~ 16	0.25	0.5	1	1.5	2.5	4	6	10	15	25	40	80
>16 ~ 25	0.3	0.6	1.2	2	3	5	8	12	20	30	50	100
>25 ~ 40	0.4	0.8	1.5	2.5	4	6	10	15	25	40	60	120
>40 ~ 63	0.5	1	2	3	5	8	12	20	30	50	80	150
>63 ~ 100	0.6	1.2	2.5	4	6	10	15	25	40	60	100	200
>100 ~ 160	0.8	1.5	3	5	8	12	20	30	50	80	120	250
>160 ~ 250	1	2	4	6	10	15	25	40	60	100	150	300
>250 ~ 400	1.2	2.5	5	8	12	20	30	50	80	120	200	400
>400 ~ 630	1.5	3	6	10	15	25	40	60	100	150	250	500
>630 ~ 1000	2	4	8	12	20	30	50	80	120	200	300	600
>1000 ~ 1600	2.5	5	10	15	25	40	60	100	150	250	400	800
>1600 ~ 2500	3	6	12	20	20	50	80	120	200	300	500	1000
>2500 ~ 4000	4	8	15	25	40	60	100	150	250	400	600	1200

注：棱线和回转表面的轴线、素线以其长度的公称尺寸作为主参数；矩形平面以其较长边、圆平面以其直径的公称尺寸作为主参数

附表 3—2　圆度、圆柱度（摘自 GB/T 1184—1996）

主参数 /mm	公 差 等 级												
	0	1	2	3	4	5	6	7	8	9	10	11	12
	公差值/μm												
≤3	0.1	0.2	0.3	0.5	0.8	1.2	2	3	4	6	10	14	25
>3~6	0.1	0.2	0.4	0.6	1	1.5	2.5	4	5	8	12	18	30
>6~10	0.12	0.25	0.4	0.6	1	1.5	2.5	4	6	9	15	22	36
>10~18	0.15	0.25	0.5	0.8	1.2	2	3	5	8	11	18	27	43
>18~30	0.2	0.3	0.6	1	1.5	2.5	4	6	9	13	21	33	52
>30~50	0.25	0.4	0.6	1	1.5	2.5	4	7	11	16	25	39	62
>50~80	0.3	0.5	0.8	1.2	2	3	5	8	13	19	30	46	74
>80~120	0.4	0.6	1	1.5	2.5	4	6	10	15	22	35	54	87
>120~180	0.6	1	1.2	2	3.5	5	8	12	18	25	40	63	100
>180~250	0.8	1.2	2	3	4.5	7	10	14	20	29	46	72	115
>250~315	1.0	1.6	2.5	4	6	8	12	16	23	32	52	81	130
>315~400	1.2	2	3	5	7	9	13	18	25	36	57	89	140
>400~500	1.5	2.5	4	6	8	10	15	20	27	40	63	97	155

注：回转表面、球、圆以其直径的公称尺寸作为主参数

附表 3—3　平行度、垂直度、倾斜度（摘自 GB/T 1184—1996）

主参数 /mm	公 差 等 级											
	1	2	3	4	5	6	7	8	9	10	11	12
	公差值/μm											
≤10	0.4	0.8	1.5	3	5	8	12	20	30	50	80	120
>10~16	0.5	1	2	4	6	10	15	25	40	60	100	150
>16~25	0.6	1.2	2.5	5	8	12	20	30	50	80	120	200
>25~40	0.8	1.5	3	6	10	15	25	40	60	100	150	250
>40~63	1	2	4	8	12	20	30	50	80	120	200	300
>63~100	1.2	2.5	5	10	15	25	40	60	100	150	250	400
>100~160	1.5	3	6	12	20	30	50	80	120	200	300	500
>160~250	2	4	8	15	25	40	60	100	150	250	400	600
>250~400	2.5	5	10	20	30	50	80	120	200	300	500	800
>400~630	3	6	12	25	40	60	100	150	250	400	600	1000

主参数 /mm	公差 等 级											
	1	2	3	4	5	6	7	8	9	10	11	12
	公差值/μm											
>630 ~ 1000	4	8	15	30	50	80	120	200	300	500	800	1200
>1000 ~ 1600	5	10	20	40	60	100	150	250	400	600	1000	1500
>1600 ~ 2500	6	12	25	50	80	120	200	300	500	800	1200	2500
>2500 ~ 4000	8	15	30	60	100	150	250	400	600	1000	1500	2500
>4000 ~ 6300	10	20	40	80	120	200	300	500	800	1200	2000	3000
>6300 ~ 10000	12	25	50	100	150	250	400	600	1000	1500	2500	4000

注：被测要素以其长度或直径的公称尺寸作为主参数。

附表3—4　同轴度、对称度、圆跳动和全跳动（摘自 GB/T 1184—1996）

主参数 /mm	公差 等 级											
	1	2	3	4	5	6	7	8	9	10	11	12
	公差值/μm											
≤1	0.4	0.6	1.0	1.5	2.5	4	6	10	15	25	40	60
>1 ~ 3	0.4	0.6	1.0	1.5	2.5	4	6	10	20	40	60	120
>3 ~ 6	0.5	0.8	1.2	2	3	5	8	12	25	50	80	150
>6 ~ 10	0.6	1	1.5	2.5	4	6	10	15	30	60	100	200
>10 ~ 18	0.8	1.2	2	3	5	8	12	20	40	80	120	250
>18 ~ 30	1	1.5	2.5	4	6	10	15	25	50	100	150	300
>30 ~ 50	1.2	2	3	5	8	12	20	30	60	120	200	400
>50 ~ 120	1.5	2.5	4	6	10	15	25	40	80	150	250	500
>120 ~ 250	2	3	5	8	12	20	30	50	100	200	300	600
>250 ~ 500	2.5	4	6	10	15	25	40	60	120	250	400	800
>500 ~ 800	3	5	8	12	20	30	50	80	150	300	500	1000
>800 ~ 1250	4	6	10	15	25	40	60	100	200	400	600	1200
>1250 ~ 2000	5	8	12	20	30	50	80	120	250	500	800	1500
>2000 ~ 3150	6	10	15	25	40	60	100	150	300	600	1000	2000
>3150 ~ 5000	8	12	20	30	50	80	120	200	400	800	1200	2500
>5000 ~ 8000	10	15	25	40	60	100	150	250	500	1000	1500	3000
>8000 ~ 10000	12	20	30	50	80	120	200	300	600	1200	2000	4000

注：被测要素以其直径或长度的公称尺寸作为主参数。

附表3—5　位置度数系（摘自 GB/T 1184—1996）　　μm

1	1.2	1.5	2	2.5	3	4	5	6	8
1×10^n	1.2×10^n	1.5×10^n	2×10^n	2.5×10^n	3×10^n	4×10^n	5×10^n	6×10^n	8×10^n

注：n 为正整数。

附表3—6　直线度和平面度的未注公差值（摘自 GB/T 1184—1996）　mm

公差等级	基本长度范围					
	≤10	>10~30	>30~100	>100~300	>300~1000	>1000~3000
H	0.02	0.05	0.1	0.2	0.3	0.4
K	0.05	0.1	0.2	0.4	0.6	0.8
L	0.1	0.2	0.4	0.8	1.2	1.6

附表3—7　垂直度未注公差值（摘自 GB/T 1184—1996）　mm

公差等级	基本长度范围			
	≤100	>100~300	>300~1000	>1000~3000
H	0.2	0.3	0.4	0.5
K	0.4	0.6	0.8	1
L	0.6	1	1.5	2

附表3—8　对称度未注公差值（摘自 GB/T 1184—1996）　mm

公差等级	基本长度范围			
	≤100	>100~300	>300~1000	>1000~3000
H	0.5			
K	0.6		0.8	1
L	0.6	1	1.5	2

附表3—9　圆跳动的未注公差值（摘自 GB/T 1184—1996）　mm

公差等级	圆跳动公差值
H	0.1
K	0.2
L	0.5

附表4—1　取样长度 *lr* 和评定长度 *ln* 的选用值（摘自 GB/T 1031—2009）

$Ra/\mu m$	$Rz/\mu m$	取样长度 lr/mm	评定长度 ln/mm
≥0.008~0.02	≥0.025~0.10	0.08	0.4
>0.02~0.1	>0.10~0.50	0.25	1.25
>0.1~2.0	>0.50~10.0	0.8	4.0
>2.0~10.0	>10.0~50.0	2.5	12.5
>10.0~80.0	>50~320	8.0	40.0

附表4—2　轮廓算术平均偏差 *Ra* 的数值（摘自 GB/T 1031—2009）　　μm

0.012	0.20	3.2	50
0.025	0.40	6.3	100
0.050	0.80	12.5	
0.100	1.60	25	

附表4—3　轮廓最大高度 *Rz* 的数值（摘自 GB/T 1031—2009）　　μm

0.025	0.4	6.3	100	1600
0.05	0.8	12.5	200	
0.1	1.6	25	400	
0.2	3.2	50	800	

附表4—4　轮廓单元的平均宽度 *RSm* 的数值（摘自 GB/T 1031—2009）　　mm

0.006	0.1	1.6
0.0125	0.2	3.2
0.025	0.4	6.3
0.05	0.8	12.5

附表4—5　轮廓的支撑长度率 *Rmr*（*c*）的数值（摘自 GB/T 1031—2009）　　%

10	15	20	25	30	40	50	60	70	80	90

附表5—1 向心轴承和轴的配合 轴公差带代号（摘自 GB/T 275—1993） mm

运转状态		动载荷状态	深沟球轴承、调心球轴承和角接触球轴承	圆柱滚子轴承和圆锥滚子轴承	调心滚子轴承	轴公差带
说明	举例		轴承公称内径			
旋转的内圈动载荷及摆动负荷	一般通用机械、电动机、机床主轴、泵、内燃机、正齿轮传动装置、铁路机车车辆轴箱、破碎机等	轻动载荷	≤18	—	—	h5
			>18~100	≤40	≤40	j6①
			>100~200	>40~140	>40~100	k6①
			—	>140~200	>100~200	m6①
		正常动载荷	≤18	—	—	j5、js5
			>18~100	≤40	≤40	k5②
			>100~140	>40~100	>40~65	m5②
			>140~200	>100~140	>65~100	m6
			>200~280	>140~200	>100~140	n6
			—	>200~400	>140~280	p6
			—	—	>280~500	r6
		重动载荷		>50~140	>50~100	n6
				>140~200	>100~140	p6③
				>200	>140~200	r6
				—	>200	r7
固定的内圈动载荷	静止轴上的各种轮子、张紧轮绳轮、振动筛、惯性振动器	所有动载荷	所有尺寸			f6
						g6①
						h6
						j6
仅有轴向动载荷			所有尺寸			j6、js6

注：①凡对精度有较高要求的场合，应该用 j5、k5……代替 j6、k6……；
②圆锥滚子轴承、角接触球轴承配合对游隙影响不大，可用 k6、m6 代替 k5、m5；
③重负荷下轴承游隙应选取大于 0 组的游隙。

附表5—2 向心轴承和外壳孔的配合 孔公差带代号（摘自 GB/T 275—1993）

运转状态		动载荷状态	其他状况	孔公差带①	
说明	举例			球轴承	滚子轴承
固定的外圈动载荷	一般机械、铁路机车车辆轴箱、电动机、泵、曲轴主轴承	轻、正常、重	轴向易移动，可采用剖分式外壳	H7、G7②	
		冲击	轴向能移动，可采用整体或剖分式外壳	J7、JS7	
摆动载荷		轻、正常			
		正常、重		K7	
		冲击		M7	
旋转的外圈动载荷	张紧滑轮、轮毂轴承	轻	轴向不能移动，采用整体式外壳	J7	K7
		正常		K7、M7	M7、N7
		重		—	N7、P7

注：①并列公差带随尺寸的增大从左至右选择，对旋转精度有较高要求时，可相应提高一个公差等级；
②不适用于剖分式外壳。

附表5—3　轴和外壳的几何公差（摘自 GB/T 275—1993）

公称尺寸/mm		圆柱度公差值 t				轴向圆跳动公差值 t_1			
		轴颈		外壳孔		轴肩		外壳孔肩	
		轴承公差等级							
		0	6 (6x)	0	6 (6x)	0	6 (6x)	0	6 (6x)
超过	到	公差值/μm							
	6	2.5	1.5	4	2.5	5	3	8	5
6	10	2.5	1.5	4	2.5	6	4	10	6
10	18	3	2	5	3	8	5	12	8
18	30	4	2.5	6	4	10	6	15	10
30	50	4	2.5	7	4	12	6	20	12
50	80	5	3.0	8	5	15	10	25	15
80	120	6	4.0	10	6	15	10	25	15
120	180	8	5.0	12	8	20	12	30	20
180	250	10	7.0	14	10	20	12	30	20
250	315	12	8	16	12	25	15	40	25
315	400	13	9	18	13	25	15	40	25
400	500	15	10	20	15	25	15	40	25

附表5—4　轴和外壳配合面的表面粗糙度参数值（摘自 GB/T 275—1993）

轴或轴承座直径/mm		轴或外壳孔配合面表面直径公差等级								
		IT 7			IT 6			IT 5		
		表面粗糙度								
超过	到	Rz	Ra		Rz	Ra		Rz	Ra	
			磨	车		磨	车		磨	车
	80	10	1.6	3.2	6.3	0.8	1.6	4	0.4	0.8
80	500	16	1.6	3.2	10	1.6	3.2	6.3	0.8	1.6
端面		25	3.2	6.3	25	3.2	6.3	10	1.6	3.2

附表6—1　普通螺纹的基本尺寸（摘自 GB/T 196—2003）　　　mm

公称直径（大径）D, d	螺距 P	中径 D_2, d_2	小径 D_1, d_1
8	1.25	7.188	6.647
	1	7.350	6.917
	0.75	7.513	7.188
9	1.25	8.188	7.647
	1	8.350	7.917
	0.75	8.513	8.188

公称直径(大径)D,d	螺距 P	中径 D_2,d_2	小径 D_1,d_1
10	1.5	9.026	8.376
	1.25	9.188	8.647
	1	9.350	8.917
	0.75	9.513	9.188
11	1.5	10.026	9.376
	1	10.350	9.917
	0.75	10.513	10.188
12	1.75	10.863	10.106
	1.5	11.026	10.376
	1.25	11.188	10.647
	1	11.350	10.917
14	2	12.701	11.835
	1.5	13.026	12.376
	1.25	13.188	12.647
	1	13.350	12.917
15	1.5	14.026	13.376
	1	14.350	13.917
16	2	14.701	13.835
	1.5	15.026	14.376
	1	15.350	14.917
17	1.5	16.026	15.376
	1	16.350	15.917
18	2.5	16.376	15.294
	2	16.701	15.835
	1.5	17.026	16.376
	1	17.350	16.917
20	2.5	18.376	17.294
	2	18.701	17.835
	1.5	19.026	18.376
	1	19.350	18.917
22	2.5	20.376	19.294
	2	20.701	19.835
	1.5	21.026	20.376
	1	21.350	20.917

附表 6—2　内、外螺纹中径公差（摘自 GB/T 197—2003）　　　　　μm

公称直径 D/mm		螺距	内螺纹中径公差				外螺纹中径公差			
			公 差 等 级							
>	≤	P/ mm	5	6	7	8	5	6	7	8
5.6	11.2	1	118	150	190	236	90	112	140	180
		1.25	125	160	200	250	95	118	150	190
		1.5	140	180	224	280	106	132	170	212
11.2	22.4	1	125	160	200	250	95	118	150	190
		1.25	140	180	224	280	106	132	170	212
		1.5	150	190	236	300	112	140	180	224
		1.75	160	200	250	315	118	150	190	236
		2	170	212	265	335	125	160	200	250
		2.5	180	224	280	355	132	170	212	265
22.4	45	1	132	170	212	—	100	125	160	200
		1.5	160	200	250	315	118	150	190	236
		2	180	224	280	355	132	170	212	265
		3	212	265	335	425	160	200	250	315
		3.5	224	280	355	450	170	212	265	335

附表 6—3　内、外螺纹顶径公差（摘自 GB/T 197—2003）　　　　μm

公差项目	内螺纹顶径（小径）公差 T_{D1}				外螺纹顶径（大径）公差 T_d		
螺距	公 差 等 级						
P/ mm	5	6	7	8	4	6	8
0.75	150	190	236	—	90	140	—
0.8	160	200	250	315	95	150	236
1	190	236	300	375	112	180	280
1.25	212	265	335	425	132	212	335
1.5	236	300	375	475	150	236	375
1.75	265	355	425	530	170	265	425
2	300	375	475	600	180	280	450
2.5	355	450	560	710	212	335	530
3	400	500	630	800	236	375	600

附表 6—4　内、外螺纹的推荐公差带（摘自 GB/T 197—2003）

	公差精度	G			H		
		S	N	L	S	N	L
内螺纹	精密	—	—	—	4H	5H	6H
	中等	(5G)	**6G**	(7G)	**5H**	6H	**7H**
	粗糙	—	(7G)	(8G)	—	7H	8H

外螺纹	公差精度	e			f			g			h		
		S	N	L	S	N	L	S	N	L	S	N	L
	精密	–	–	–	–	–	–	–	(4g)	(5g4g)	(3h4h)	**4h**	(5h4h)
	中等	–	**6e**	(7e6e)	–	**6f**	—	(5g6g)	**6g**	(7g6g)	(5h6h)	6h	(7h6h)
	粗糙	–	(8e)	(9e8e)	–	–	–	–	8g	(9g8g)	–	–	–

注：（1）优先选用粗字体公差带，其次选用一般字体公差带，最后选用括号内公差带；
　　（2）带方框的粗字体公差带用于大量生产的紧固件螺纹。

附表 6—5　内、外螺纹的基本偏差（摘自 GB/T 197—2003）　　　　　μm

基本偏差　螺距 P/mm	内螺纹		外螺纹			
	G	H	e	f	g	h
	EI		es			
0.75	+22	0	–56	–38	–22	0
0.8	+24	0	–60	–38	–24	0
1	+26	0	–60	–40	–26	0
1.25	+28	0	–63	–42	–28	0
1.5	+32	0	–67	–45	–32	0
1.75	+34	0	–71	–48	–34	0
2	+38	0	–71	–52	–38	0
2.5	+42	0	–80	–58	–42	0
3	+48	0	–85	–63	–48	0

附表 6—6　螺纹的旋合长度（摘自 GB/T 197—2003）　　　　　mm

公称直径 D、d		螺距 P	旋合长度			
>	≤		S	N		L
			≤	>	≤	>
5.6	11.2	0.75	2.4	2.4	7.1	7.1
		1	3	3	9	9
		1.25	4	4	12	12
		1.5	5	5	15	15
11.2	22.4	1	3.8	3.8	11	11
		1.25	4.5	4.5	13	13
		1.5	5.6	5.6	16	16
		1.75	6	6	18	18
		2	8	8	24	24
		2.5	10	10	30	30
22.4	45	1	4	4	12	12
		1.5	6.3	6.3	19	19
		2	8.5	8.5	25	25
		3	12	12	36	36
		3.5	15	15	45	45

附表7—1　单个齿距极限偏差 $\pm f_{pt}$、齿距累计总公差 F_p、
齿廓总偏差 F_α、径向跳动偏差 F_r（摘自 GB/T　10095.1~10095.2—2008）

分度圆直径 d/mm	模数 m_n/mm	$\pm f_{pt}$				F_p				F_α				F_r			
		6	7	8	9	6	7	8	9	6	7	8	9	6	7	8	9
$5 \leqslant d \leqslant 20$	$0.5 \leqslant m_n \leqslant 2$	6.5	9.5	13	19	16	23	32	45	6.5	9	13	18	13	18	25	36
	$2 < m_n \leqslant 3.5$	7.5	10	15	21	17	23	33	47	9.5	13	19	26	13	19	27	38
$20 < d \leqslant 50$	$0.5 \leqslant m_n \leqslant 2$	7	10	14	20	20	29	41	57	7.5	10	15	21	16	23	32	46
	$2 < m_n \leqslant 3.5$	7.5	11	15	22	21	30	42	59	10	14	20	29	17	24	34	47
	$3.5 < m_n \leqslant 6$	8.5	12	17	24	22	31	44	62	12	18	25	35	17	25	35	49
$50 < d \leqslant 125$	$0.5 \leqslant m_n \leqslant 2$	7.5	11	15	21	26	37	52	74	8.5	12	17	23	21	29	42	59
	$2 < m_n \leqslant 3.5$	8.5	12	17	23	27	38	53	76	11	16	22	31	21	30	43	61
	$3.5 < m_n \leqslant 6$	9	13	18	26	28	39	55	78	13	19	27	38	22	31	44	62
	$6 < m_n \leqslant 10$	10	15	21	30	29	41	58	82	16	23	33	46	23	33	46	65
$125 < d \leqslant 280$	$0.5 \leqslant m_n \leqslant 2$	8.5	12	17	24	35	49	69	98	10	14	20	28	28	39	55	78
	$2 < m_n \leqslant 3.5$	9	13	18	26	35	50	70	100	13	18	25	36	28	40	56	80
	$3.5 < m_n \leqslant 6$	10	14	20	28	36	51	72	102	15	21	30	42	29	41	58	82
	$6 < m_n \leqslant 10$	11	16	23	32	37	53	75	106	18	25	36	50	30	42	60	85
$280 < d \leqslant 560$	$0.5 \leqslant m_n \leqslant 2$	9.5	13	19	27	46	64	91	129	12	17	23	33	36	51	73	103
	$2 < m_n \leqslant 3.5$	10	14	20	29	46	65	92	131	15	21	29	41	37	52	74	105
	$3.5 < m_n \leqslant 6$	11	16	22	31	47	66	94	133	17	24	34	48	38	53	75	106
	$6 < m_n \leqslant 10$	12	17	25	35	48	68	97	137	20	28	40	56	39	55	77	109
$560 < d \leqslant 1000$	$0.5 \leqslant m_n \leqslant 2$	11	15	21	30	59	83	117	166	14	20	28	40	47	66	94	133
	$2 < m_n \leqslant 3.5$	11	16	23	32	59	84	119	168	17	24	34	48	48	67	95	134
	$3.5 < m_n \leqslant 6$	12	17	24	35	60	85	120	170	19	27	38	54	48	68	96	136
	$6 < m_n \leqslant 10$	14	19	27	38	62	87	123	174	22	31	44	62	49	70	98	139

附表 7—2 螺旋线总偏差 F_β（摘自 GB/T 10095.1—2008） μm

分度圆直径 d/mm	齿宽 b/mm	精度等级				分度圆直径 d/mm	齿宽 b/mm	精度等级			
		6	7	8	9			6	7	8	9
$5 \leqslant d \leqslant 20$	$4 \leqslant b \leqslant 10$	8.5	12	17	24	$125 < d \leqslant 280$	$20 < b \leqslant 40$	13	18	25	36
	$10 < b \leqslant 20$	9.5	14	19	28		$40 < b \leqslant 80$	15	21	29	41
	$20 < b \leqslant 40$	11	16	22	31		$80 < b \leqslant 160$	17	25	35	49
	$40 < b \leqslant 80$	13	19	26	37		$160 < b \leqslant 250$	20	29	41	58
$20 < d \leqslant 50$	$4 \leqslant b \leqslant 10$	9	13	18	25	$280 < d \leqslant 560$	$20 < b \leqslant 40$	13	19	27	38
	$10 < b \leqslant 20$	10	14	20	29		$40 < b \leqslant 80$	15	22	31	44
	$20 < b \leqslant 40$	11	16	23	32		$80 < b \leqslant 160$	18	26	36	52
	$40 < b \leqslant 80$	13	19	27	38		$160 < b \leqslant 250$	21	30	43	60
$50 < d \leqslant 125$	$10 < b \leqslant 20$	11	15	21	30	$560 < d \leqslant 1000$	$40 < b \leqslant 80$	17	23	33	47
	$20 < b \leqslant 40$	12	17	24	34		$80 < b \leqslant 160$	19	27	39	55
	$40 < b \leqslant 80$	14	20	28	39		$160 < b \leqslant 250$	22	32	45	63
	$80 < b \leqslant 160$	17	24	33	47		$250 < b \leqslant 400$	26	36	51	73

附表 7—3 综合径向跳动偏差 F''_i、一齿径向综合偏差 f''_i（摘自 GB/T 10095.2—2008）

分度圆直径 d/mm	法向模数 m_n/mm	F''_i				f''_i			
		6	7	8	9	6	7	8	9
$20 < d \leqslant 50$	$1.5 < m_n \leqslant 2.5$	26	37	52	73	9.5	13	19	26
	$2.5 < m_n \leqslant 4.0$	31	44	63	89	14	20	29	41
	$4.0 < m_n \leqslant 6.0$	39	56	79	111	22	31	43	61
	$6.0 < m_n \leqslant 10$	52	74	104	147	34	48	67	95
$50 < d \leqslant 150$	$1.5 < m_n \leqslant 2.5$	31	43	61	86	9.5	13	19	26
	$2.5 < m_n \leqslant 4.0$	36	51	72	102	14	20	29	41
	$4.0 < m_n \leqslant 6.0$	44	62	88	124	22	31	44	62
	$6.0 < m_n \leqslant 10$	57	80	114	161	34	48	67	95
$125 < d \leqslant 280$	$1.5 < m_n \leqslant 2.5$	37	53	75	106	9.5	13	19	27
	$2.5 < m_n \leqslant 4.0$	43	61	86	121	15	21	29	41
	$4.0 < m_n \leqslant 6.0$	51	72	102	144	22	31	44	62
	$6.0 < m_n \leqslant 10$	64	90	127	180	34	48	67	95
$280 < d \leqslant 560$	$1.5 < m_n \leqslant 2.5$	46	65	92	131	9.5	13	19	27
	$2.5 < m_n \leqslant 4.0$	52	73	104	146	15	21	29	41
	$4.0 < m_n \leqslant 6.0$	60	84	119	169	22	31	44	62
	$6.0 < m_n \leqslant 10$	73	103	145	205	34	48	68	96
$560 < d \leqslant 1000$	$1.5 < m_n \leqslant 2.5$	57	80	114	161	9.5	14	19	27
	$2.5 < m_n \leqslant 4.0$	62	88	125	177	15	21	30	42
	$4.0 < m_n \leqslant 6.0$	70	99	141	199	22	31	44	62
	$6.0 < m_n \leqslant 10$	83	118	166	235	34	48	68	96

附表 7—4　中心距极限偏差 ±f_a 值（摘自 GB 10095—1988）　　　　μm

第 I 公差组精度等级		1 ~ 2	3 ~ 4	5 ~ 6	7 ~ 8	9 ~ 10	11 ~ 12
f_a		$\frac{1}{2}$IT 4	$\frac{1}{2}$IT 6	$\frac{1}{2}$IT 7	$\frac{1}{2}$IT 8	$\frac{1}{2}$IT 9	$\frac{1}{2}$IT 11
齿轮副的中心距 /mm	>6 ~ 10	2	4.5	7.5	11	18	45
	>10 ~ 18	2.5	5.5	9	13.5	21.5	55
	>18 ~ 13	3	6.5	10.5	16.5	26	65
	>30 ~ 50	3.5	8	12.5	19.5	31	80
	>50 ~ 80	4	9.5	15	23	37	95
	>80 ~ 120	5	11	17.5	27	43.5	110
	>120 ~ 180	6	12.5	20	31.5	50	125
	>180 ~ 250	7	14.5	23	36	57.5	145
	>250 ~ 315	8	16	26	40.5	65	160
	>315 ~ 400	9	18	28.5	44.5	70	180

注：中心距极限偏差值延用旧标准，仅作为参考。

附表 7—5　齿轮的齿面算数平均偏差 *Ra* 的推荐极限值

（摘自 GB/Z 18620.4—2008）　　　　μm

等级	*Ra*		
	模数/mm		
	$m \leqslant 6$	$6 < m \leqslant 25$	$m > 25$
5	0.5	0.63	0.80
6	0.8	1.0	1.25
7	1.25	1.6	2.0
8	2.0	2.5	3.2
9	3.2	4.0	5.0

附表 7—6　齿轮坯各面的表面粗糙度推荐的 *Ra* 值

齿轮的精度等级	5	6	7	8	9
	Ra 的上限值/μm				
齿轮基准孔	0.2 ~ 0.4	≤0.8	1.6 ~ 0.8	≤1.6	≤3.2
齿轮轴轴颈	≤0.2	≤0.4	≤0.8	≤1.6	
齿轮基准端面	0.8 ~ 0.4	0.8 ~ 0.4	1.6 ~ 0.8	3.2 ~ 1.6	≤3.2
齿顶圆	3.2 ~ 1.6	6.3 ~ 3.2			

附表 8—1　普通平键和键槽的尺寸与极限偏差（摘自 GB/T 1095—2003、GB/T 1096—2003）

mm

轴	键	键　槽									
公称直径 d	公称尺寸 $b \times h$	宽　度 b						深　度			
		公称尺寸 b	极限偏差					轴 t_1		毂 t_2	
			松联结		正常联结		紧密联结				
			轴 H9	毂 D10	轴 N9	毂 JS9	轴和毂 P9	公称尺寸	极限偏差	公称尺寸	极限偏差
>10~12	4×4	4	+0.030　0	+0.078 +0.030	0 −0.030	±0.015	−0.012 −0.042	2.5	+0.1　0	1.8	+0.1　0
>12~17	5×5	5						3.0		2.3	
>17~22	6×6	6						3.5		2.8	
>22~30	8×7	8	+0.036　0	+0.098 +0.040	0 −0.036	±0.018	−0.015 −0.051	4.0		3.3	
>30~38	10×8	10						5.0		3.3	
>38~44	12×8	12	+0.043　0	+0.012 +0.050	0 −0.043	±0.0215	−0.018 −0.061	5.0		3.3	
>44~50	14×9	14						5.5		3.8	
>50~58	16×10	16						6.0	+0.2　0	4.3	+0.2　0
>58~65	18×11	18						7.0		4.4	
>65~75	20×12	20	+0.052　0	+0.149 +0.065	0 −0.052	±0.026	−0.022 −0.074	7.5		4.9	
>75~85	22×14	22						9.0		5.4	
>85~95	25×14	25						9.0		5.4	
>95~110	28×16	28						10.0		6.4	
键的长度系列	6, 8, 12, 14, 18, 20, 22, 25, 28, 32, 36, 40, 45, 50, 56, 63, 70, 80, 90, 100, 110, 125, 140, 160, 180, 200, 220, 250, 280, 320, 360										

注：①在工作图中，轴槽深用 t_1 或 $(d-t_1)$ 标注，轮毂槽深用 $(d+t_2)$ 标注；
②$(d-t_1)$ 和 $(d+t_2)$ 两组组合尺寸的极限偏差按相应的 t_1 和 t_2 的极限偏差选取，但极限偏差应按入体原则标注；
③键槽对称度按对称度公差 7~9 级选取；
④直径取自对于任意直径的孔、轴，可根据需要选取键尺寸，表中轴公称直径仅供参考。

附表 8—2　矩形花键基本尺寸（摘自 GB/T 1144—2001）

mm

d	轻　系　列				中　系　列			
	标　记	N	D	B	标　记	N	D	B
11	—	—	—	—	6×11×14×3	6	14	3
13	—	—	—	—	6×13×16×3.5	6	16	3.5
16	—	—	—	—	6×16×20×4	6	20	4
18	—	—	—	—	6×18×22×5	6	22	5
21	—	—	—	—	6×21×25×5	6	25	5

d	轻 系 列				中 系 列			
	标 记	N	D	B	标 记	N	D	B
23	6×23×26×6	6	26	6	6×23×28×6	6	28	6
26	6×26×30×6	6	30	6	6×26×32×6	6	32	6
28	6×28×32×7	6	32	7	6×28×34×7	6	34	7
32	6×32×36×6	6	36	6	8×32×38×6	8	38	6
36	8×36×40×7	8	40	7	8×36×42×7	8	42	7
42	8×42×46×8	8	46	8	8×42×48×8	8	48	8
46	8×46×50×9	8	50	9	8×46×54×9	8	54	9
52	8×52×58×10	8	58	10	8×52×60×10	8	60	10
56	8×56×62×10	8	62	10	8×56×65×10	8	65	10
62	8×62×68×12	8	68	12	8×62×72×12	8	72	12
72	10×72×78×12	10	78	12	10×72×82×12	10	82	12
82	10×82×88×12	10	88	12	10×82×92×12	10	92	12
92	10×92×98×14	10	98	14	10×92×102×14	10	102	14
102	10×102×108×16	10	108	16	10×102×112×16	10	112	16
112	10×112×120×18	10	120	18	10×112×125×18	10	125	18

注：直径 d 为小径直径，摘自 GB/T 1144—87，根据需要可供参考。

附表 8—3 矩形花键位置度、对称度公差（摘自 GB/T 1144—2001）   mm

键槽宽或键宽 B			3	3.5~6	7~10	12~18
位置度公差 t_1	键槽宽		0.010	0.015	0.020	0.025
	键宽	滑动、固定	0.010	0.015	0.020	0.025
		紧滑动	0.006	0.010	0.013	0.016
对称度公差 t_2	一般用		0.010	0.012	0.015	0.018
	精密传动用		0.006	0.008	0.009	0.011

附表 8—4 矩形花键表面粗糙度推荐值   μm

加 工 表 面	内 花 键	外 花 键
	$Ra\leqslant$	
大 径	6.3	3.2
小 径	0.8	0.8
键 侧	3.2	0.8

附表 9—1　一般用途圆锥的锥度与锥角（摘自 GB/T 157—2001）

基 本 值		推 算 值			基 本 值		推 算 值		
系列 1	系列 2	圆锥角 α		锥度 C	系列 1	系列 2	圆锥角 α		锥度 C
120°		—	—	1:0.288 675		1:8	7°9′9.6″	7. 152 669°	—
90°		—	—	1:0.500 000	1:10		5°43′29.3″	5. 724 810°	—
	75°			1:0.651 613		1:12	4°46′18.8″	4. 771 888°	—
60°		—	—	1:0.866 025		1:15	3°49′5.9″	3. 818 305°	—
45°		—	—	1:1.207 107	1:20		2°51′51.1″	2. 864 192°	—
30°		—	—	1:1.866 025	1:30		1°54′34.9″	1. 909 683°	—
1:3		18°55′28.7″	18. 924 644°	—					
	1:4	14°15′0.1″	14. 250 033°	—	1:50		1°8′45.2″	1. 145 877°	—
1:5		11°25′16.3″	11. 421 186°		1:100		0°34′22.6″	0. 572 953°	—
	1:6	9°31′38.2″	9. 527 283°		1:300		0°17′11.3″	0. 286 478°	—
	1:7	8°10′16.4″	8. 171 234°		1:500		0°6′52.5″	0. 114 592°	—

附表 9—2　特殊用途圆锥的锥度与圆锥角（摘自 GB/T 157—2001）

锥度 C	圆锥角 α		用途
7:24	16°35′39.4″	16. 594 290°	机床主轴 工具配合
1:19. 002	3°0′52″	3. 014 554°	莫氏锥度 No. 5
1:19. 180	2°59′12″	2. 986 590°	莫氏锥度 No. 6
1:19. 212	2°58′54″	2. 981 618°	莫氏锥度 No. 0
1:19. 254	2°58′30″	2. 975 117°	莫氏锥度 No. 4
1:19. 922	2°52′31″	2. 875 402°	莫氏锥度 No. 3
1:20. 020	2°51′41″	2. 861 332°	莫氏锥度 No. 2
1:20. 047	2°51′27″	2. 857 480°	莫氏锥度 No. 1

附表 9—3　圆锥角公差（摘自 GB/T 11334—2005）

公称圆锥长度 L/mm		圆锥角公差等级					
		AT 4		AT 5		AT 6	
		AT_a	AT_D	AT_a	AT_D	AT_a	AT_D
大于	至	μrad	μm	μrad	μm	μrad	μm
16	25	125　26″	>2.0~3.2	200　41″	>3.2~5.0	315　1′05″	>5.0~8.0
25	40	100　21″	>2.5~4.0	160　33″	>4.0~6.3	250　52″	>6.3~10.0
40	63	80　16″	>3.2~5.0	125　26″	>5.0~8.0	200　41″	>8.0~12.5
63	100	63　13″	>4.0~6.3	100　21″	>6.3~10.0	160　33″	>10.0~16.0
100	160	50　10″	>5.0~8.0	80　16″	>8.0~12.5	125　26″	>12.5~20.0

续表

公称圆锥长度 L/mm		圆锥角公差等级							
		AT 7			AT 8			AT 9		
		AT_a		AT_D	AT_a		AT_D	AT_a		AT_D
大于	至	μrad		μm	μrad		μm	μrad		μm
16	25	500	1′43″	> 8.0 ~ 12.5	800	2′45″	> 12.5 ~ 20.0	1 250	4′18″	> 20 ~ 32
25	40	400	1′22″	> 10.0 ~ 16.0	630	2′10″	> 16.0 ~ 25.0	1 000	3′26″	> 25 ~ 40
40	63	315	1′05″	> 12.5 ~ 20.0	500	1′43″	> 20.0 ~ 32.0	800	2′45″	> 32 ~ 50
63	100	250	52″	> 16.0 ~ 25.0	400	1′22″	> 25.0 ~ 40.0	630	2′10″	> 40 ~ 63
100	160	200	41″	> 20.0 ~ 32.0	315	1′05″	> 32.0 ~ 50.0	500	1′43″	> 50 ~ 80

附表 9—4　一般用途棱体的角度与斜度系列（摘自 GB/T 4096—2001）

棱 体 角				棱体斜度 S
系列 1		系列 2		
β	β/2	β	β/2	
120°	60°	—	—	—
90°	45°	—	—	—
—	—	75°	37°30′	—
60°	30°	—	—	—
45°	22°30′	—	—	—
—	—	40°	20°	—
30°	15°	—	—	—
20°	10°	—	—	—
15°	7°30′	—	—	—
—	—	10°	5°	—
—	—	8°	4°	—
—	—	7°	3°30′	—
—	—	6°	3°	—
—	—	—	—	1 : 10
5°	2°30′	—	—	—
—	—	4°	2°	—
—	—	3°	1°30′	—
—	—	—	—	1 : 20
—	—	2°	1°	—
—	—	—	—	1 : 50

棱 体 角				棱体斜度 S
系列 1		系列 2		
β	β/2	β	β/2	
—	—	1°	0°30′	—
—	—	—	—	1:100
—	—	0°30′	0°15°	—
—	—	—	—	1:200
—	—	—	—	1:500

附表 9—5　棱体角和棱体斜度所对应的棱体比率、斜度和角度的推算表

（摘自 GB/T 4096—2001）

基 本 值		推 算 值		
β	S	C_p	S	β
120°	—	1:0.288 675	—	—
90°	—	1:0.500 000	—	—
75°	—	1:0.651 613	1:0.267 949	—
60°	—	1:0.866 025	1:0.577 350	—
45°	—	1:1.207 107	1:1.000 000	—
40°	—	1:1.373 739	1:1.191 754	—
30°	—	1:1.866 025	1:1.732 051	—
20°	—	1:2.835 641	1:2.747 477	—
15°	—	1:3.797 877	1:3.732 051	—
10°	—	1:5.715 026	1:5.671 282	—
8°	—	1:7.150 333	1:7.115 370	—
7°	—	1:8.174 928	1:8.144 346	—
6°	—	1:9.540 568	1:9.514 364	—
—	1:10	—	—	5°42′38.1″
5°	—	1:11.451 883	1:11.430 052	—
4°	—	1:14.318 127	1:14.300 666	—
3°	—	1:19.094 230	1:19.081 137	—
—	1:20	—	—	2°51′44.7″
2°	—	1:28.644 981	1:28.636 253	—
—	1:50	—	—	1°8′44.7″

基　本　值		推　算　值		
β	S	C_p	S	β
1°	—	1 : 57. 294 325	1 : 57. 289 962	—
—	1 : 100	—	—	34′22. 6″
0°30′	—	1 : 114. 590 832	1 : 114. 588 650	—
—	1 : 200	—	—	17′11. 3″
—	1 : 500	—	—	6′52. 5″

附表 9—6　未注公差角度尺寸的极限偏差数值

（摘自 GB/T 1804—2000）

公差等级	长度分段/mm				
	~ 10	> 10 ~ 50	> 50 ~ 120	> 120 ~ 400	> 400
精密 f	± 1°	± 30′	± 20′	± 10′	± 5′
中等 m					
粗糙 c	± 1°30′	± 1°	± 30′	± 15′	± 10′
最粗 v	± 3°	± 2°	± 1°	± 30′	± 20′

参考文献

[1] GB/T 20000.1—2002 标准化工作指南 第 1 部分：标准化和相关活动的通用词汇 [S]. 北京：中国标准出版社，2002.

[2] GB/T 321—2005 优先数和优先数系 [S]. 北京：中国标准出版社，2005.

[3] JJG 146—2011 量块 [S]. 北京：中国标准出版社，2011.

[4] GB/T 1800.1—2009 产品几何技术规范（GPS）极限与配合 第 1 部分：公差、偏差和配合的基础 [S]. 北京：中国标准出版社，2009.

[5] GB/T 1800.2—2009 产品几何技术规范（GPS）极限与配合 第 2 部分：标准公差等级和孔、轴的极限偏差表 [S]. 北京：中国标准出版社，2009.

[6] GB/T 1801—2009 产品几何技术规范（GPS）极限与配合 公差带和配合的选择 [S]. 北京：中国标准出版社，2009.

[7] GB/T 1804—2000 一般公差 未注公差的线性和角度尺寸的公差 [S]. 北京：中国标准出版社，2000.

[8] GB/T 3177—2009 产品几何技术规范（GPS）光滑工件尺寸的检验 [S]. 北京：中国标准出版社，2009.

[9] GB/T 1957—2006 光滑极限量规 技术条件 [S]. 北京：中国标准出版社，2006.

[10] GB/T 18780.1—2002 产品几何量技术规范（GPS）几何要素 第 1 部分：基本术语和定义 [S]. 北京：中国标准出版社，2002.

[11] GB/T 1182—2008 产品几何技术规范（GPS）几何公差 形状、方向、位置和跳动公差标注 [S]. 北京：中国标准出版社，2008.

[12] GB/T 1184—1996 形状和位置公差 未注公差值 [S]. 北京：中国标准出版社，1996.

[13] GB/T 4249—2009 产品几何技术规范（GPS）公差原则 [S]. 北京：中国标准出版社，2009.

[14] GB/T 16671—2009 产品几何技术规范（GPS）几何公差 最大实体要求、最小实体要求和可逆要求 [S]. 北京：中国标准出版社，2009.

[15] GB/T 1958—2004 产品几何量技术规范（GPS）形状和位置公差 检测规定 [S]. 北京：中国标准出版社，2004.

[16] GB/T 17851—2010 产品几何技术规范（GPS）几何公差 基准和基准体系 [S]. 北京：中国标准出版社，2010.

[17] GB/T 3505—2009 产品几何技术规范（GPS）表面结构 轮廓法 术语、定义及表面结构参数 [S]. 北京：中国标准出版社，2009.

[18] GB/T 10610—2009 产品几何技术规范（GPS）表面结构 轮廓法 评定表面结构的规则和方法 [S]. 北京：中国标准出版社，2009.

［19］GB/T 1031—2009 产品几何技术规范（GPS）表面结构 轮廓法 表面粗糙度参数及其数值［S］. 北京：中国标准出版社，2009.

［20］GB/T 131—2006 产品几何技术规范（GPS）技术产品文件中表面结构的表示法［S］. 北京：中国标准出版社，2006.

［21］GB/T 15757—2002 产品几何量技术规范（GPS）表面缺陷 术语、定义及参数［S］. 北京：中国标准出版社，2002.

［22］GB/T 307.1—2005 滚动轴承　向心轴承　公差［S］. 北京：中国标准出版社，2005.

［23］GB/T 307.3—2005 滚动轴承　通用技术规则［S］. 北京：中国标准出版社，2005.

［24］GB/T 275—1993 滚动轴承与轴和外壳孔的配合［S］. 北京：中国标准出版社，1993.

［25］GB/T 14791—2013 螺纹　术语［S］. 北京：中国标准出版社，2013.

［26］GB/T 192—2003 普通螺纹　基本牙型［S］. 北京：中国标准出版社，2003.

［27］GB/T 193—2003 普通螺纹　直径与螺距系列［S］. 北京：中国标准出版社，2003.

［28］GB/T 197—2003 普通螺纹　公差［S］. 北京：中国标准出版社，2003.

［29］GB/T 10095.1—2008 圆柱齿轮 精度制 第1部分：轮齿同侧齿面偏差的定义和允许值［S］. 北京：中国标准出版社，2008.

［30］GB/T 10095.2—2008 圆柱齿轮 精度制 第2部分：径向综合偏差和径向跳动的定义和允许值［S］. 北京：中国标准出版社，2008.

［31］GB/Z 18620.1—2008 圆柱齿轮 检验实施规范 第1部分：轮齿同侧齿面的检验［S］. 北京：中国标准出版社，2008.

［32］GB/Z 18620.2—2008 圆柱齿轮 检验实施规范 第2部分：径向综合偏差、径向跳动、齿厚和侧隙的检验［S］. 北京：中国标准出版社，2008.

［33］GB/Z 18620.3—2008 圆柱齿轮 检验实施规范 第3部分：齿轮坯、轴中心距和轴线平行度的检验［S］. 北京：中国标准出版社，2008.

［34］GB/Z 18620.4—2008 圆柱齿轮 检验实施规范 第4部分：表面结构和轮齿接触斑点的检验［S］. 北京：中国标准出版社，2008.

［35］GB/T 1095—2003 平键　键槽的剖面尺寸［S］. 北京：中国标准出版社，2003.

［36］GB/T 1144—2001 矩形花键尺寸、公差和检验［S］. 北京：中国标准出版社，2001.

［37］GB/T 157—2001 产品几何量技术规范（GPS）圆锥的锥度与角度系列［S］. 北京：中国标准出版社，2001.

［38］GB/T 4096—2001 产品几何量技术规范（GPS）棱体的角度与斜度系列［S］. 北京：中国标准出版社，2001.

［39］GB/T 11334—2005 产品几何量技术规范（GPS）圆锥公差［S］. 北京：中国标准出版社，2005.

［40］GB/T 15754—1995 技术制图 圆锥的尺寸和公差注法［S］. 北京：中国标准出版社，1995.

［41］GB/T 5847—2004 尺寸链 计算方法［S］. 北京：中国标准出版社，2004.

［42］陈晓华. 机械精度设计与检测（第二版）［M］. 北京：中国计量出版社，2010.

［43］刘品，张也晗. 机械精度设计与检测基础（第 8 版）［M］. 哈尔滨：哈尔滨工业大学出版社，2013.

［44］甘永立. 几何量公差与检测（第十版）［M］. 上海：上海科技出版社，2013.

［45］将向前. 新一代 GPS 标准理论与应用［M］. 北京：高等教育出版社，2007.

［46］李柱，徐振高，将向前. 互换性与测量技术［M］. 北京：高等教育出版社，2004.

［47］蒋庄德. 机械精度设计［M］. 西安：西安交通大学，2007.